# 广西北部湾经济区
# 资源环境与
# 社会经济发展研究

张云 等著

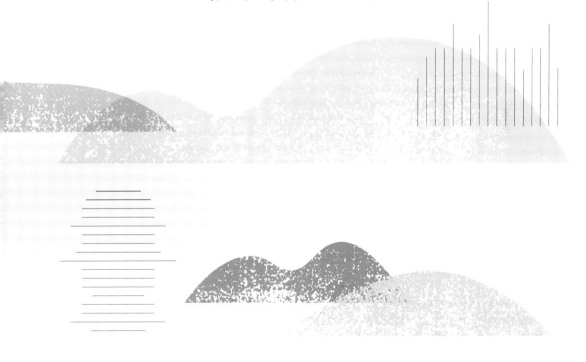

中国财经出版传媒集团

经济科学出版社
Economic Science Press

图书在版编目（CIP）数据

广西北部湾经济区资源环境与社会经济发展研究/张云等著．
—北京：经济科学出版社，2019.1
ISBN 978 - 7 - 5141 - 9889 - 8

Ⅰ.①广… Ⅱ.①张… Ⅲ.①北部湾 - 经济区 - 环境资源 -
研究 - 广西②北部湾 - 经济区 - 社会发展 - 研究 - 广西
③北部湾 - 经济区 - 区域经济发展 - 研究 - 广西
Ⅳ.①X372.67②F127.67

中国版本图书馆 CIP 数据核字（2018）第 245256 号

责任编辑：李　雪
责任校对：靳玉环
责任印制：邱　天

广西北部湾经济区资源环境与社会经济发展研究
张　云　等著
经济科学出版社出版、发行　新华书店经销
社址：北京市海淀区阜成路甲 28 号　邮编：100142
总编部电话：010 - 88191217　发行部电话：010 - 88191522
网址：www. esp. com. cn
电子邮件：esp@ esp. com. cn
天猫网店：经济科学出版社旗舰店
网址：http://jjkxcbs. tmall. com
北京季蜂印刷有限公司印装
710 × 1000　16 开　19 印张　300000 字
2019 年 3 月第 1 版　2019 年 3 月第 1 次印刷
ISBN 978 - 7 - 5141 - 9889 - 8　定价：68.00 元
（图书出现印装问题，本社负责调换。电话：010 - 88191510）
（版权所有　侵权必究　打击盗版　举报热线：010 - 88191661
QQ：2242791300　营销中心电话：010 - 88191537
电子邮箱：dbts@ esp. com. cn）

# 前　言

自 2006 年国家批准实施《广西北部湾经济区发展规划》至今已有十余年，经过十余年的发展，北部湾经济区风生水起，取得了令人瞩目的成就。北部湾经济区一跃成为广西发展"核"动力、我国沿海经济新一极、中国—东盟合作桥头堡。经过十余年发展，北部湾经济区综合实力显著增强，主要经济指标成倍增长，增速全面领跑全区，占全区比重不断提高，创造了超常规发展的"北部湾速度"，已成为发展的成功范本。如何借助区域发展的契机继续推进北部湾经济区发展，实现北部湾经济区社会不断进步、经济再次腾飞，并保证资源环境合理利用，成为亟须解决的问题。

北部湾经济区位于华南经济区、西南经济区和东盟经济区的接合部，是我国西部大开发地区唯一的沿海区域，也是我国与东盟国家既有海上通道、又有陆地接壤的区域，区位优势明显，战略地位突出。本书从北部湾经济区的实际情况出发，探索具有北部湾特色、符合北部湾实际、科学合理、生态协调的发展途径，为北部湾经济区的社会经济建设与资源环境保护提供借鉴。

全书共十七章，分为三篇。第一章为概述部分，重点在于阐述本书的研究背景、研究目的及意义，厘清研究思路，框定研究内容并且拟定研究方法。第一篇在深入分析北部湾经济区沿海三市生态环境现状与北部湾海岸带开发利用现状的基础上，构建生态安全评价体系，对北部湾经济区沿海三市生态安全进行评价，提出北部湾经济区沿海三市生态安全格局构建方案，同时，根据国内外海岸带开发利用经验，提出从空间管制、按线划分、生态格局等方面的北部湾经济区海岸带开发利用与保护措施。第二篇为北部湾经济区海洋产业布局优化研究，分析了北部湾经济区海洋产业发展基础和环境，在借鉴国内外海洋产业发展案例经验的基础上，明确了海洋产业发展定位，并围绕目标从产业体系、产业布局、产业合作等方面做出规划，最后提出实施保障措施。第三篇为北部湾经济区开放合作策略研究，在分析北部湾经济区开放合作基础和环境基础上，借鉴国内开放合作实践案例经验，制定开放合作战略与目标，并提出开放合作保障措施。

在本书的写作过程中，得到了华蓝设计（集团）有限公司欧阳东院长等的大力指导与支持。衷心感谢参加课题研究的古艳、朱慧方、陈春炳、卢宇、李丽琴、韦统、林融、林妍、廖海燕、覃晶、徐明姣、唐海回等全体成员，他们为本书的出版奠定了良好基础并作出了巨大贡献，各章分工执笔如下：

第一章：张云、韦钰、覃晶

第二章：韦钰、陈春炳、卢宇、覃晶

第三章：张云、陈春炳、覃晶

第四章：张云、陈春炳、覃晶

第五章：张云、卢宇、覃晶

第六章：毛蒋兴、古艳、唐海回

第七章：毛蒋兴、陈春炳、唐海回

第八章：张云、卢宇、唐海回

第九章：张云、李丽琴、唐海回

第十章：张云、廖海燕、唐海回

第十一章：张云、林妍、唐海回

第十二章：张云、韦统、唐海回

第十三章：韦钰、林融、徐明姣

第十四章：张云、林妍、徐明姣

第十五章：张云、朱慧方、徐明姣

第十六章：张云、古艳、徐明姣

第十七章：毛蒋兴、廖海燕、徐明姣

在课题研究期间，我们还得到了众多专家、学者、领导的支持和帮助，在此一并致谢！另外，本书能够顺利出版，得到了经济科学出版社编辑的大力支持和真诚帮助，在此表示衷心的感谢！

由于作者专业视野和学术水平有限，错漏和不足在所难免，敬请读者批评指正。

本书由广西科学研究与技术开发项目计划《中国—东盟海岸带资源环境与生态安全研究》（桂科合 14125008 - 2 - 27）、广西高校中青年教师基础能力提升项目《广西北部湾经济区地方政府跨政区协调机制与模式研究》（项目编号：KY2016YB626）、广西一流学科（地理学）建设项目资助出版。特此致谢！

**作　者**

二〇一八年三月

目 录

# 第二篇　北部湾经济区海洋产业布局优化研究

## 第三篇　北部湾经济区开放合作策略研究

# 第一章

## 概　　述

## 第一节　研究背景

### 一、国际环境对北部湾经济区发展提出新挑战

#### （一）竞争升级——催生新的海洋产业战略

国际竞争与合作在加强，全球经济结构面临深度调整，以集成创新为特点的海洋高新技术加速更新换代，自主发展要求迫切，以科技引领型的未来产业获得较大发展，全球海洋经济实力扩张和海洋高新技术竞争进入更加激烈的时期。

北部湾是我国西部大开发战略中唯一沿海的经济区域，发展海洋经济具有得天独厚的资源、区域优势，但其对海洋的控制能力不足、海洋装备相对落后、海洋资源的开发能力不足且缺乏关键技术支撑，发展方式和产业结构有待调整。世界海洋经济竞争升级，亟须加快转变海洋产业发展方式，催生新的海洋产业战略，大力推进北部湾海洋产业升级和

结构调整优化。

**（二）开发新时期——助推海洋产业成为新的经济增长点**

21 世纪是全球大规模开发利用海洋资源、发展海洋经济的新时期，许多发达国家着力发展海洋经济和海洋高新技术，海洋在全球的战略地位日益突出，海洋产业成为世界经济的重要增长点。

北部湾经济区拥有丰富的海洋资源，为海洋产业的发展提供优越条件。北部湾经济区作为中国—东盟自由贸易区的枢纽点，加快发展海洋产业是推动跨越发展的重要力量。近几年，北部湾海洋产业对广西整体经济的贡献率提升明显，北部湾海洋科技领域的国际交流与合作加快，经济发展中的海洋成分不断强化，海洋产业逐渐成为集聚经济的发展极。

**（三）产业化分工——要求构建开放型经济新体制**

经济全球化促进了世界市场的不断扩大和区域统一，使国际产业分工与合作更加深化。随着 2010 年中国—东盟自由贸易区如期建成以及日韩两国与东盟国家经贸合作进一步密切，东亚地区产业向东南亚地区转移的步伐逐渐加快。预计未来，东亚地区经贸合作将进一步深化，东北亚地区与东南亚地区之间将形成更为密切的国际产业分工协作关系。

近年来，自由贸易区与多边贸易体制并行成为推动全球贸易投资自由化的"两个轮子"，主要经济体纷纷将商谈自贸区作为重要战略进行推动。当前，广西已成为中国对东盟开放合作的前沿和窗口，北部湾经济区的战略地位和作用日益凸显，影响力和竞争力迅速提升，已成为引领广西经济发展的"龙头"以及中国经济发展最快、最具活力的地区之一。同时，中国—东盟自由贸易区的建设将推进中国与东盟走向更深程度、更高层面的合作，打造中国—东盟自由贸易区升级版已成必然趋势。

在对外开放的新阶段，为适应发展阶段的变化，北部湾经济区有必要通过构建开放型经济新体制，明确定位、创新体制、提升功能，培育参与和引领国际经济合作竞争新优势的着力点和突破口，形成全方位、多层次、宽领域的对外开放格局，外贸、外资、外经、外智和外包相互融合，与国际规则相接轨。

## 二、国内战略对北部湾经济区发展提出新要求

### （一）经济"新常态"——要求海洋产业提质增效

2013 年中央经济工作会议上首次提出"新常态"。经济"新常态"要求把经济发展的立足点转移到提高质量与效益上，产业结构从增量扩能为主向调整存量、做优增量优化升级，逐步升级发展方式粗放、高投入、高消耗、低产出的产业，大力推动战略性新兴产业、先进制造业等产业的发展，培育新的经济增长极，推动经济向中高端迈进。

北部湾经济区围绕海洋产业提质增效，应着力推动海洋产业向质量效益型转变，要大力培养和发展海洋战略性新兴产业、未来海洋产业，逐步将海洋经济增长点从传统产业转向新兴产业，积极推动海洋传统产业的技术转化和优化升级。

### （二）联结东盟——构建"21 世纪海上丝绸之路"的重要通道

"21 世纪海上丝绸之路"串联东盟、南亚、西亚、北非、欧洲等各大经济板块的市场链，发展面向南海、太平洋和印度洋的战略合作经济带，海洋成为构建"21 世纪海上丝绸之路"的重要通道，通过推进沿线地区基础设施互联互通、产业金融合作和机制平台建设，加强区域经贸合作，带动区域经济发展。

北部湾海域联结东盟及沿线各经济体，在建设"21 世纪海上丝绸之路"的过程中，北部湾经济区应主动融入和加快推进"21 世纪海上丝绸之路"建设，推动沿线国家在港口航运、海洋能源、经济贸易、科技创新、生态环境、旅游等领域开展全方位合作，促成以北部湾海洋产业为纽带，引领北部湾、辐射广西、服务中国的"21 世纪海上丝绸之路"重要通道建设。

### （三）从"近海"到"进海"——"海洋强国"战略升级

2012 年，党的十八大报告首提"海洋强国"。2017 年，党的十九大报告提出"加快建设海洋强国"，与党的十八大报告相比，多了"加

"快"两字。我国以建设海洋经济强国为中心的海洋经济战略，把发展海洋经济、建设"海洋强国"摆在重要位置。如今海洋产业不断发展壮大，海洋产业涉及的范围已从海岸、近海向深远海拓展，"海洋强国"战略的实施为自治区发展海洋产业创造了有利的条件，将加速推动海洋产业的演化与升级。

北部湾经济区依托国家"海洋强国"战略，继续推进海洋产业发展，需不断壮大海洋经济规模，提高海洋产业发展的综合实力，拓展海洋产业发展空间，合理布局海洋产业，提高海洋产业对经济增长的贡献率，努力使海洋产业成为国民经济的支柱产业，为"海洋强国"战略的实施提供有力支撑。

**（四）生态保护——树立起"绿水青山就是金山银山"的理念**

党的十九大报告首次提出建设"富强民主文明和谐美丽"的社会主义现代化强国目标，并正式写入"绿水青山就是金山银山"的理念。随着社会经济的不断发展，生态文明建设地位和作用日益凸显。如何在保证经济发展的同时减少对生态环境的破坏，成为北部湾经济发展亟须解决的问题。

北部湾是我国的重要海湾，被誉为我国最后一片"洁海"。继续推进北部湾经济区的发展，需不断提高环境保护的意识，树立起"绿水青山就是金山银山"的理念，要求北部湾经济区在不牺牲生态环境的基础上，有序、高效地进行社会经济建设及海岸带开发利用，实现北部湾经济区的持续健康发展。

## 三、区域发展助推北部湾经济区发展

**（一）"双核驱动"——加速释放北部湾海洋产业发展潜力**

广西壮族自治区要求实施北部湾经济区开放开发和珠江—西江经济带发展的"双核驱动"战略，倾力打造两大核心增长极，加快北部湾经济区开发开放，带动广西全面发展。北部湾经济区在发展海洋经济方面有着巨大的资源优势和发展潜力，广西作为海洋产业的后发地区，和先发地区相比存在很大差距，但最近十多年我国海洋经济发展的态势非常迅猛，海洋经济成为国民经济新的增长点。按照"双核驱动"战略部署，北部湾经济区应全力推进海洋经济建设，发挥海洋资源优势，积极合理开发海洋资源，发展海洋新兴产业，实现海洋经济转型升级，发挥北部湾经济区在广西开发开放进程中的龙头作用，为沿海地区经济发展提供资源基础，加速释放北部湾海洋经济潜力。

**（二）政策扶持——加快提升广西海洋产业竞争实力**

广西壮族自治区提出加快发展广西海洋经济，提高广西海洋经济在区域合作中的竞争力，要把发展海洋经济提升到自治区重大发展战略的地位上来，借鉴先进地区的经验，结合实际，编制自治区发展海洋经济规划和各类涉海规划，选择其中优势明显的、具有较大发展潜力的主要海洋产业作为重点发展产业，给予相关企业在政策、信贷、土地等方面的优惠与扶持，培育壮大为龙头企业、骨干企业。广西壮族自治区对海洋产业发展的总体要求为北部湾经济区海洋产业的发展指明了方向。

# 第二节　研究理论价值及实践意义

## 一、理论价值

### （一）丰富北部湾经济区资源环境与社会经济研究

北部湾是我国重要的海湾之一，近岸海域大部分仍旧保持着一类水质，被誉为我国最后一片"洁海"。近年来，随着北部湾经济区开放开发不断深入，工业化、城镇化进程不断加快，北部湾海域水环境压力越来越大，保持这片"洁海"的难度越来越大。本书选取北部湾经济区沿海三市与海岸带进行研究，从生态安全与开发利用保护的两个角度进行实证分析，探讨社会经济发展与资源环境利用的关系，并提出北部湾海岸带生态安全格局构建、空间管制分区引导、岸线及岸段划分引导等优化方案，丰富了北部湾经济区资源环境与社会经济相关研究。

**（二）认清北部湾经济区建设过程中的基本特征与问题**

历经十余年开放开发，北部湾经济区经济综合实力显著增强，区域发展战略地位不断提升，不仅成为引领广西加快发展的核心增长极，也成为中国沿海经济最具活力、发展最快的地区之一，成为中国与东盟联系最紧密、合作最有效的区域之一。十余年的发展，北部湾经济区逐渐形成了独具特色的发展特征，本书对北部湾经济区海洋产业发展基础与环境、开放合作基础与环境、海岸带自然环境与社会环境、海岸带开发与利用基础等现状进行深入分析，充分认识北部湾经济区发展特征，发现其存在的问题，总结发展经验与教训，探寻北部湾经济区发展途径。

**（三）提供北部湾经济区发展研究新思路**

北部湾经济区作为中国—东盟自由贸易区的前沿阵地，在国家重大战略实施和对外经济发展中承担重要角色。随着中国"一带一路"倡议的提出和实施，广西北部湾作为构建"21 世纪海上丝绸之路"的重要支撑点，如何发挥其优越的地缘优势和利用广阔的开发前景，越来越受到各方关注。本书以北部湾经济区为研究对象，研究内容涉及同城化发展、海洋产业布局、开放合作发展、海岸带生态安全、海岸带开发利用等，以期为北部湾经济区社会经济发展与资源环境发展提供有益借鉴，确保北部湾经济区科学合理发展。

## 二、实 践 意 义

**（一）构建北部湾经济区沿海三市生态安全发展新格局**

本书将北部湾经济区沿海三市生态安全作为研究方向之一，重点分析北部湾经济区沿海三市生态安全现状，确定生态源、生态廊道、生态节点、生态分区，最终叠加构建出科学性强、可操作性强的"3 + 12 + X"

的北部湾经济区沿海三市生态格局。

**（二）提供北部湾经济区海岸带开发利用与保护的科学依据**

通过北部湾经济区海岸带开发利用与保护现状的研究，明确海岸带空间管制分区、岸线类型划分、生态保护格局、海洋产业布局方向并提供优化方案，以期促进北部湾经济区海岸带开发利用方式更加科学合理，促进社会经济与生态环境可持续发展。

**（三）优化北部湾经济区海洋产业整体布局**

本书将北部湾经济区海洋产业作为研究方向之一，明确海洋产业战略与定位，对构建现代海洋产业体系、优化海洋产业空间布局、深化区域产业合作等进行了逐一落实，为北部湾经济区海洋产业发展规划布局提供科学性与可操作性强的方案。

**（四）完善北部湾经济区对外开放合作体制机制**

北部湾经济区位于西南经济区和东盟经济区的结合部，是我国西部大开发地区唯一的沿海区域，也是我国与东盟国家既有海上通道、又有陆地接壤的区域，具有突出的战略优势，对对外开放战略的实施具有重要的作用，本书以北部湾经济区为研究对象，对构建"一带一路"有机衔接的重要门户核心区、打造中南西南开放发展的战略支点、构建面向东盟的国际大通道等战略目标进行逐一规划，并提出强可操作性的开放合作保障措施，完善北部湾经济区对外开放合作体制机制。

# 第三节　研究框架与研究方法

## 一、研究框架

本书基于北部湾经济区社会经济发展数据信息及 GIS、RS 技术，运用波士顿矩阵分析法、竞合分析法、区位熵分析法、案例对比分析法等方法,以北部湾经济区生态安全与开发利用现状、海洋产业布局特征、对外开放合作现状为研究主线,对北部湾经济区资源环境特征与社会经济发展进行分析,进而提出优化海洋产业整体布局,完善对外开放合作体制机制、构建海岸带生态安全格局、优化海岸带开发利用格局的建议与对策。本书的研究框架见图 1-1。

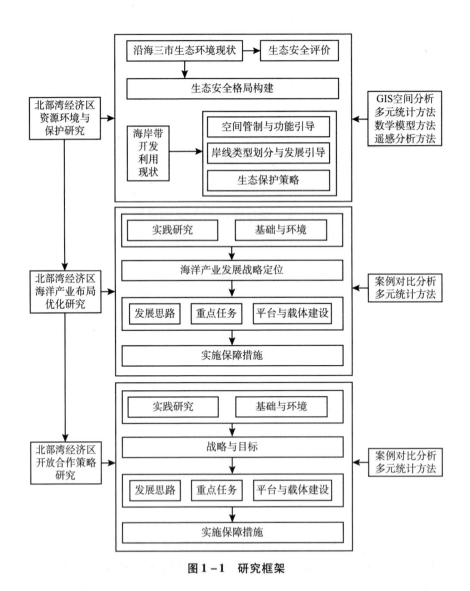

图 1-1　研究框架

## 二、研究内容

本书从北部湾经济区社会经济发展与资源环境等多角度入手，探讨各种自然因素与人文因素对北部湾经济区资源环境保护与社会经济发展的影响，并提出北部湾经济区生态格局构建、海岸带开发利用、海洋产业发展、开放合作等方面优化策略。全书共包括三大篇，具体内容如下：

第一章为概述部分。该部分主要阐述了本书的研究背景、研究目的及研究意义，厘清研究思路，框定研究内容，确定研究区域，拟定研究方法。

第一篇为北部湾经济区资源环境与保护研究。从北部湾经济区沿海三市及北部湾经济区海岸带两个角度进行分析，首先，明确北部湾经济区沿海三市生态环境现状及海岸带开发利用现状；其次，运用突变理论及突变级数法构建生态安全评价指标体系及生态安全评价模型，确定北部湾经济区沿海三市生态安全状况；再次，借助遥感影像处理和分析方法，构建北部湾经济区沿海三市生态安全格局；最后，以海岸带开发利用现状及回顾国内外开发利用案例为基础，引导海岸带空间管制、岸线类型划分、生态格局构建，并提出保障性措施以促成空间管制分区、海洋产业发展尽快落实实施。

第二篇北部湾经济区海洋产业布局优化研究。该部分首先分析了国内外海洋产业发展案例及北部湾经济区海洋产业发展基础与发展环境，在对相关规划解读基础上，明确海洋产业发展定位、发展目标及发展战略，最终提出现代海洋产业体系构建方案、海洋产业空间布局优化措施、区域产业合作策略及产业规划实施保障措施。

第三篇北部湾经济区开放合作策略研究。该部分先对国内开放合作区域案例进行分析总结，在剖析北部湾经济区开放合作基础及环境分析的基础上，确定北部湾经济区开放合作战略与目标，并为北部湾经济区构建"一带一路"有机衔接的重要门户核心区、打造中南西南开放发展的战略支点的发展目标提供发展思路、明确重点任务。

## 三、研究方法

本书以广西北部湾经济区为研究区域进行实证研究，通过收集大量文献资料、统计资料、规划资料及相关政府工作报告对北部湾经济区的社会经济发展与资源环境状况进行深入研究。研究过程中，除采用规范研究与实证研究、动态研究与静态研究、宏观研究与微观研究、定性与定量研究相结合等传统研究方法外，还引入遥感分析方法（RS）、地理信息系统（GIS）、多元统计方法、数学模型方法和案例对比分析方法，紧扣北部湾经济区社会经济发展与资源环境研究的主题，从人文地理学、环境科学、产业经济学、城市规划学、土地资源管理学等多学科角度开展探讨与分析。本书采用的方法主要包括：

1. 遥感分析方法（RS）

主要包括遥感图像增强、图像拼接、几何校正、自动判别解译等。

2. 地理信息系统（GIS）

主要包括空间信息查询、缓冲区分析、空间叠置分析等。

3. 多元统计方法

主要包括数学统计分析法、波士顿矩阵、竞合分析法、区位熵分析法、系统分析法等。

4. 数学模型方法

运用数学建模方法构建生态安全评价突变模型。

5. 案例对比分析方法

通过对比国内外优秀案例，分析总结可借鉴经验。

# 第一篇

北部湾经济区资源环境与保护研究

# 第二章

## 北部湾经济区资源环境现状分析

### 第一节　北部湾经济区沿海三市生态环境现状

#### 一、北部湾经济区沿海三市概况

北部湾经济区成立于 2008 年，由南宁、北海、钦州、防城港四市组成，延及玉林、崇左两市，是我国西部大开发唯一的沿海经济区，与东盟国家既有海上通道、又有陆地接壤，区位优势明显，战略地位突出，同时，还具有土地、淡水、海洋、农林、旅游等丰富的资源，环境容量较大，生态系统优良，人口承载力较高，开发密度较低，发展潜力较大，是我国沿海地区规划布局新的现代化港口群、产业群和建设高质量宜居城市的重要区域。其沿海城市只有北海、防城港、钦州三市，本章研究北部湾经济区沿海三市只包括这三个沿海城市辖区内的 12 个县（市）区，介于北纬 21°49′～21°96′，东经 108°35′～109°12′之间。

## （一）自然环境概况

广西北部湾沿海位于北热带区，年均气温为22.4℃，降水量丰富，年降雨量在1 500毫米～2 000毫米，海洋灾害主要有热带气旋、风暴潮等。海岸线范围东起洗米河口，西至北仑河口，海岸线总长1 628.6公里。滩涂面积1 000多平方千米，沿海滩涂生长有面积占全国37%的红树林[①]。沿海重要海湾、海域包括铁山港、廉州湾、钦州湾（包括茅尾海）、防城港（湾）、珍珠港（湾）及涠洲岛斜阳岛海域等。常年性河入海河流主要有南流江、大风江、钦江、茅岭江、防城江、北仑河等。拥有红树林、珊瑚礁、海草三大滨海湿地生态系统，生物多样性资源十分丰富，是对虾、大蚝、石斑鱼等重要经济渔业的资源分布区，是儒艮和中华白海豚等珍稀物种的栖息地。

## （二）社会经济概况

### 1. 生产总值历年变化情况

北部湾沿海地区包括北海市、防城港市、钦州市，辖海城区、港口区、钦南区等12个县（市）区，陆域土地面积为20 470平方公里，占广西陆域土地面积的8.63%；2015年，三市生产总值为2 457.07亿元，比2014年增长6.83%；沿海三市总人口为671.68万人，比2005年增长了101.52万人，占2015年广西总人口的12.17%，2015年常住人口城镇化率45.09%，比2005年的增长了13.05个百分点，北防钦三市人口城镇化率分别为55.34%、55.13%、37.03%，北海市和防城港市均在55%以上，均高于广西的47.06%，与2005年相比，增长最快的是防城港市，其中海城区、港口区和东兴市城镇化率超过了50%，尤其是海城区，达到了90.37%，城镇化率最低的是灵山县，仅为8.46%。

自2005年以来，北部湾沿海三市生产总值稳步上升。防城港市生产总值增长最快，年均增长率达20.13%，其次为北海市，年均增长率

---

① 数据来源：广西壮族自治区海洋和渔业厅、广西壮族自治区人民政府。

为 18.41%，钦州市增长最慢，年均增长率为 17.52%，2015 年各市地区生产总值增长速度明显放缓，仅有钦州市达到 10% 以上，且高于广西国民经济增长速度 7.21%。从三市生产总值情况可以看出，钦州市和北海市生产总值相差不大，防城港市地区产值较低，为 620.71 亿元（见图 2-1）。从 12 个县（市）区生产总值变化情况来看（见图 2-2），经济总量在近五年来得到了快速提升，尤其是海城区和港口区，增幅明显大于其他地区，2015 年地区生产总值排在首位的是海城区，约为末位的上思县的 5.7 倍，各评价单元之间有一定的经济差距，尤其是沿海城区与内陆县的差距更为明显。

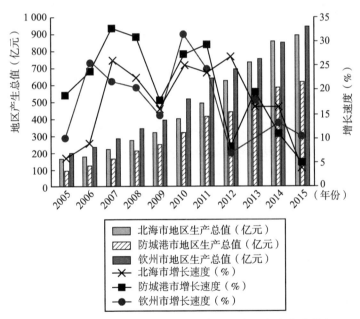

**图 2-1　2005～2015 年北部湾经济区沿海三市生产总值和
增长速度历年变化情况**

资料来源：《广西统计年鉴》（2006～2016 年）。

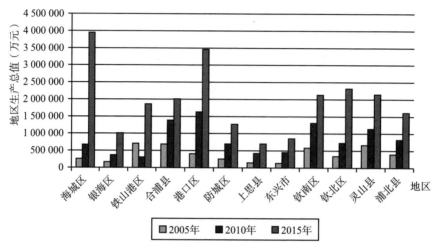

图 2 - 2    2005 ~ 2015 年北部湾经济区沿海三市各区、县级市、

县生产总值历年变化情况

资料来源:《广西统计年鉴》(2006 ~ 2016 年)。

## 2. 产业结构变化情况

随着沿海三市的城镇化发展过程,第一产业对三市生产总值的贡献率呈现下降趋势,尤其是钦州市第一产业占比从 2005 年到 2015 年下降了 19.02%;第二产业出现不断增大的趋势,尤其是北海市和防城港市,其第二产业占比从 2005 年到 2015 年均增加了 20% 以上;第三产业北海市和防城港市比例有下降趋势。沿海三市的经济增长主要动力是工业发展,农业发展略有下降,第三产业比率波动发展(见图 2 - 3)。

从表 2 - 1 可以看出,与 2005 年相比,第二产业比重增长较快,2005 年产业结构为"二、三、一"型的只有铁山港区和港口区,到 2015 年,则增加了海城区、防城区、上思县、东兴市、钦北区、浦北县、钦南区和东兴市等地区,说明近几年,北部湾经济区沿海三市的工业化进程明显加快,而工业的快速扩张往往会对环境造成一定的影响。

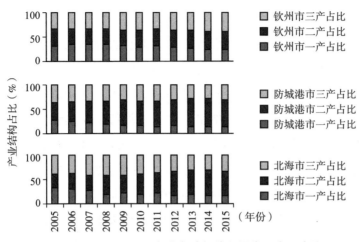

**图 2 - 3　2005~2015 年北部湾经济区沿海三市三产比**

资料来源:《广西统计年鉴》(2006~2016 年)。

表 2 - 1　　　　2005~2015 年北部湾经济区各区、县级市、

县三产比重对比情况　　　　　　单位:%

| 地区 | 2005 年 | | | 2010 年 | | | 2015 年 | | |
|---|---|---|---|---|---|---|---|---|---|
| | 一产 | 二产 | 三产 | 一产 | 二产 | 三产 | 一产 | 二产 | 三产 |
| 海城区 | 23. 80 | 29. 00 | 47. 20 | 18. 50 | 42. 20 | 39. 30 | 5. 60 | 57. 60 | 36. 80 |
| 银海区 | 48. 50 | 26. 80 | 24. 70 | 45. 00 | 34. 00 | 21. 00 | 33. 42 | 27. 44 | 39. 14 |
| 铁山港区 | 9. 08 | 46. 45 | 44. 46 | 5. 66 | 48. 72 | 45. 62 | 13. 38 | 75. 44 | 11. 18 |
| 合浦县 | 36. 48 | 34. 87 | 28. 65 | 35. 34 | 35. 87 | 28. 78 | 39. 08 | 26. 14 | 34. 78 |
| 港口区 | 8. 50 | 47. 12 | 44. 38 | 5. 45 | 57. 23 | 37. 32 | 4. 11 | 67. 38 | 28. 51 |
| 防城区 | 33. 75 | 32. 72 | 33. 53 | 23. 37 | 44. 37 | 32. 26 | 21. 33 | 43. 28 | 35. 39 |
| 上思县 | 42. 41 | 34. 08 | 23. 51 | 33. 40 | 44. 50 | 22. 11 | 26. 81 | 46. 95 | 26. 24 |
| 东兴市 | 30. 80 | 25. 06 | 44. 14 | 17. 97 | 36. 74 | 45. 29 | 18. 08 | 42. 40 | 39. 52 |
| 钦南区 | 33. 33 | 23. 90 | 42. 76 | 27. 88 | 25. 23 | 46. 89 | 28. 15 | 25. 31 | 46. 54 |
| 钦北区 | 46. 99 | 25. 41 | 27. 60 | 40. 55 | 32. 70 | 26. 75 | 19. 39 | 41. 11 | 39. 50 |
| 灵山县 | 39. 40 | 36. 67 | 23. 94 | 35. 25 | 36. 33 | 28. 42 | 28. 27 | 34. 70 | 37. 04 |
| 浦北县 | 40. 52 | 33. 28 | 26. 20 | 30. 32 | 37. 53 | 32. 15 | 23. 15 | 48. 29 | 28. 57 |

资料来源:《广西统计年鉴》(2006~2016 年)。

### 3. 海洋经济发展情况

海洋经济成为广西新的经济增长点，对促进经济和社会发展的作用日益凸显。2015 年，广西海洋生产总值达 1 098 亿元，比上年增长 7.5%，占广西生产总值的 6.5%。按三次产业划分，海洋三次产业结构比为 16.94∶36.16∶46.9，其中第一产业增加值 186 亿元，第二产业增加值 397 亿元，第三产业增加值 515 亿元。按海洋经济核算三大层次划分，主要海洋产业增加值 578 亿元，比上一年增加 7.3%，占沿海三市生产总值的比重为 23.5%，其中，海洋渔业、海洋工程建筑业、海洋交通运输业和滨海旅游业是北部湾海洋产业的四大支柱。海洋科研教育管理服务业增加值 110 亿元，比上年增长 10%，海洋相关产业增加值 410 亿元，比上年增长 7.3%。北海、钦州、防城港三市海洋生产总值分别为 415 亿元、278 亿元、405 亿元，分别占广西海洋生产总值的比重为 37.8%、25.3% 和 36.9%。

（1）海洋渔业

2015 年，北部湾积极调整水产业结构，努力转变渔业增长方式，积极推动水产业由产业规模型向质量效益型转变。全年完成海洋渔业增加值 204 亿元，占广西海洋生产总值的比重逐年下降，说明海洋渔业近几年仍然是广西海洋产业的支柱产业，但优势正逐年减弱。2015 年，沿海三市海洋渔业主要由海洋水产品及海洋水产品加工、海洋渔业服务业组成，它们的增加值分别为 181 亿元、9 亿元、14 亿元，初级产品占明显主导地位。根据遥感影像解译成果统计，2015 年北部湾经济区海水养殖水域面积达到 16 193 公顷，主要分布在银海区、合浦县、东兴市和钦南区。随着资源消耗和科技应用步伐的加快，海洋捕捞业将逐步向远洋捕捞扩展。北部湾近几年海洋渔业发展情况见图 2 - 4。

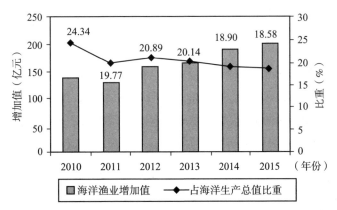

**图 2 - 4    2010 ~ 2015 年北部湾经济区沿海三市海洋渔业发展情况**

资料来源：《广西海洋经济统计公报》（2010 ~ 2015 年）。

（2）海洋工程建筑

相对全国沿海地区，北部湾沿海经济发展相对落后，沿海基础设施建设还不完善，处于项目投资的密集期和高峰期，开工项目较多，故海洋工程建筑业保持平稳增长，在广西海洋产业中占比较大，但和海洋渔业一样，主导优势逐年减弱。2015 年海洋工程建筑业全年实现增加值 96.46 亿元，比 2014 年增长 7.9%。北部湾近几年海洋工程建筑业发展情况见图 2 - 5。

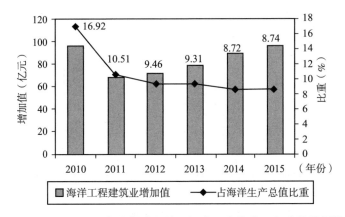

**图 2 - 5    2010 ~ 2015 年北部湾经济区沿海三市海洋工程建筑发展情况**

资料来源：《广西海洋经济统计公报》（2010 ~ 2015 年）。

（3）海洋交通运输业

近年来，北部湾加快沿海公路、进港铁路和万吨泊位、集装箱码头、进港航道等涉海交通基础设施的建设，不断提升港口服务能力。沿海港口生产保持快速增长，2015 年海洋交通运输业全年实现增加值 178 亿元，对广西海洋产业经济的拉大作用越来越明显；沿海港口货物吞吐量达 2.05 亿吨以上，集装箱吞吐能力达到 141 万标箱，分别占自治区吞吐量的 65.08% 和 68.95%；2014 年，防城港港口吞吐量突破亿吨大关，防城港"三区一群"港口发展格局初显，钦州港基本建成北部湾集装箱干线港和区域性国际航运中心；目前已开辟北部湾港至新加坡、曼谷、海防、胡志明、巴生等港多条直达航线。北部湾近几年海洋交通运输业发展情况见图 2–6。

表 2–2　　　2010～2015 年北部湾经济区沿海三市港口发展情况表

|  | 2010 年 | 2011 年 | 2012 年 | 2013 年 | 2014 年 | 2015 年 |
|---|---|---|---|---|---|---|
| 港口货物吞吐量（亿吨） | 1.302 | 1.533 | 1.74 | 1.86735 | 2.018877 | 2.05 |
| 港口集装箱吞吐量（万标准箱） | 52.31 | 73.82 | 82.43 | 100.33 | 112 | 141 |

资料来源：《广西海洋经济统计公报》（2010～2015 年）。

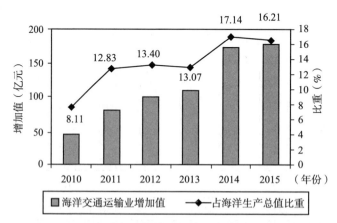

图 2–6　2010～2015 年北部湾经济区沿海三市海洋交通运输业发展情况

资料来源：《广西海洋经济统计公报》（2010～2015 年）。

（4）滨海旅游业

滨海旅游是广西北部湾主要海洋产业之一，主要分布在银海区、钦南区、防城区、东兴市和上思县等。2015年，旅游人次突破4 600.89万人次，其中北海市最多，接近防城港和钦州两市的总和，达到2 156.59万人次，沿海三市旅游总收入达到82亿元，北部湾近几年滨海旅游业保持平稳增长，情况见图2-7。

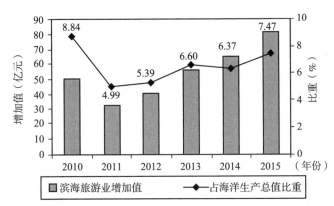

**图2-7　2010～2015年北部湾经济区沿海三市海滨海旅游业发展情况**

资料来源：《广西海洋经济统计公报》（2010～2015年）。

## 二、北部湾经济区沿海三市生态环境现状分析

### （一）广西北部湾近岸海域环境质量状况

据相关部门监测统计，2015年，广西北部湾近岸海域海水环境状况总体较好，局部海域污染严重，主要污染要素为无机氮、石油类和活性磷酸盐。海水环境功能区达标率为90.9%，与2014年相比上升了6.8个百分点。近岸海域沉积物质量状况总体保持良好，海洋生态系统状况良好，其中红树林生态系统处于健康状态，海草床生态系统和珊瑚礁生态系统处于亚健康状态，9个海洋保护区中，海洋海岸类的有3个，重点海水浴场、滨海旅游度假区和海水养殖区综合环境质量状况良好。江

河排海污染物较往年略有增长，海水入侵程度较 2014 年有所减少，但盐渍化范围略有扩大，海洋灾害时有发生，但沿海赤潮和重大溢油事件发生概率较低。

表 2 - 3　　　　　　　　广西沿海三市自然保护区目录

| 序号 | 保护区名称 | 行政区域 | 面积（平方公里） | 主要保护对象 | 类型 | 级别 | 始建时间 |
|---|---|---|---|---|---|---|---|
| 1 | 涠洲岛鸟类自然保护区 | 北海市 | 2 382.1 | 候鸟和旅鸟 | 野生动物 | 自治区级 | 1982 年 6 月 8 日 |
| 2 | 广西合浦营盘港—英罗港儒艮国家级自然保护区 | 合浦县 | 35 000 | 儒艮、中华白海豚等珍稀水生动物、海草床 | 野生动物 | 国家级 | 1986 年 4 月 27 日 |
| 3 | 广西山口红树林国家级自然保护区 | 合浦县 | 8 000 | 红树林生态系统 | 海洋海岸 | 国家级 | 1990 年 9 月 30 日 |
| 4 | 防城万鹤山鹭鸟自然保护区 | 防城港市防城区 | 100 | 鹭鸟及其生境 | 野生动物 | 县级 | 1993 年 4 月 13 日 |
| 5 | 广西北仑河口国家级自然保护区 | 防城港市防城区、东兴市 | 3 000 | 红树林生态系统、滨海过渡带生态系统、海草床生态系统 | 海洋海岸 | 国家级 | 1990 年 3 月 4 日 |
| 6 | 广西防城金花茶国家级自然保护区 | 防城港市防城区 | 9 195.1 | 金花茶及森林生态系统 | 野生植物 | 国家级 | 1986 年 4 月 5 日 |
| 7 | 广西十万大山国家级自然保护区 | 防城港市防城区、钦州市、上思县 | 58 277.1 | 水源涵养林和季雨林 | 森林生态 | 国家级 | 1982 年 6 月 1 日 |
| 8 | 茅尾海红树林自然保护区 | 钦州市 | 2 784 | 红树林生态系统 | 海洋海岸 | 自治区级 | 2005 年 1 月 17 日 |
| 9 | 钦北区王岗山自治区级自然保护区 | 钦州市 | 4 193.5 | 森林生态系统以及珍稀濒危野生动植物 | 森林生态 | 自治区级 | 2015 年 7 月 14 日 |

### （二）广西北部湾近岸海域环境质量状况

随着北部湾经济区开发建设步伐加快，沿海人口快速增长，生活生产方式的粗放，导致北部湾经济区沿海三市海水环境质量不断下降、临海重化工业污染加剧，珍稀生物的栖息地受到严重的破坏，近海地区生态保护及修复压力增大。

1. 海水环境质量下降

目前，北部湾经济区沿海三市污染源主要为陆源污染，成分主要为COD、氮、磷等。由于大量陆源污染物的入海，造成了海洋水体的富营养化，引起生物多样性的下降和海洋生态的失衡，同时，沿江、沿海生产生活污染物通过独流入海，尤其是居民生活污染、畜禽养殖污染、沿海养殖污染和农业化肥及农药的不合理使用，加重了随江入海的农村面源污染，导致广西北部湾近岸海域水质不断下降。其中，北海的南流江、钦州的钦江和茅岭江沿岸人口和建设用地较为集中，人类活动较为活跃，是广西携带入海污染物量最大的三条河流，其携带入海污染物占总量的60%以上，因此，北海的廉州湾、钦州的茅尾海和钦州湾等海域是广西近岸海域水质主要超标区域。

2. 临海重化工业污染加剧

目前，北部湾经济区重点建设北海出口加工区、北海铁山港工业区、防城港企沙工业区、防城港大西南临港工业园、钦州港经济技术开发区等10个经济集中区，其中北海铁山港工业区、防城港企沙工业区、防城港大西南临港工业园、钦州港经济技术开发区为临海重化工集中区，主要发展能源、石化、林浆纸、修造船、港口机械等产业，随着工业园区项目的引进，工业"三废"的排放增多，尤其是工业废水中重金属污染等现象时有发生，加重了临海重化工业污染，给沿海海湾带来严峻的环境压力。

3. 珍稀生物未得到有效保护

珍稀动植物的有效保护对人类研究生物多样性和生物进化史等方面具有重大意义，根据资料显示，目前广西北部湾海域濒危珍稀动植物主要有中华白海豚、儒艮、白鹭、海龟、文昌鱼、珊瑚纲、中国鲎等24个物种，其中白海豚和儒艮，已被列为国家 I 级重点保护濒危野生动物，主要分布在三娘湾和合浦等海湾，随着广西合浦营盘港—英罗港儒艮国家级自然保护区的建立，对儒艮和中华白海豚的保护进一步展开，但水质的下降、栖息地的破坏、人类的乱捕滥杀以及自然灾害等现象屡有发生，对珍稀物种的生存存在极大的威胁。

4. 公众环保意识薄弱

公众对海洋生态保护意识不强，尤其是沿海渔民的环保意识较差，绝大多数人和相关部门对生态保护关注度、重视度、参与度低，相应海洋环保措施的欠缺等原因导致了海洋生态环境问题未能得到有效防范。

从以上的生态系统面临的问题，可以预见，由于经济的持续快速发展与人类对海洋生态环境保护有效措施的不对等，北部湾经济区沿海三市的生态环境压力将会越来越重，生态安全受到的威胁越来越大。采取切实有效的环境保护措施和手段，开展北部湾经济区沿海三市生态安全的保护及研究迫在眉睫。为此，研究在对广西北部湾的现实状况进行详细分析的基础上，对北部湾经济区沿海三市生态安全现状予以定量化分析评价，并在此基础上构建北部湾经济区沿海三市生态格局，以期对广西北部湾生态安全的管理及建设有所帮助。

综上，对北部湾经济区沿海三市自然环境概况、社会环境概况及生态环境现状和生态系统面临的主要问题进行梳理、分析、归纳，发现北部湾经济区沿海三市自然环境良好，资源禀赋优良，生态本底佳，但随着城镇化和工业化的快速发展，也存在着海水环境质量下降、临海重工业污染加剧、珍稀生物未得到有效保护、公众环保意识薄弱等问题。

# 第二节　北部湾经济区海岸带开发利用现状

## 一、北部湾经济区海岸带概况

### （一）岛屿资源

沿岸海域拥有大小岛屿约 650 个，岛屿岸线长约 460 公里，主要分布于珍珠港湾、防城港湾、钦州湾、大风江河口湾、廉州湾南流江河口、铁山港湾、涠洲岛—斜阳岛等 7 个海域，其中涠洲岛面积约 25 平方公里。沿岸主要有北海市的涠洲岛、斜阳岛、南域围、更楼围、七星岛、外沙岛，钦州市的龙门岛、西村岛、沙井岛、麻蓝头岛、簕沟墩、团和岛，防城港市的针鱼岭、长榄岛。

广西沿岸海岛区主要有红树林资源、珊瑚礁资源、海洋生物资源、港口资源、渔业资源、旅游资源、植被资源、可再生资源、鸟类资源等多种资源。

### （二）沿岸水系

广西沿海岸线曲折，港湾众多，重要海湾、海域主要有铁山港湾、廉州湾、钦州湾（包括茅尾海）、防城港（湾）、珍珠港（湾）及涠洲岛—斜阳岛海域等。北部湾全岸段有 120 多条河流流入海洋，常年性主要河流面积较大的有北仑河、防城江、茅岭江、钦江、大风江、南流江等六条，入海河流总流域面积约 1.8 万平方公里，总河长约 960 公里。广西沿海总体上以开阔海岸和海湾为主，河口特征不突出。

### （三）植被资源

北部湾海岸的植被类型包括针叶林、常绿季雨林、红树林、竹林、灌草林、滨海沙生植被以及水生植被等天然植被和经济林、防护林、农作物群落以及香蕉果园等人工植被。其中最独特的便是红树林，主要分布在大风江河口湾北部、南流江入海口、大冠沙、铁山港湾顶部和东岸、英罗湾、丹兜海、茅尾海、珍珠湾、防城江入海口及渔洲坪一带。

### (四) 海洋生物资源

北部湾有广阔的滩涂和浅海,适合多种海产动物和植物繁殖生长,鱼虾类资源近千种且生物量极高,包括鱼类500多种、虾类200多种、贝类170多种、蟹类190多种、螺类140多种、浮游植物140多种、浮游动物130多种,是马氏珍珠贝、近江牡蛎、长毛对虾等重要经济物种的种质资源分布区,是儒艮、江豚和中华鲎的栖息地,发展海水鱼虾、贝类养殖、藻类养殖等海水养殖业条件十分优越。其中的牡蛎、珍珠、对虾、青蟹等特色养殖资源及部分海洋药用生物资源,是发展特色海洋产业的基础。

### (五) 化学资源

北部湾沿海地区日照条件、气候条件、水流交换条件均较好,海水温盐度相对较高,滩涂平坦广阔,为盐业和海水化工的发展提供了良好场所。且北部湾沿海地区拥有优于我国北方其他沿海地区的溴素资源。因此,在广西北部湾近海地区,制盐和提溴产业有较大的发展潜力。

## 二、北部湾经济区海岸带开发与利用现状分析

### (一) 土地利用现状

近年来北部湾经济区海岸带地区的开发主要集中在城市建设、港口及临港工业、旅游度假以及养殖等领域。从遥感影像解译所得到的2015年北部湾经济区海岸带土地开发利用现状可以看出,在海岸带及附近区域,主要呈带状或块状分布,大部分区域属于未建设用地,已建设用地部分清晰,居民点较集中。

1. 土地利用以耕地、林地、建设用地为主

北部湾经济区海岸带现状用地类型分为耕地、林地、建设用地、水体、滩涂、养殖、盐田、裸地、自然保护区用地、旅游度假区用地、港

口码头用地等 11 个用地类型。除了近岸海域，陆域部分主要以林地、耕地、建设用地为主。其中耕地面积约占总面积的 13.97%，林地面积约占总面积的 17.83%，建设用地面积约占北部湾经济区海岸带总面积的 14.18%（见表 2 - 4）。

表 2 - 4　　　　2015 年北部湾经济区海岸带现状土地利用面积情况

| 类型 | 面积（平方公里） | 比例（%） |
|---|---|---|
| 耕地 | 1 248.13 | 13.97 |
| 林地 | 1 593.24 | 17.83 |
| 建设用地 | 1 266.87 | 14.18 |
| 水体（包括海域） | 3 496.23 | 39.13 |
| 滩涂用地 | 537.52 | 6.02 |
| 养殖用地 | 439.13 | 4.91 |
| 盐田 | 2.11 | 0.01 |
| 裸地 | 52.41 | 0.59 |
| 自然保护区用地 | 248.68 | 2.78 |
| 旅游度假区用地 | 13.14 | 0.15 |
| 港口码头用地 | 38.03 | 0.43 |
| 海岸带总面积 | 8 935.49 | 100 |

2. 土地利用地域性明显

从 2015 年北部湾经济区海岸带土地利用现状可看出，海岸带西段以山体林地为主，生态环境良好。中段和东段以建设用地和耕地为主，土地利用程度相对较高，海岸带土地利用集约化水平较突出。根据距离海远近的不同，土地利用的结构特征和空间格局也存在一定的差异，如水域和建设用地的向海特征最为明显，其次是耕地。

建设用地的分布和区域历史发展与经济发展水平有关，北部湾经济区海岸带地区的建设用地分布相对集中，主要分布在人口密度较大的城区及现有港口附近，形成三大核心集聚区；而且建设用地的分布也与沿岸滩涂资源开发和围填海造地活动有关。其中中段和东段交通较便利、工业程度较高，建设用地面积较大，分布较集中；东段（北海段）耕地连片集中，地势平坦，土质较好，适于土地规模化经营，城市拓展空间充足。

滩涂、水产养殖用地沿岸都有大量分布，在港湾中分布尤为明显，水域多用于水产养殖，滩涂用于晒盐、养殖。

**3. 整体呈现生态斑块和建设斑块相间的格局**

东西两翼以林地、自然保护区等生态用地为主，中间以城市发展用地和农业发展用地为主，主要建设用地之间由林地、农用地等生态组团间隔，形成良好的城市有机生长空间。港口及临港产业用地也基本位于城市建设用地外侧或在港区内，对城市生活区影响较小。

**4. 土地利用结构和布局有待进一步优化**

土地利用的主要类型分布相对较集中，人类活动强度较高，大量建设用地紧邻水体，沿岸三个城市中心城区都位于海岸带及附近，加上人们趋海而居的习惯，沿岸均有大量农村居民点分布，人为因素对海岸带的干扰程度将大大加剧，同时水环境所面临的压力和风险也将增大。此外，北部湾经济区海岸带地区是广西重要的旅游战地，海岸带旅游资源正被深入地开发与利用，城市化进程及旅游资源开发都会改变土地覆被，建设用地逐渐取代部分原生态的林地、水域等，人地矛盾逐渐凸显。因此，应尤为重视北部湾经济区海岸带土地利用结构与空间布局的优化，降低人类活动对海岸带和海洋生态环境不良影响。

**（二）海岸线利用现状**

**1. 主要使用类型**

岸线使用类型以生态保护、旅游、养殖、港口、生活岸线为主。其中生态保护岸线集中在海岸带东段和西段，以保护自然保护区为主，如北仑河口红树林自然保护区、茅尾海红树林自治区级自然保护区、山口红树林保护区、涠洲岛自治区级自然保护区、合浦儒艮国家级自然保护区等生态保护区所在岸线。旅游岸线包括滨海旅游和海上运动娱乐所在岸线，主要分布在北海银滩、涠洲岛、钦州三娘湾、龙门七十二泾、防城港万尾岛金滩等旅游度假区所在的岸线。养殖岸线为北部湾海岸线使用的主要类型，以传统养殖为主，主要集中在海岸线靠海一侧，除港口作业区外沿岸近海均有养殖岸线分布，在主要海域中养殖密度都比较大。生活岸线主要分布在现有主城区。港口以及临港产业岸线主要分布在现有港区。

2. 岸段岸线使用情况

（1）北海段

海岸带东段的北海段，岸线长 528.17 公里，自大风江口至洗米河口，岸线相对平直，沿岸多平原和台地，滩涂发育。

岸线利用相对集中，用地较紧凑。从东往西，英罗港、丹兜海、沙田海域主要为红树林自然保护区和渔业养殖。铁山港及近岸海域主要为渔业养殖、港口发展和海洋生态保护。市区南面岸线和西北面的廉州湾至大风江口沿岸主要为养殖、旅游及生态保护。涠洲岛的北部、东部、西南部和斜阳岛有大片的珊瑚礁分布，是珊瑚礁保护区域。

（2）钦州段

海岸带中段的钦州段，海岸线长约 562.64 公里，自茅岭江口至大风江口，主要由钦江三角洲平原及其东岸段组成，岸线较曲折，沿岸可利用土地宽阔，具有良好的建设港口条件。[①]

岸线类型明显，用地较紧凑。东端为建设用地，西端多为山体林地，用地类型分界明显。旅游岸线主要分布于茅尾海东岸及三娘湾沿岸。钦州市建设用地分布较集中，面积较大，主要集中在主城区至钦州港一带区域，钦州段低矮荒坡荒山、滩涂较多，农田、村庄较少，适于布局大工业和大物流产业，有利于城市空间拓展。钦州市港区用地主要在钦州湾外湾，主要发挥工业区功能，港区工业与码头用地需求较大，

---

① 数据来源：《北海市海洋产业"十三五"发展规划》、钦州市人民政府、防城港市人民政府。

居住用地相对较少。养殖岸线主要分布于龙门岛沿岸、茅尾海西南侧、犀牛脚镇西侧沿岸海域、三娘湾东南海域及大风江沿岸。

（3）防城港段

海岸带西段的防城港段，大陆海岸线长约 584 公里，自北仑河口至茅岭江口，岸线曲折，多为港湾半岛；湾口有深槽，湾内水域宽阔；岸线后方多为低丘和平原，为港口建设提供了较好的条件。

岸线利用潜力较大，布局较分散。防城港市的现状大部分岸线基本处于未开发利用状态，已开发利用的岸线规模较小，其主要用途为城镇建设、港口、工业、滩涂养殖、滨海旅游。

生态保护岸线主要集中在珍珠湾湾顶和北仑河口。旅游岸线在渔万岛仙人山、桃花湾一带、万尾岛南部岸线、企沙镇区东海岸、江山半岛。养殖岸线主要在防城湾东湾、光坡镇潭油村一带的滩涂围垦区域。生活岸线现状主要分布在渔万岛、防城湾湾顶、企沙半岛南海岸靠近湾口附近。港口和临港工业岸线主要在渔万岛南端，其余零散分布在茅岭江入海口处、光坡潭油村、北仑河口竹山港、万尾岛西端、江平潭吉港和江山港、江山半岛西海岸靠近江山港附近。

表 2-5　　　　　沿海主要海域岸线现状开发利用情况

| 主要海域 | 资源及现状利用类型 | 生态敏感区分布状况 |
| --- | --- | --- |
| 铁山港 | 港口资源优良，红树林资源及矿产资源丰富。现状主要为水产养殖、港口建设和临海工业 | 合浦儒艮海洋保护区及山口红树林海洋保护区，营盘马氏珍珠贝自然保护区 |
| 银滩 | 旅游资源优良，渔业、矿产及可再生能源一般。现状主要用为旅游 | 南流江口的红树林 |
| 廉州湾 | 港口资源优良，其他资源一般。现状主要用为养殖 | 顶部有红树林 |
| 大风江—三娘湾 | 海水养殖资源及旅游资源优良，其余资源一般。现状主要用为养殖和旅游 | 红树林生态系统及中华白海豚栖息环境 |
| 钦州湾—茅尾海湾 | 水产养殖和港口资源、旅游资源优良。茅尾海现状以渔业、红树林自然保护区和滨海旅游为主。钦州港湾以港口建设、渔业为主 | 茅尾海红树林自然保护区 |

续表

| 主要海域 | 资源及现状利用类型 | 生态敏感区分布状况 |
|---|---|---|
| 防城港 | 港口资源优良，其次是滩涂水产养殖资源和矿产资源，还有红树林资源和旅游资源等。现状以港口建设、渔业和滨海旅游为主，部分临海工业用地 | 防城港东湾红树林生态系统 |
| 珍珠湾 | 珍珠养殖资源优良，其余资源一般。现状以红树林国家级自然保护区、渔业为主 | 北仑河口红树林家级自然保护区；金滩 |
| 北仑河口 | 农林渔资源优良，其余资源一般。现状以红树林国家级自然保护区、渔业为主 | 北仑河口红树林国家级自然保护区 |

3. 岸线利用存在问题

总的来看，北部湾沿海地区现有岸线类型较多，但总体开发利用集约程度较低，沿岸大部分为未开发用地、村庄居民点用地，开发局限于海岸、近岸海域、少数海岛等，已开发利用岸线整合度较低，岸线存在多占少用或占而不用现象，岸线资源浪费严重。

（1）生活岸线布局过于分散

行政办公、商业文化等公共服务设施及市政基础设施基本集中在城市主城区和港口城区，用地局部比较紧凑但带动作用不强；港区则以码头和工业用地为主，少量居住用地，用地相对均过于分散。因布局不均匀、配套水平低、交通切割等，城市临海却不近海亲海。

（2）港口岸线利用不充分

港口所依托的城市规模较小、临港产业起步较晚，港口与铁路、公路及场站之间联运效应不强；海上航线特别是远洋航线较少等，影响了港口作为区域经济发展龙头作用的发挥。而且港区后方缺乏合理利用，岸线资源无法集中连片开发，部分港口、码头泊位利用率低，有待提高岸线的有效利用。

（3）生态岸线保护力度有待加强

由于岸线存在无序开发和管理现象，临海建设项目和人为活动正在不断侵蚀生态岸线，部分河口海域污染严重，生态环境遭到严重破坏，海洋海岸生态系统的生物多样性急剧下降，岸线质量和功能不断下降。

（4）海洋产业结构待调整，岸线利用效益不高

目前，北部湾海岸线除了自然保护区、滨海旅游占用岸线以外，大部分仍是传统种养业，精深加工产品较少，特别是海洋石化、海洋生物医药、海洋水产品深加工等产业所占比重不高，海岸线资源利用较粗放，竞争力强的重特大项目还较缺少。

## 三、海洋生态环境现状

### （一）海洋生态环境保护基本情况

1. 海水环境状况总体良好

2015 年，广西近岸海域海水环境状况总体良好，冬季、春季、夏季、秋季符合第一、二类海水水质标准的海域面积分别为 6 356 平方公里、6 830 平方公里、3 974 平方公里、4 606 平方公里，分别约占近岸海域面积的 83.8%、90.1%、52.4%、60.7%。

表 2 − 6　　　　　2010 ~ 2014 年广西近岸海域水质类别情况

| | 2010 年 | 2011 年 | 2012 年 | 2013 年 | 2014 年 |
|---|---|---|---|---|---|
| 站位数（个） | 48 | 46 | 44 | 44 | 44 |
| 一类（%） | 77.1 | 63.6 | 68.2 | 65.9 | 70.5 |
| 二类（%） | 10.4 | 18.2 | 18.2 | 15.9 | 11.4 |
| 一、二类（%） | 87.5 | 81.8 | 86.4 | 81.8 | 83.4 |
| 三类（%） | 6.3 | 4.5 | 4.5 | 2.3 | 6.8 |
| 四类（%） | 2.1 | 6.8 | 2.3 | 6.8 | 4.5 |
| 劣四类（%） | 4.2 | 6.8 | 6.8 | 9.1 | 6.8 |
| 水质状况 | 良好 | 良好 | 良好 | 良好 | 良好 |

资料来源：《广西壮族自治区海洋环境质量公报》（2010 ~ 2014 年）。

2. 重要生态系统健康状况良好

北仑河口、山口红树林生态系统群落结构和类型基本保持稳定，总体呈健康状态，物种的多样性和生态完整性能够基本维持。铁山港海草床生态系统受海洋工程建设、渔民滩涂赶海等人为干扰活动的影响，比较脆弱，群落较不稳定。涠洲岛珊瑚礁生态系统总体呈亚健康状态。

3. 近岸海域生态系统保护取得一定成效

加强了自然保护区体系建设，在广西沿海区域已批准建设的与海洋和滨海湿地有关的自然保护区、海洋公园、湿地公园、地质公园合计10个，保护范围覆盖了红树林、海草床、珊瑚礁、近江牡蛎、鸟类和儒艮的栖息生境，保护了古运河和古贝类遗址。同时开展了多项生态修改工程，先后启动了北海银滩综合整治项目，涠洲岛整治修复及保护项目，有效改善区域海洋环境质量，促进生态系统恢复。

表 2-7　　　　　　　　　广西海岸带地区主要生态敏感区

| 行政区划 | 名称 | 生态系统类型 |
| --- | --- | --- |
| 防城港 | 北仑河口国家级自然保护区 | 红树林生态系统 |
| 钦州 | 茅尾海红树林自然保护区 | 红树林生态系统 |
| | 茅尾海国家级海洋公园 | 红树林、盐沼生态系统 |
| 北海 | 山口国家级红树林生态自然保护区 | 红树林生态系统 |
| | 合浦儒艮国家级保护区 | 儒艮及海洋生态系统 |
| | 涠洲岛自然保护区 | 候鸟和旅鸟 |
| | 涠洲岛珊瑚礁海洋公园 | 珊瑚礁海洋生态系统 |
| | 北海滨海国家湿地公园 | 湿地生态系统 |
| | 涠洲岛国家地质公园 | 火山地貌生态系统 |
| 北海、钦州、防城港 | 二长刺鲷与长毛对虾国家级种质资源保护区 | 二长刺鲷与长毛对虾种质资源 |

## （二）海洋生态环境问题

### 1. 近岸局部海域污染较严重

近岸海域海上环境状况良好，但是排入广西近岸海域的氮、磷等污染物总量明显增加，局部海域污染依然严重。2015 年，广西近岸海域符合第三、四类和劣于四类海水水质标准的海域面积分别为 2 787 平方公里、261 平方公里和 562 平方公里，基本上各海域均有超标现象。其中廉州湾、钦州湾（含茅尾海）、防城港西湾及北仑河口等局部海域水质劣于第四类海水水质标准。在各海域中，茅尾海水质最差，经常出现四类或劣四类水质，尤其是 2013 年和 2014 年；其次是廉州湾，防城港西湾海域也出现超标现象，而钦州湾和铁山港海域相对而言水质较好。整个广西海洋环境的抗冲击能力有所减弱，剩余环境容量有所减少。

表 2 - 8　　　　　2010～2015 年夏季广西近岸海域未达到

一类海水水质标准的各类海域面积　　　单位：平方公里

| 年份 | 第二类水质 | 第三类水质 | 第四类水质 | 劣于第四类水质 | 合计 |
|------|-----------|-----------|-----------|----------------|------|
| 2010 | 133 | 2 601 | 81 | 320 | 3 135 |
| 2011 | 345 | 581 | 39 | 167 | 1 132 |
| 2012 | 470 | 1 530 | 320 | 300 | 2 620 |
| 2013 | 1 209 | 526 | 108 | 838 | 2 681 |
| 2014 | 2 650 | 306 | 174 | 466 | 3 596 |
| 2015 | 787 | 2 787 | 261 | 562 | 4 397 |

资料来源：《广西壮族自治区海洋环境质量公报》（2010～2015 年）。

### 2. 沿海水产养殖污染呈上升趋势

沿海地区海水养殖规模在 2014 年达到约 70 万亩，养殖密度大，废水普遍未处理。其沿海滩涂地区高密度、高强度使用人工混合饲料、直接排放废污水的养殖方式和养殖区域依然存在。长期的养殖污染已使部分港湾的养殖难以维系，虾塘闲置。

### 3. 滨海湿地生态系统受到威胁

围海造田、围塘养殖、涉海工程建设、渔民滩涂赶海等人为干扰活动影响红树林、海草床生态系统，导致红树林面积、海草床面积逐年减少。相关资料显示，广西海岸曾有 23 904 公顷红树林，截至 2014 年，广西红树林面积为 8 374.9 公顷，面积减少近 2/3；2008 年海草床面积为 942 公顷，2014 年为 782 公顷。此外，由于经济利益驱使及保护力度不强，红树林周边居民直接进入林区进行挖掘鱼、虾、贝，散养家禽等活动，也使得红树林面积降低。而仅存于涠洲岛—斜阳岛一带海域的珊瑚种类数和造礁石珊瑚覆盖度均有不同程度下降，其生态系统面临的威胁仍在不断加大。

### 4. 围填海活动对近岸海域生态系统产生不良影响

广西北部湾沿岸填海造地现象普遍。目前，北部湾围填海主要分布在铁山港、廉州湾、钦州港、茅尾海、企沙半岛、防城港东湾等海域。根据《广西壮族自治区海洋功能区划》要求，到 2020 年广西大陆自然岸线保有率不低于 35%、建设用地围填海规模控制在 161 平方公里以内。虽然目前北部湾围填海面积未超出国家下达的指标，但是自 2008 年以来，围填海面积占总填海面积的 93.8%，面积增加过快。大面积的围填海开发活动占用了海洋生态空间、扰动了海洋生物生境，导致近岸滩涂湿地面积持续减少，生物资源遭到破坏，大量自然岸线消失。同时，随着海水养殖业的迅速发展，沿海地区为围垦滩涂开辟海水养殖场，对近岸岛屿采用人工海堤的方式进行连接，对岛屿的生态环境造成破坏，导致海岛自然属性退化。在钦州港和防城港建设过程中，部分海岛更是直接被推毁或炸毁，海岛数量迅速减少。

### 5. 临海重化工业的建设增大海域环境压力

钦州港工业区、防城企沙工业区、铁山港工业区是北部湾经济区海岸带三个主要临海重化工集中区，主要发展石化、能源、林浆纸、重型机械、修造船及其他配套或关联产业，这些临海重化工产业的发展，给近岸海域带来严峻的环境压力。

例如，石化产业方面，中石油钦州 1 000 万吨/年炼油项目于 2010 年建成投产，钦州石化产业园、北海铁山港石化产业园两个千亿元园区建设也正在稳步推进，北部湾经济区石化产业产值从 2006 年的几十亿元增加到 2015 年的千亿元。能源方面，2015 年，新鑫能源碳四深加工项目建成投产 15 万吨/年碳四深加工装置和 1.5 万吨/年废酸再生环保项目。当前，广西涉海区域共有规模以上工业企业近 300 家，发生海洋溢油、化学品泄漏以及重金属污染等生态灾害风险增加。

# 第三章

## 北部湾经济区沿海三市生态安全评价

### 第一节 突变理论和突变级数法

#### 一、突变理论

突变级数法的理论基础是系统新三论之一的突变理论。突变理论由法国数学家勒内·托姆于 1972 年创立，是利用动态系统的拓扑理论来构造自然现象与社会活动中不连续变化现象的数学模型，并以此描述和预测事物连续性中断的质变过程，是目前唯一研究由渐变引起质变的系统理论。突变模型的研究对象是系统的势函数。势函数是描述系统的控制变量与状态变量之间的相对关系、相对位置的函数。

突变理论基于一维状态变量的突变模型主要有 1 个控制变量的折叠突变模型、2 个控制变量的尖点突变模型、3 个控制变量的燕尾突变模型、4 个控制变量的蝴蝶突变模型，其势函数、分叉集与归一化公式见图 3 - 20，突变理论用于多因素（指标）的系统评价和分类问题时，只需考虑状态变量为一维而控制变量为多维的突变模型的势函数（见表 3 - 1）。

表 3 - 1　　　　　　　　　　一维状态变量的突变模型

| 突变模型种类 | 控制变量维数 | 势函数 | 分叉集 | 归一公式 |
|---|---|---|---|---|
| 折叠突变模型 | 1 | $f(x) = x^3 + ax$ | $a = -3x^2$ | $X_a = \sqrt{a}$ |
| 尖点突变模型 | 2 | $f(x) = x^3 + ax^2 + bx$ | $a = -6x^2$<br>$b = 8x^3$ | $X_a = \sqrt{a}$<br>$X_b = \sqrt[3]{b}$ |
| 燕尾突变模型 | 3 | $f(x) = 1/5x^5 + 1/3ax^3 + 1/2bx^2 + cx$ | $a = -6x^2$<br>$b = 8x^3$<br>$c = -3x^4$ | $X_a = \sqrt{a}$<br>$X_b = \sqrt[3]{b}$<br>$X_c = \sqrt[4]{c}$ |
| 蝴蝶突变模型 | 4 | $f(x) = 1/6x^6 + 1/4ax^4 + 1/3bx^3$<br>$+ 1/2cx^2 + dx$ | $a = -10x^2$<br>$b = 20x^3$<br>$c = -15x^4$<br>$d = 4x^5$ | $X_a = \sqrt{a}$<br>$X_b = \sqrt[3]{b}$<br>$X_c = \sqrt[4]{c}$<br>$X_d = \sqrt[5]{d}$ |

## 二、突变级数法

突变级数法是运用分歧方程和模糊数学中的模糊隶属函数相结合的一种方法，利用对各项指标进行归一化计算，并对最后归一化后的参数进行排序分析的一种综合评价方法，该方法主要有归一公式和突变模糊隶属函数两个关键，通过对系统的评价总目标进行多层次突变计算，得出突变模糊隶属函数。

## 第二节　生态安全评价指标体系

### 一、指标体系构建原则

研究以构建沿海三市生态安全指标体系为研究目的，通过科学性与可操作性结合、系统性与代表性结合、综合性与简明性的指标选取原则，采用"压力—状态—响应"（PSR）概念模型，结合我国目前沿海三市面临的生态环境问题，提出符合各项北部湾经济区沿海三市生态安全指标体系的基本框架。为了契合生态安全与沿海三市的特征，同时，考虑到量化指标的可获取性，研究在选取指标时，从人类自身发展对资源的消耗及对环境造成压力角度出发选取压力指标，从人类在向自然施加压力时自身和生态所表征的系统状态角度出发选取状态指标，响应指标则从人类为改善生态环境所采取的措施或取得的成效，从此三方面来构建沿海三市生态安全指标体系。

**（一）科学性与可操作性原则**

沿海三市生态安全指标的选择和设计必须符合生态学理论，又要结合实际情况，这样选取的指标才能具有较好的科学性和可接受度；同时，还要使指标具有可操作性，在选取和设计上必须考虑指标内容的现实性和易获得程度。

**（二）系统性与代表性原则**

沿海三市是一个复杂的人—地系统，评价指标选取应遵循系统性原则，能系统地表征环境—经济—社会三者之间的联系和相互作用；由于主观和客观因素的制约，任何评价指标体系都不可能全部囊括生态环境的所有影响因子，因此，在选取指标时，尽量选取具有沿海三市特征的指标。

## 二、指标选取和指标层次结构设计

基于（PSR）框架模型，在广泛参考前人的研究成果的基础上，综合考虑到北部湾经济区沿海三市人口、土地、经济、环境与社会发展等多方面影响因素，设计北部湾经济区沿海三市生态安全评价的指标体系框架。自上而下，逐级细化，构建以北部湾经济区沿海三市生态安全为目标层，以压力、状态、响应为准则层，以人口、资源、环境、经济等为因素层，以及人口密度、工业"三废"排放、滩涂面积、近岸海域水质三级以上达标率、水利、环境事业人均劳动报酬与平均工资比例等为代表的指标层的北部湾经济区沿海三市生态安全评价指标体系（见表3-2）。其中准则层的压力指标，是指由于人类的发展，和对资源的消耗及向自然环境排放污染物等活动造成对生态环境的负荷；状态指标，是指生态环境自身的资源环境质量及人类活动产生的社会经济价值情况，是自然环境对人类活动作用及其自身状态的反馈；响应指标则表征了人类在应对生态环境问题时所采取的对策、措施及其取得的成效。指标层是遵循科学性、可操作性、系统性与代表性等原则，在研究相关文献资料的基础上选取可表征北部湾经济区沿海三市生态安全特征的27项指标，其中正向指标15项，逆向指标12项。

表3-2　　　　北部湾经济区沿海三市生态安全评价指标体系

| 目标层 | 准则层 | 因素层 | 指标层 | 指标属性 |
|---|---|---|---|---|
| 北部湾经济区沿海三市生态安全 | A$_1$ 压力（1） | B$_1$ 人口压力（3） | C$_1$ 人口密度（人/平方公里）（2） | 逆向指标 |
| | | | C$_2$ 城镇化率（%）（1） | 逆向指标 |
| | | B$_2$ 资源压力（1） | C$_3$ 捕捞量（吨）（4） | 逆向指标 |
| | | | C$_4$ 人均耕地面积（亩/人）（1） | 正向指标 |
| | | | C$_5$ 全年人均用电量（千瓦时/人）（2） | 逆向指标 |
| | | | C$_6$ 海水养殖水域面积（公顷）（3） | 逆向指标 |
| | | B$_3$ 环境压力（2） | C$_7$ 工业废气排放量（万吨）（2） | 逆向指标 |
| | | | C$_8$ 工业废水排放量（万吨）（1） | 逆向指标 |
| | | | C$_9$ 工业固体废物排放量（万吨）（3） | 逆向指标 |
| | | | C$_{10}$ 化学需氧量（CDDcr）排放（吨）（4） | 逆向指标 |
| | A$_2$ 状态（2） | B$_4$ 资源状态（2） | C$_{11}$ 滩涂面积（公顷）（2） | 正向指标 |
| | | | C$_{12}$ 自然保护区面积（公顷）（3） | 正向指标 |
| | | | C$_{13}$ 林地面积（公顷）（1） | 正向指标 |

| 目标层 | 准则层 | 因素层 | 指标层 | 指标属性 |
|---|---|---|---|---|
| 北部湾经济区沿海三市生态安全 | $A_2$ 状态（2） | $B_5$ 经济状态（3） | $C_{14}$ 人均地区生产总值（元）（2） | 逆向指标 |
| | | | $C_{15}$ 地方财政收入与地区生产总值之比（%）（1） | 逆向指标 |
| | | | $C_{16}$ 单位海岸线港口吞吐量（万吨/公里）（3） | 逆向指标 |
| | | $B_6$ 环境状态（1） | $C_{17}$ 主要河流水质＞Ⅲ类的比例（%）（1） | 正向指标 |
| | | | $C_{18}$ 近岸海域水质平均达标率（%）（Ⅲ类以上）（3） | 正向指标 |
| | | | $C_{19}$ 海水功能区达标率（%）（2） | 正向指标 |
| | $A_3$ 响应（3） | $B_7$ 经济响应（2） | $C_{20}$ 财政支出占地区生产总值比重（%）（1） | 正向指标 |
| | | | $C_{21}$ 第三产业产值占地区生产总值比重（%）（2） | 正向指标 |
| | | $B_8$ 环境响应（1） | $C_{22}$ 空气质量优良率（%）（3） | 正向指标 |
| | | | $C_{23}$ 森林覆盖率（%）（1） | 正向指标 |
| | | | $C_{24}$ 城镇污水处理率（%）（2） | 正向指标 |
| | | $B_9$ 社会响应（3） | $C_{25}$ 城镇居民人均可支配收入（元）（2） | 正向指标 |
| | | | $C_{26}$ 农村居民人均纯收入（元）（3） | 正向指标 |
| | | | $C_{27}$ 水利、环境事业人均劳动报酬与平均工资比例（%）（1） | 正向指标 |

注：括号内的数值越大表示其所代表指标的重要性越小。

## 三、指标说明

### （一）压力指标

选取人口密度、城镇化率、捕捞量等共 10 项压力指标，主要从人口增长、资源消耗、环境变化方面考虑研究期间北部湾经济区沿海三市所承受的生态负荷。其中人口压力指标包括人口密度、城镇化率，资源压力指标包括捕捞量、人均耕地面积、全年人均用电量和海水养殖水域面积，环境压力包括工业"三废"排放量和化学需氧量的排放量，主要通过统计数据、遥感解译获取数据。

人口密度指标，是指单位面积土地上居住的人口数，为统一口径，采用的是研究期内的户籍人口与北部湾经济区沿海三市的行政面积之比，是表征各评价单元研究期内人口的密集程度的指标，主要通过统计年鉴数据计算得出；

城镇化率指标，是指城市数量的增加和城市规模的扩大，农村人口不断向城市迁移和聚集为特征的一种历史过程。研究的城镇化率指的是人口城镇化，采用的是非农人口数与人口总数之比，表征了北部湾经济区沿海三市随着社会经济发展导致农业活动的比重逐渐下降、非农业活动的比重逐步上升，主要通过统计年鉴数据计算得出；

捕捞量指标，在此主要表示的是近海海域捕捞产量，是表征人类对海洋渔业资源的利用程度的指标，由于县级数据的缺失，研究采用各评价单元占各市海岸线的比重与各市捕捞量数据，进行类推获取数据；

人均耕地面积指标，是耕地面积与总人口数之比，是表征各评价单元研究期耕地保有情况，是表征农田生态安全的指标之一，主要通过统计年鉴数据计算得出；

全年人均用电量指标，是全年用电量与总人口数之比，是表征各评价单元能耗的指标，主要通过统计年鉴数据计算得出；

海水养殖水域面积指标，是北部湾经济区沿海三市近海海水养殖面积，是海洋渔业发展主要承载区域，是表征人类近海活动的重要指标之一，主要通过遥感解译获取数据；

工业废气排放量指标，指企业厂内燃料燃烧和生产工艺过程中产生的各种排入空气中含有污染物的气体总量，主要包含工业二氧化硫、工业氮氧化物、工业（烟）粉尘等工业废气排放量，是表征人类活动对大气污染程度的重要指标，主要通过向相关部门申请、类推获取数据；

工业废水排放量指标，指经过企业厂区所有排放口排到企业外部的工业废水量，是表征人类活动对水体的污染程度的重要指标，主要通过向相关部门申请、类推获取数据；

工业固体废物排放量指标，指将所产生的固体废物排到固体废物污染防治设施、场所以外的数量，不包括矿山开采的剥离废石和掘进废石（煤矸石和呈酸性或碱性的废石除外），主要通过向相关部门申请、类推获取数据；

化学需氧量（COD）排放量指标，是以化学方法测量水样中需要被氧化的还原性物质的量，废水、废水处理厂出水和受污染的水中，能被强氧化剂氧化的物质（一般为有机物）的氧当量，在河流污染和工业废水性质的研究以及废水处理厂的运行管理中，它是一个重要的而且能较快测定的有机物污染参数，主要通过相关部门统计获取数据。

**（二）状态指标**

选取滩涂面积、人均地区生产总值、主要河流水质＞Ⅲ类的比例等共9项状态指标，主要从近岸海域资源、产业、水质状态方面考虑近十年北部湾经济区沿海三市资源、经济、环境状况。其中资源状态指标包括滩涂面积、自然保护区面积和林地面积，经济状态指标包括人均地区生产总值、地方财政收入与地区生产总值之比和单位海岸线港口吞吐量，环境状态包括主要河流水质优于Ⅲ类的比例、海水功能区达标率。

滩涂面积指标，主要包括沿海滩涂和内陆滩涂，是陆地生态系统和海洋生态系统的交错过渡地带，是表征评价单元湿地生态安全的指标，主要通过文献整理、相关规划资料获取数据；

自然保护区面积指标，是对有代表性的自然生态系统、珍稀濒危野生动植物物种的天然集中分布、有特殊意义的自然遗迹等保护对象所在的陆地、陆地水域或海域，依法划出一定面积予以特殊保护和管理的区域。研究中提及自然保护区主要包括广西十万大山国家级自然保护区、广西山口红树林国家级自然保护区、茅尾海红树林保护区等9个自然保护区，主要通过文献整理获取数据；

林地面积指标，是指成片的天然林、次生林和人工林覆盖的土地；包括用材林、经济林、薪炭林和防护林等各种林木的成林、幼林和苗圃等所占用的土地。是构成大型生态斑块的主要本底，主要通过遥感解译和相关规划资料校正获取数据；

人均地区生产总值指标，是衡量北部湾经济区沿海三市经济发展状况的指标之一，采用的是北部湾经济区沿海三市地区生产总值与户籍人口总数之比，主要通过统计年鉴数据计算得出；

地方财政收入与地区生产总值之比指标，表征了地方经济状况的指标之一，主要通过统计年鉴数据计算得出；

单位海岸线港口吞吐量指标，表征了岸线利用开发情况，是人类直接作用海岸沿线的活动之一，由于县级数据的缺失，研究中是用各市港口吞吐量及评价单元港口岸线占比、遥感解译海岸线等数据计算得出；

主要河流水质优于Ⅲ类的比例指标，表征了北部湾经济区沿海三市主要河流及沿线污染情况，主要通过环境年鉴和相关部门统计获取数据。

近岸海域水质平均达标率（优于Ⅲ类）指标、海水功能区达标率指标，这两类指标主要表征了沿海三市海域部分的海水环境状况，主要通过环境年鉴、各市海洋环境质量公报和相关部门统计、类推获取数据。

**（三）响应指标**

选取财政支出占地区生产总值比重、空气质量优良率、城镇居民人均可支配收入等共8项状态指标，主要包括经济水平、大气环境、绿化程度、人民生活水平、环境事业投资等方面。其中环境响应指标包括空气质量优良率指标、森林覆盖率指标和城镇污水处理率指标。

财政支出占地区生产总值比重指标，表征了用于城市发展建设的投资情况，主要通过统计年鉴数据计算得出；

第三产业产值占地区生产总值比重指标，表征了经济发展水平的指标之一，主要通过统计年鉴数据计算得出；

空气质量优良率指标，表征了大气环境指标，主要通过环境公报获取各市数据、类推得出；

森林覆盖率指标，表征了北部湾经济区沿海三市各评价单元森林面积占有情况或森林资源丰富程度及实现绿化程度的指标，主要通过遥感解译和相关规划资料获取数据；

城镇污水处理率指标，表征了对城市污水处理情况的指标，主要通过相关规划和文献获取数据；

城镇居民人均可支配收入和农村居民人均纯收入指标，表征了人民生活水平的提升，主要通过统计年鉴获取数据；

水利、环境事业人均劳动报酬与平均工资比例指标，表征了对生态环境投入情况的指标之一，主要通过统计年鉴获取数据。

## 第三节　生态安全评价突变模型的构建

构建评价指标体系的突变模型时，计算思路以蝴蝶突变模型为例，假设某个上级指标（系统状态变量 x）包含 4 个下级指标（系统控制变量 a、b、c、d），可视为蝴蝶突变系统，则对各个控制变量按重要性程度进行重要性排序（即重要性程度由 a、b、c、d 依次降低），然后根据对应的蝴蝶模型分叉集方程，通过 a 隶属度值求得系统发生突变时的状态变量值。同理，当上级指标分别含有 1、2、3 个下级指标时，可分别根据折叠、尖点和蝴蝶突变模型计算。利用系统中各突变模型的归一公式逐步向上层目标综合，直至得到目标层的隶属函数值即总突变数值，最后，考虑到选取指标的相互独立性，取状态变量的平均值作为最终状态值。

基于 PSR 评价框架与突变理论的结合，研究提出了北部湾经济区沿海三市生态安全评价指标逐级集成的突变模型框架，北部湾经济区沿海三市生态安全评价突变模型的构建见图 3-1，该模型共分为 3 级，有尖点突变模型、燕尾突变模型、蝴蝶突变模型三种模型种类。第 1 级是为求因素层（B$_1$~B$_9$）值而构造的 9 个突变模型，模型种类有尖点突变模型、燕尾突变模型和蝴蝶突变模型，以燕尾突变模型和蝴蝶突变模型为主，方法是将 $B_1 \sim B_9$ 分别作为状态变量，将其包含的下级指标 $C_X$ 作为控制变量，依次构建适宜因素层的突变模型；第 2 级是为求准则层（$A_1 \sim A_3$）值而构造的 3 个突变模型，均为燕尾突变模型，构建方法同上；第 3 级是为求目标层，即北部湾经济区沿海三市生态安全总隶属度值而构造的突变模型（燕尾突变模型），将目标层作为状态变量，以 $A_1 \sim A_3$ 为控制变量所构建北部湾经济区沿海三市生态安全评价模型，由于各层计算是逐层递进的关系，所以计算时只需知道最底层指标层的原始数据即可。

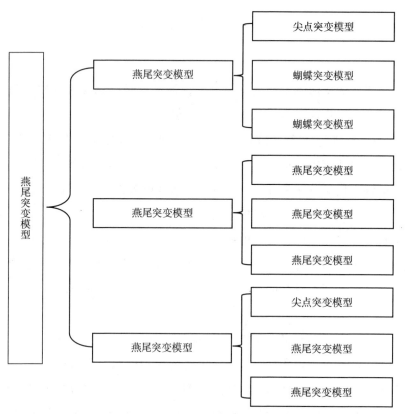

**图 3-1 北部湾经济区沿海三市生态安全评价的递级突变模型**

## 第四节　北部湾经济区沿海三市生态安全评价

### 一、评价分级标准的制定

由于归一公式的特点，突变级数法算出的评价值一般偏高，与常规等级标准相差较大，与常规等级标准对比，实现突变级数法与传统方法不同取值区间的同级换算，制定适应北部湾经济区沿海三市自身特点的基于突变级数法的安全等级标准成为运用此类方法评价的关键所在。

常规生态安全等级标准将安全度由低到高依次划分为Ⅴ、Ⅳ、Ⅲ、Ⅱ、Ⅰ5个评价等级，等级越高则说明该区域生态系统的安全性越高，对应的安全综合指数分别为0.2、0.4、0.6、0.8、1。为实现与常规等级标准的对应，需将常规标准下的各级安全指数同级换算为突变级数法下的各级分级标准，研究的等级标准的换算思路为：确定指标体系表3－2和评价模型图3－1后，将常规等级的Ⅰ至Ⅴ5个评价等级的安全综合指数依次代入指标体系中，根据建立的三级突变模型计算出各层指标的相对隶属值，最后求出目标层的突变级数值，最后得出基于突变级法的北部湾经济区沿海三市生态安全评价标准（见表3－3）。

表3－3　　　　北部湾经济区沿海三市生态安全分级标准

|  | 等级 | 总值 | 系统压力 | 系统状态 | 系统响应 | 对应常规值 |
|---|---|---|---|---|---|---|
| 很安全 | Ⅰ | ≥0.99 | ≥0.97 | ≥0.97 | ≥0.97 | ≥0.8 |
| 安全 | Ⅱ | 0.98~0.99 | 0.94~0.97 | 0.94~0.97 | 0.93~0.97 | 0.6~0.8 |
| 较安全 | Ⅲ | 0.96~0.98 | 0.89~0.94 | 0.89~0.94 | 0.88~0.93 | 0.4~0.6 |
| 较不安全 | Ⅳ | 0.93~0.96 | 0.82~0.89 | 0.82~0.89 | 0.81~0.88 | 0.2~0.4 |
| 不安全 | Ⅴ | ≤0.93 | ≤0.82 | ≤0.82 | ≤0.81 | ≤0.2 |

## 二、指标处理

### (一)遥感影像数据提取

首先对遥感影像的预处理,主要是通过 ENVI 5.1 对原始遥感影像进行校正、融合、镶嵌、裁剪后,然后对 4、3、2 和 5、4、3 两种波段组合的遥感影像进行监督分类,最后在 ArcGIS10.1 上进行地类空间叠加分析处理。

通过对 2005 年、2010 年和 2015 年北部湾经济区沿海三市遥感影像预处理、地理信息系统空间可视化处理,导出内陆水体、林地、耕地、建设用地、养殖用地等五类用地,并结合数学方法,计算北部湾经济区沿海三市五大地类的土地利用动态度(见表 3 - 4),通过分析地类的土地利用动态度可以定量分析该区域土地变化的剧烈程度,土地利用动态度的具体方法如下:

$$K = [(X_B - X_A)/X_A] \times (1/T) \times 100\% \qquad (3.1)$$

公式(3.1)中:K 表示研究期内某一地类的土地利用动态度,K 越大,说明该地类变化越剧烈,当 K 大于 0 时,说明该地类研究期末,面积增大了,由其他地类转入;当 K 小于 0 时,说明该地类研究期末,面积减少了,已转入其他地类。地类 $X_A$ 表示研究基期某一地类土地利用类型的数量;$X_B$ 表示研究期末某一地类土地利用类型的数量;T 表示研究期的时间值,当 T 设为年时,则求出的值即为某一地类土地利用类型的年变化率。

综上所述,通过遥感影像预处理后,对裁剪后北部湾遥感影像进行监督分类,由于 2005 年和 2010 年下载的分别是 landsat5 和 landsat7 影像,2015 年下载的是 landsat8 影像,因此,2005 年和 2010 年影像选取 4、3、2 波段,2015 年影像选取 5、4、3 波段,采用支持向量机法,使用 ENVI 5.1 进行监督分类,以 2005 年为例,分别在裁剪后的影像中均匀选取内陆水体、林地、耕地、建设用地和养殖用地各类地类的 100 ~

200 个 ROI, 样本选取完成后，对样本进行可分离度检查，经过多次选取样本和检查可分离度后，直到各地类可分离度均在 1.9 以上，在计算机进行自动分类后，对分类结果进行去小斑、栅矢转换、精度验证等分类后处理，得出 2005 年监督分类结果，其他年份亦同，最后分别得出 2005 年、2010 年和 2015 年三个年份的内陆水体、建设用地、耕地、林地的土地利用分类结果，由于 2005 年和 2010 年采用的是 30 米的影像，2015 年采用的是 15 米的影像，监督分类后的结果会有所偏差，但能满足研究需要。

从近十年北部湾经济区沿海三市的土利用动态的变化情况来看，内陆水体面积变化不大，养殖用地先减少后增加，整体减少，建设用地、耕地和林地的变化较大。耕地面积不断减少，主要向建设用地和林地变更，建设用地的增加，是由于城市建设规模不断扩大，占用了部分耕地，而林地的增加则是由于生态林和经济林等人造林的建设，尤其是大量速生桉的种植，使得林地面积大量增加。

表 3 – 4　　2005～2015 年北部湾经济区沿海三市土地利用动态度

| 土地利用类型 | 2005 年面积（平方公里） | 2010 年面积（平方公里） | 2015 年面积（平方公里） | 2005～2010年土地利用动态度（%） | 2010～2015年土地利用动态度（%） | 2005～2015年土地利用动态度（%） |
|---|---|---|---|---|---|---|
| 内陆水体 | 896.26 | 885.78 | 867.54 | – 0.23 | – 0.41 | – 0.32 |
| 林地 | 6 893.34 | 8 400.56 | 12 043.35 | 4.37 | 8.67 | 7.47 |
| 耕地 | 11 329.8 | 9 620.049 | 5 865.62 | – 3.02 | – 7.81 | – 4.82 |
| 建设用地 | 610.79 | 734.03 | 919.29 | 4.04 | 5.05 | 5.05 |
| 养殖用地 | 37 626.05 | 7 712.54 | 12 349.98 | – 15.90 | 12.03 | – 6.72 |

**（二）指标的无量纲化**

采用 Microsoft Excel 软件对指标原始数据进行常规统计分析。由于原始数据取值范围、度量单位或统计口径不一，无法直接对其进行相互比较。因此，在进行突变级数值计算时，要对原始数据进行无量纲化处理，即要将控制变量的原始数据转化到 [0，1] 之间，研究所采用的无量纲化关系式为：

对于正向指标（即越大越安全的指标）：

$$X/X_{max} \quad X_{min} < X < X_{max} \quad\quad (3.2)$$

对于逆向指标（即越小越安全的指标）：

$$1 - (X/X_{max}) \quad X_{min} < X < X_{max} \quad\quad (3.3)$$

利用标准化公式对指标进行处理后，为了保留精确的数据，保留四位小数。

### （三）突变级数综合值计算

利用突变隶属函数的归一方程对 2005 年、2010 年、2015 年 12 个评价单元无量纲化后的第三层的指标进行计算，根据北部湾经济区沿海三市生态安全评价模型逐级进行计算，最后得出 12 个评价单元的生态安全及其系统压力、系统状态、系统响应的最终突变级数值，具体计算步骤如下：

①对指标层的指标进行评价模型中的第 1 级模型运算，求出因素层的隶属度值，即对 C 类指标进行模型归一化后，取平均值得出因素层的隶属度值 B：

$$B_1 = (\sqrt{C_1} + \sqrt[3]{C_2} + \sqrt[4]{C_3})/3，同理，求出 B_2 \sim B_9$$

②对因素层的隶属度值 B 进行第 2 级模型运算，求出准则层的隶属度值，即对因素层的隶属度值 B 进行模型归一化后，取平均值得出准则层的隶属度值 A，即为系统压力、状态、响应的突变级数值；

$$A_1 = (\sqrt[4]{B_1} + \sqrt{B_2} + \sqrt[3]{B_3})/3，同理，求出 A_1 \sim A_3$$

对准则层的隶属度值 A 进行第 3 级模型运算，求出目标层即广西北部湾生态安全总隶属度值即突变级数值 H。

$$H = (\sqrt{A_1} + \sqrt[3]{A_2} + \sqrt[4]{A_3})/3$$

在研究中，各指标值经过无量纲化处理后，已转化为越大越优的指标值,因此,计算得到的突变级数值也是越大越优。根据以上步骤计算得到2005年、2010年和2015年12个评价单元的三个准则层生态安全突变级数值(见表3-5、表3-6、表3-7)。

表3-5　　　　　　　　　系统压力的突变级数值和等级情况

| | 系统压力指数 | | | | 系统压力等级 | | |
|---|---|---|---|---|---|---|---|
| 评价单元 | 2005 年 | 2010 年 | 2015 年 | 评价单元 | 2005 年 | 2010 年 | 2015 年 |
| 海城区 | 0.8485 | 0.6082 | 0.5850 | 海城区 | IV | V | V |
| 银海区 | 0.9605 | 0.9712 | 0.9672 | 银海区 | II | I | II |
| 铁山港区 | 0.9211 | 0.9579 | 0.9100 | 铁山港区 | III | II | III |
| 合浦县 | 0.8273 | 0.8128 | 0.8608 | 合浦县 | IV | V | III |
| 港口区 | 0.8380 | 0.7824 | 0.5807 | 港口区 | IV | V | V |
| 防城区 | 0.9403 | 0.9507 | 0.9518 | 防城区 | II | II | II |
| 上思县 | 0.9469 | 0.9793 | 0.9856 | 上思县 | II | I | I |
| 东兴市 | 0.8908 | 0.9097 | 0.9416 | 东兴市 | III | III | II |
| 钦南区 | 0.9205 | 0.9369 | 0.9529 | 钦南区 | III | III | II |
| 钦北区 | 0.9364 | 0.9307 | 0.9195 | 钦北区 | III | III | III |
| 灵山县 | 0.7926 | 0.9222 | 0.9270 | 灵山县 | V | III | III |
| 浦北县 | 0.9142 | 0.9014 | 0.8930 | 浦北县 | III | III | III |

表3-6　　　　　　　　　系统状态的突变级数值和等级情况

| | 系统状态指数 | | | | 系统状态等级 | | |
|---|---|---|---|---|---|---|---|
| 评价单元 | 2005 年 | 2010 年 | 2015 年 | 评价单元 | 2005 年 | 2010 年 | 2015 年 |
| 海城区 | 0.8920 | 0.8818 | 0.8433 | 海城区 | III | IV | IV |
| 银海区 | 0.8846 | 0.8725 | 0.8408 | 银海区 | IV | IV | IV |
| 铁山港区 | 0.7993 | 0.8631 | 0.8178 | 铁山港区 | V | IV | V |
| 合浦县 | 0.9634 | 0.9527 | 0.9584 | 合浦县 | II | II | II |
| 港口区 | 0.8759 | 0.8024 | 0.7477 | 港口区 | IV | V | V |
| 防城区 | 0.9510 | 0.9402 | 0.8796 | 防城区 | II | II | IV |

续表

| 系统状态指数 | | | 系统状态等级 | | | |
|---|---|---|---|---|---|---|
| 评价单元 | 2005 年 | 2010 年 | 2015 年 | 评价单元 | 2005 年 | 2010 年 | 2015 年 |
| 上思县 | 0.9481 | 0.9327 | 0.7219 | 上思县 | Ⅱ | Ⅲ | Ⅴ |
| 东兴市 | 0.8650 | 0.8296 | 0.8334 | 东兴市 | Ⅳ | Ⅳ | Ⅳ |
| 钦南区 | 0.9020 | 0.9156 | 0.8784 | 钦南区 | Ⅲ | Ⅲ | Ⅳ |
| 钦北区 | 0.8879 | 0.8859 | 0.7012 | 钦北区 | Ⅳ | Ⅳ | Ⅴ |
| 灵山县 | 0.9015 | 0.8913 | 0.8979 | 灵山县 | Ⅲ | Ⅲ | Ⅲ |
| 浦北县 | 0.8952 | 0.8921 | 0.8963 | 浦北县 | Ⅲ | Ⅲ | Ⅲ |

表 3 - 7　　　　　　　系统响应的突变级数值和等级情况

| 系统响应指数 | | | 系统响应等级 | | | |
|---|---|---|---|---|---|---|
| 评价单元 | 2005 年 | 2010 年 | 2015 年 | 评价单元 | 2005 年 | 2010 年 | 2015 年 |
| 海城区 | 0.9372 | 0.8442 | 0.9177 | 海城区 | Ⅱ | Ⅳ | Ⅲ |
| 银海区 | 0.9187 | 0.8438 | 0.9372 | 银海区 | Ⅲ | Ⅳ | Ⅱ |
| 铁山港区 | 0.9016 | 0.9621 | 0.9030 | 铁山港区 | Ⅲ | Ⅱ | Ⅲ |
| 合浦县 | 0.9332 | 0.8663 | 0.9583 | 合浦县 | Ⅱ | Ⅳ | Ⅱ |
| 港口区 | 0.8966 | 0.8343 | 0.9264 | 港口区 | Ⅲ | Ⅳ | Ⅲ |
| 防城区 | 0.9155 | 0.8712 | 0.9780 | 防城区 | Ⅲ | Ⅳ | Ⅰ |
| 上思县 | 0.9173 | 0.8517 | 0.9687 | 上思县 | Ⅲ | Ⅳ | Ⅱ |
| 东兴市 | 0.9260 | 0.8717 | 0.9909 | 东兴市 | Ⅲ | Ⅳ | Ⅰ |
| 钦南区 | 0.9540 | 0.8762 | 0.9532 | 钦南区 | Ⅱ | Ⅳ | Ⅱ |
| 钦北区 | 0.9592 | 0.8753 | 0.9593 | 钦北区 | Ⅱ | Ⅳ | Ⅱ |
| 灵山县 | 0.9578 | 0.8701 | 0.9719 | 灵山县 | Ⅱ | Ⅳ | Ⅰ |
| 浦北县 | 0.9641 | 0.8799 | 0.9714 | 浦北县 | Ⅱ | Ⅳ | Ⅰ |

## 三、生态安全基本评价结果

　　根据突变级数法计算得出压力、状态、响应结果（见表 3 - 5、

表3-6、表3-7），与北部湾经济区沿海三市生态安全评价分级标准进行比对，得出2005年、2010年、2015年北部湾经济区沿海三市生态安全12个评价单元的生态安全评价结果（见表3-8）。

表3-8　　　　　　　2005年、2010年、2015年北部湾经济区
沿海三市生态安全评价结果

| 生态安全指数 | | | | 生态安全等级 | | | |
|---|---|---|---|---|---|---|---|
| 评价单元 | 2005年 | 2010年 | 2015年 | 评价单元 | 2005年 | 2010年 | 2015年 |
| 海城区 | 0.9559 | 0.8991 | 0.8961 | 海城区 | Ⅳ | Ⅴ | Ⅴ |
| 银海区 | 0.9730 | 0.9665 | 0.9704 | 银海区 | Ⅱ | Ⅲ | Ⅱ |
| 铁山港区 | 0.9541 | 0.9738 | 0.9546 | 铁山港区 | Ⅳ | Ⅱ | Ⅳ |
| 合浦县 | 0.9600 | 0.9501 | 0.9677 | 合浦县 | Ⅳ | Ⅳ | Ⅲ |
| 港口区 | 0.9484 | 0.9232 | 0.8836 | 港口区 | Ⅳ | Ⅴ | Ⅴ |
| 防城区 | 0.9771 | 0.9736 | 0.9761 | 防城区 | Ⅱ | Ⅱ | Ⅱ |
| 上思县 | 0.9780 | 0.9758 | 0.9606 | 上思县 | Ⅱ | Ⅱ | Ⅲ |
| 东兴市 | 0.9592 | 0.9532 | 0.9697 | 东兴市 | Ⅳ | Ⅳ | Ⅲ |
| 钦南区 | 0.9713 | 0.9688 | 0.9740 | 钦南区 | Ⅱ | Ⅲ | Ⅱ |
| 钦北区 | 0.9728 | 0.9641 | 0.9457 | 钦北区 | Ⅱ | Ⅲ | Ⅳ |
| 灵山县 | 0.9485 | 0.9628 | 0.9735 | 灵山县 | Ⅳ | Ⅲ | Ⅱ |
| 浦北县 | 0.9703 | 0.9602 | 0.9673 | 浦北县 | Ⅱ | Ⅲ | Ⅲ |

**（一）从时间序列角度出发**

从图3-2可以看出，生态安全总体呈现缓慢下降的趋势，下降趋势较为明显的是港口区，从评价指标来看，主要是由于近年来人口增长、海水养殖、工业"三废"排放增加等因素加大生态压力，同时森林面积减少、港口开发加快等因素降低了生态状态生态安全指数。其次是钦北区。略有上升的有合浦县、东兴市和灵山县，基本持平的有银海区、防城区、上思县、钦南区和浦北县。

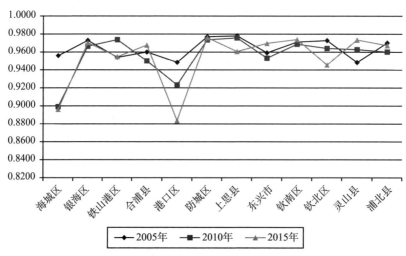

图 3 - 2　2005 ~ 2015 年生态安全状况等级

　　从表 3 - 9 至表 3 - 11 可以看出，2005 年至 2015 年，北部湾经济区沿海三市没有生态安全等级为Ⅰ级的县（市）区；生态安全等级为Ⅱ级的占比呈先下降后上升趋势；生态安全等级为Ⅲ级的占比呈先升后降的趋势；生态安全等级为Ⅳ级的占比呈先降后平缓的趋势；生态安全等级为Ⅴ级的占比呈先升后平缓的趋势。

表 3 - 9　　　　　2005 年北部湾经济区沿海三市生态安全评价结果

| 生态安全等级 | 评价单元 | 评价单元个数（个） | 评价单元比重（%） | 占总面积的比重（%） |
|---|---|---|---|---|
| Ⅰ | — | — | — | 61.47 |
| Ⅱ | 银海区、防城区、上思县、钦南区、钦北区、浦北县 | 6 | 50.00 | |
| Ⅲ | — | — | — | |
| Ⅳ | 海城区、铁山港区、合浦县、港口区、东兴市、灵山县 | 6 | 50.00 | 38.53 |
| Ⅴ | — | — | — | |

表 3 - 10　　　2010 年北部湾经济区沿海三市生态安全评价结果

| 生态安全<br>等级 | 评价单元 | 评价单元<br>个数（个） | 评价单元<br>比重（%） | 占总面积的<br>比重（%） |
|---|---|---|---|---|
| Ⅰ | — | — | — | — |
| Ⅱ | 铁山港区、防城区、上思县 | 3 | 25.00 | 27.65 |
| Ⅲ | 银海区、钦南区、钦北区、灵山县、浦北县 | 5 | 41.66 | 53.37 |
| Ⅳ | 合浦县、东兴市 | 2 | 16.67 | 16.13 |
| Ⅴ | 海城区、港口区 | 2 | 16.67 | 2.85 |

表 3 - 11　　　2010 年北部湾经济区沿海三市生态安全评价结果

| 生态安全<br>等级 | 评价单元 | 评价单元<br>个数（个） | 评价单元<br>比重（%） | 占总面积的<br>比重（%） |
|---|---|---|---|---|
| Ⅰ | — | — | — | — |
| Ⅱ | 银海区、防城区、钦南区、灵山县 | 4 | 33.33 | 42.22 |
| Ⅲ | 合浦县、上思县、东兴市、浦北县 | 4 | 33.33 | 41.84 |
| Ⅳ | 铁山港区、钦北区 | 2 | 16.67 | 13.10 |
| Ⅴ | 海城区、港口区 | 2 | 16.67 | 2.85 |

**（二）从空间尺度角度出发**

2005 年生态安全等级只有Ⅱ级和Ⅳ级，安全等级较高的主要分布在东部，虽然这两类等级个数相同，但是从土地面积来看，生态安全等级为Ⅱ级要比Ⅳ级的高出 22.94%。系统压力安全等级在Ⅳ级以下的有海城区、合浦县、港口区和灵山县，系统状态安全等级在Ⅳ级以下的有银海区、铁山港区、港口区、东兴市、钦北区，系统响应安全等级都在Ⅳ级以上，生态安全等级指数在Ⅳ级以下的有海城区、铁山港区、合浦县、港口区、东兴市、灵山县。

2010 年生态安全等级有四个等级，从Ⅴ级至Ⅱ级，安全等级较高的主要分布在西部，生态安全等级为Ⅲ级的面积占比较高，占总面积比重达到 53.37%。系统压力安全等级在 IV 级以下的有海城区、合浦县、港口区,系统状态安全等级在 IV 级以下的有海城区、银海区、铁山港区、港口区、钦北区、东兴市,系统响应安全等级除了铁山港区,其他都是 IV 级,生态安全等级在 IV 级以下的有海城区、合浦县、港口区、东兴市。

2015 年生态安全等级有四个等级,从 V 级至 II 级,安全等级分布较为均匀,生态安全等级为 II 级和 III 级的面积占比相对较高,占总面积的比重都在 40% 以上。系统压力安全等级在 IV 级以下的有海城区、港口区,系统状态安全等级在 IV 级以下的有海城区、银海区、铁山港区、港口区、防城区、上思县、东兴市、钦南区、钦北区,系统响应安全等级级别较高,都在 III 级以上,说明近几年来开始重视生态环境建设,加大了对环境投资,生态安全等级在 IV 级以下的有海城区、铁山港区、港口区、钦北区。

# 第四章

## 北部湾经济区沿海三市
## 生态安全格局构建

生态格局的构建，有助于缓解经济发展与生态环境保护矛盾，降低两者在空间上的冲突。目前，北部湾经济区沿海三市在全国沿海地区中生态优势还比较明显，但随着社会经济发展和城市扩张，环境保护与经济发展的双重压力必然会愈演愈烈，因此对北部湾经济区沿海三市生态格局的构建已经迫在眉睫。对北部湾经济区沿海三市生态格局构建的研究，主要通过提取内陆水体、林地、耕地、建设用地、养殖用地五大地类，计算其土地利用动态度，分析其土地利用演变规律特征后，基于生态源地的现状分布，同时考虑协调建设用地和养殖用地的发展，构建以水体、林地、耕地等自然生态斑块和依托交通干道形成的绿化带组成的生态格局。

### 第一节　生态斑块的提取

运用遥感技术对研究区进行土地利用分类后，细碎斑块较多，为消除细碎斑块对构建生态格局的影响，在遥感解译和评价结果基础上，结合《广西环境保护和生态建设"十三五"规划》对广西生态红线的划定等相关资料、文献进行分析，利用地理空间分析，提取 2015 年北部湾经济区沿海三市内陆水体、林地、耕地等生态斑块，同时考虑到人类活动对生态环境的影响，提取建设用地作为城镇扩张的源地，进而筛选出北部湾经济区沿海三市的生态格局的生态斑块。

## 一、内陆水体生态斑块的提取

内陆水体包括河流、水库等重要水域用地，北部湾经济区沿海三市的重点河流有南流江、大风江、钦江、防城江、北仑河等，重点水源地有以洪潮江水库、合浦水库、牛尾岭水库、那板水库、凤亭河水库、屯六水库、灵东水库、黄淡水库、小峰水库等为代表的水库。通过对 2015 年的遥感影像进行处理和分析，提取面积大于 0.1 平方公里的水体斑块，提取的内陆水体面积约为 530.64 平方公里，约占四大地类总面积的 2.69%，提取后的内陆水体斑块主要有洪潮江水库、小江水库、牛尾岭水库、灵东水库、金窝水库、那板水库、凤亭河水库、小峰水库、东兴水库等重要水源地以及南流江、大风江、钦江、茅岭江、明江河和北仑河等河流。主要分布在北海市北部、钦州市中部和南部、防城港市北部和边境沿线。

## 二、林地生态斑块的提取

本次提取的林地主要包括林地、灌木林、疏林地等用地，北部湾经济区沿海三市主要有十万大山和六万大山，通过对 2015 年的遥感影像进行处理和分析，提取面积大于 10 平方公里的林地斑块，提取的林地面积约为 8 753.85 平方公里，约占四大地类总面积的 44.45%。提取后的林地斑块主要有防城港市中部和钦州西北部的十万大山以及钦州东北部的六万大山。

### 三、耕地生态斑块的提取

本次提取的耕地主要包括水田、水浇地、旱地等用地，通过对2015年的遥感影像进行处理和分析，提取面积大于1平方公里的耕地斑块，提取的耕地面积约为 3 416.7 平方公里，约占四大地类总面积的17.35%。提取后的耕地斑块主要分布在北海市、防城港市西北部和东南部以及钦州市钦江沿岸等平原地区。

### 四、建设用地的提取

本次提取的建设用地除了城镇建设用地还包括交通用地。通过对2015年的遥感影像进行处理和分析，提取面积大于1平方公里的建设用地斑块，提取的建设用地面积约为 584.03 平方公里，约占四大地类总面积的2.97%。提取后的建设用地斑块主要集中分布在沿海主城区以及合浦县、浦北县、灵山县、上思县等县城地区。

## 第二节 生态格局构建思路

### 一、保护生态源

生态源地主要承担生态保障、水源涵养、物种保护等功能。建议对选取作为生态源地的 9 个自然保护区和重要的水源保护区进行重点保护，尤其是严禁开发红树林保护区、珍稀动植物栖息地和重点水源区等重要生态区域，尽量保持生物群落的完整性，提高生态系统多样性，最大限度地提高其生态保育能力，同时，对部分边缘区域，以生态保护为前提，合理开发利用，发挥其更大的生态服务功能。

## 二、构建生态廊道

生态廊道主要承担水源调度，增强区域内各类生态系统的有机联系，沟通各类物种或物种群体赖以生存的生态环境功能。对水系生态廊道，建议重视重点区域内重点河流沿岸的生态安全，尤其是独流入海的生态安全，可对重点河流两岸做一定范围内的生态缓冲区的划定，对重点水体实施清淤、保持河道疏通、净化水质等措施，建议保留或恢复河岸两侧一定范围内的植被覆盖度，保持河流的水文地貌特征，严格控制沿岸城市入河污染。对交通生态廊道，建议以交通干线沿线的绿化带为主体，采用道路绿化和林带建设相结合，为野生动物迁徙提供场所，减少人为对自然的分割作用，促进空气流通。生态廊道系统的建设可增强各类生态空间的连通性，从而进一步提高各类生态系统的网络化程度，同时，在主要生态廊道交汇处增加一些生态节点的建设，加强对生态源与生态廊道的生态联系，发挥小型斑块的生态作用。

## 三、划分生态分区

可参照主体功能区的划分思想，将北部湾经济区沿海三市划分为三大生态分区。其边界的确定尽可能与山脉、河流、农田等自然特征和行政边界进行有机衔接，同时结合地类类型；综合考虑和协调各类用地，尽量保证边界内生态系统类型的完整性和生态服务功能类型的一致性。把北部湾经济区沿海三市划分为高水平生态分区、中水平生态分区和低水平生态分区，三类分区的功能与主体功能区的生态空间、农业空间和城镇空间类似。

# 第三节　生态格局构建

## 一、生态源的确定

生态源地主要由大面积的森林覆盖区和水面等连续分布的较大自然生态斑块组成，这些生态源地的生态敏感性较高，且具有重要的生态服务功能，对区域生态系统的稳定性起决定作用。研究通过遥感影像解译，结合北海市、防城港市和钦州市城市总体规划等相关资料分析，选取了9个自然保护区和重要的水源保护区作为生态源地，总共有16处，主要分布在海城区、合浦县、防城区、上思县、东兴市、钦南区等县（市）区。

## 二、搭建生态廊道

建议主要构建以沿海重点入海河流、交通干线绿化带、近海生态保护为核心，搭建水系生态廊道和交通生态廊道，把主要生态源地、重要生态斑块、孤立破碎的生境联系起来，形成以点带面、以线串点的生态格局体系。基于现状水体的分布和生态斑块的提取，建设以南流江廊道、钦江廊道、大风江廊道、茅岭江廊道、防城江廊道、北仑河廊道、明江河廊道为主的六条水系生态廊道。建设交通生态廊道时，建议配合主要交通干线的绿化建设和维护工程，建设三纵一横的交通生态廊道，包括G75－G7511（南北高速）、S43（六钦高速）、S21（三北高速）、S60－G75（合那高速—南北高速）沿线绿化林带廊道形成的生态廊道。本研究研究的是沿海三市地区的生态格局，在构建生态格局时，不能忽略海洋，因此，将近岸海域作为北部湾经济区沿海三市生态格局的有机组成部分,将海洋纳入北部湾经济区沿海三市生态格局的网络建设,以优化和完善北部湾经济区沿海三市生态格局的构建,建设以保护近岸海域为主线的近海生态保护带。

## 三、建设生态节点

生态节点主要分布在生态廊道相交地区,可能是生态服务功能较好的地方,如公园等地,也可能是需进行生态修复的生态脆弱地区。建议重点在防城江与北仑河、明江河与茅岭江、钦江与大风江相汇处,G75(南北高速)与 S43(六钦高速)、S21(三北高速)、S60 – G75(合那高速—南北高速)相交处建设重点生态节点。

## 四、生态分区的划定

在提取的内陆水体斑块、林地斑块、耕地斑块的基础上,考虑建设用地和养殖用地的后续建设发展需求,叠加上述评价结果、《广西环境保护和生态建设"十三五"规划》中关于北海市、防城港市和钦州市生态红线的分区划分情况,结合城市规划学与生态学的学科理论,综合考虑和协调各类用地,以保护生态本底为底线,以提升生态服务功能为目的,把主要的林地、水源划为高水平生态分区,把耕地和其他用地划分为中水平生态分区,把建设用地及其周围部分区域划分为低水平生态分区,三类分区的功能与主体功能区的生态空间、农业空间和城镇空间类似。高水平生态分区作为主要生态涵养区,尤其是十万大山和六万大山形成北部生态屏障;中水平生态分区主要为耕地组团,是生态生产组团;低水平生态分区主要为沿海建设用地和养殖用地、县城建设用地及未来城市群一体化发展地区,是支撑城市经济发展的主要发展区。

## 五、综合生态格局

综合上述，把生态评价结果、生态源、生态廊道、生态节点、生态分区等进行叠加后，得出"3＋12＋X"的北部湾经济区沿海三市生态格局，"3"即为三类生态水平分区，以林地生态斑块为主体，重点分布在防城港中部和钦州中部及东部的高水平分区，以耕地生态斑块为主体，重点分布在北海、钦州钦江沿线、防城港北部的中水平生态分区，以城镇建设用地为主体，重点分布在沿海城区和主要县城城区的低水平分区；"12"即为沿河流及其沿线保护形成的7条水系生态廊道、沿主要交通干线绿化带形成的4条交通生态廊道和1条近海生态保护带；"X"即为多个以自然保护区、重点水源为主的生态源地和以生态廊道相交的生态节点。

# 第五章

## 北部湾经济区海岸带开发
## 利用与保护策略

### 第一节　国内外海岸带开发利用案例

#### 一、国外典型案例

##### （一）日本海岸带开发利用

日本由北海道、本州、四国、九州 4 大岛和约 6 800 个小岛组成，海岸线长达 30 000 公里。因国土面积有限、资源匮乏，因此十分重视海洋资源的开发与管理。

重视国土开发规划。第二次世界大战后开始实施的国土规划与城市带建设目前已产生较大的成果。1950 年，日本《国土综合开发规划法》提出了以"太平洋海岸带"为重心的战略规划方案，到 1998 年《第五次全国国土开发规划——21 世纪的国土蓝图》，历经五次修改，历时 50 多年的时间，基本形成了今天的"太平洋海岸城市带"。日本国土开发最突出的特点便是建设了以海岸城市带为核心的海岸经济带。

发展地区海洋产业集群。日本提出了"海洋开发区都市构想""知识集群创成事业"、《产业集群计划》等，海洋经济发展主要以大型港口城市为依托，以海洋高新技术产业为先导，积极拓展经济腹地，集中地方优势，发展适合本地特点的产业集群和地方集群，目前已形成了关东广域地区集群、近畿地区集群等9个地区集群。沿海地区基本形成了以海洋渔业、滨海旅游业、港口运输业、海洋船舶修造业、海水淡化等产业为主的新型海洋产业体系。日本由产业集聚发展到地区集聚，以海洋政策为先导，以海洋资源为基础，以交通干线为桥梁，以海洋相关技术为手段，充分发挥地方优势，开展适合日本集聚区特点的海洋开发。

重视海洋交通运输业发展。因日本是个多岛国家，日本很重视海上运输，为了连接各个地方，几乎其所有的人工岛和沿海产业集聚区都发展有多种轨道交通，建立了海陆空联动的交通网络，促进了陆海产业的联动发展。同时，通过廉价的海运可以促进进出口加工贸易产业、海洋渔业、海洋船舶工业的发展。

重视生态保护。由于便利的海洋交通运输条件，第二次世界大战之后，日本开始大力发展临海工业，自然海岸线减少、临海工业排放的污染物未经任何处理直排入海，海岸带生态环境失去平衡。各种环境问题出现以后，日本通过立法、教育、节能、科学管理垃圾四大举措来保护修复海岸带的生态环境，并在进行海岸带开发过程中，始终将生态环境保护放在第一位。

**（二）法国海岸带保护与利用**

法国拥有海岸带约长2 700公里，沿岸约分布着1 000多个城镇，约占国土面积的3%，居住着全国10%左右人口。法国海岸带生态用地约达90%，但目前，海岸侵蚀后退，生态岸线破坏严重，如何保护和利用滨海地区自然景观是法国制定国土规划的一项重要课题。

制订开发计划。针对海岸带开发，法国制订了四个"计划"：海岸带空间计划、海岸带开发基本计划（主要制定海岸带保护、管理、整治计划、并实施"适用海域的基本利用计划")、土地利用计划(主要确定被指定的城市区和自然保护区的用途、建设项目以及基础设施的位置与规模等)、沿海城市建设基本计划(主要确定海岸带地区环境保护措施,沿海土地利用方针,城市区域及自然保护区内的主要基础设施的位置与规模等)。

实施区划管理政策。通过分区来实现海岸带的特色利用及有效管理,例如地中海沿岸为海岸带旅游区,英吉利海峡沿岸地带为海岸带工业港区,布列塔尼半岛沿海地区为海岸带海洋渔业资源区,西南部大西洋沿岸地区是农业区。

注重生态保护。20世纪80年代,法国就开始强调海岸带资源的生态保护,在海岸带开发过程中,法国始终以"自然、生态、保护"为主题,海岸带地区除必要基础设施建设外,禁止进行大规模的建设活动。同时,结合大西洋和地中海的不同地域环境,制定了不同的开发策略。

**(三)荷兰海岸带开发与利用**

荷兰国土面积为41 528平方公里,是世界著名的"低地之国",境内约24%的土地低于海平面,海岸线长1 075公里,常有海水冲破堤防,侵入陆地。为抵御海水侵袭,荷兰修筑了1 800公里长的海堤,13世纪以来围海造陆6 000多平方公里,拥有系统而全面的海岸带开发利用经验。

注重编制科学的规划。自1951年以来,荷兰政府通过制订多个国土整治计划、综合湿地计划、海岸保护规划、海洋保护区规划、水资源综合利用规划、三角洲规划等规划,科学规划指导海洋开发。

注重沿海港口的开发与利用。鹿特丹港是世界第一大港,也是典型的港城一体化发展模式,具有完善的集疏运体系、发达的港口物流业,鹿特丹港及其产业群是全球最重要的石油化工中心。在港区发展过程中,港区由内河向河口延伸,不断开发利用鹿特丹附近土地资源和海洋空间。

注重因地制宜发展特色优势产业。荷兰利用自身的条件,依托港口，大力发展外向型农业，重点扶持和培植一批国际品牌，其花卉产业世界闻名，同时是世界上第三大农产品出口国。

注重经济与环境的协调发展。在国土整治中，在发展经济的同时，还特别重视生态的维护，做到尽量不破坏生态环境，例如为恢复湿地生态系统和保持河口生态平衡，可以取消原定的排水造田计划和改变沿岸河流的防洪工程建设方式。

## 二、国内典型案例

### （一）青岛市海域和海岸带保护利用

青岛市位于山东省海域和海岸带的中部偏南区域，是山东半岛蓝色经济区主导和核心区域。随着海岸带地区的快速发展，青岛市海岸带的开发利用与保护面临着巨大压力，因此发展海洋经济，统筹海陆发展，科学合理保护利用海岸带成为青岛当务之急。

构建保护利用空间格局。青岛市海岸带规划贯彻"深水深用、浅水浅用"的原则，统一规划布局水域与陆域。将全市海域和海岸带空间规划为禁止开发、优化开发、重点开发和限制开发四类主体功能区段，分别提出功能定位与发展方向，并制定管制要求。同时将重点空间规划为"三区、四带、八板块"十五个重点功能区，并对各个重点功能区提出功能定位及发展重点，同时提出海域和海岸带保护利用的重大工程，以点带面，引领示范海域和海岸带空间保护利用工作。

实施岸线的分类保护利用管制。根据岸线的自然属性和主体功能，岸线分为严格保护、生态修复和优化整理三种类型，进一步促进集约利用岸线资源，充分发挥岸线资源的综合效益。

建设海陆统筹产业板块。主要选取了8个产业开发板块作为示范陆海统筹发展和提高海域空间利用纵深的重要产业发展功能区，各产业开发板块在发展方向上各有侧重，功能互补。例如，田横岛群主要是海洋经济创新区；崂山湾海洋牧场资源主要发展现代渔业和海上休闲旅游；

黄岛石化区及周边区域升级改造板块重点是转方式调结构；竹岔岛群主要整合旅游度假、现代海洋渔业资源，创新发展海洋经济；董家口港口板块主要发展成为东北亚航运枢纽。

同时大港区域加快实现功能转型和新区建设，打造集港航服务、邮轮经济、金融商业、文化科技于一体的高端综合商务区。

在生态保护方面，建设滨海防护林带、滨海自然资源保护区、海岸生态廊道、滨海公路生态廊道、高新区生态景观廊道等，构建沿海绿色生态屏障。

### （二）辽宁海岸带保护与利用

辽宁省是东北地区唯一既沿海又沿边的省份，大陆海岸线长 2 292 公里，近海水域面积 6.8 万平方公里。随着沿海地区开发建设程度的不断加大，开发建设过程中出现了一系列人地矛盾和环境保护问题。为了保障海岸带地区的持续发展，辽宁省开始对海岸带的保护和利用进行规划控制。

科学合理划分海岸带功能类型区。主要将海岸带划分为重点保护区和重点建设区。其中重点保护区主要功能是加强生态保护和水源涵养，重点保护区岸线不少于 1 595 公里，占岸线总长度79%。重点建设区主要功能有城镇建设、工业开发和港口物流，用地包括现状城镇、工业、港口码头用地和 2020 年前的规划建设用地；重点建设岸线长度 430.32 公里，占海岸带岸线总长度的21%。①

构筑海岸带基本框架。主要提出了"两翼一带两格局"的基本框架，"两翼"即以黄、渤海岸为两翼，推进区域协调发展；"一带"以海岸线为纽带，统筹陆地侧延伸10公里陆域、向海洋侧延伸12海里海域保护利用；"两格局"即以工业园区、重点城镇、都市区为主要形态塑造的重点开发格局以及以斑块、廊道、保护区为重点构建的生态保护格局。

---

　　① 资料来源：《辽宁省海岸带保护与利用规划》。

进行功能板块建设。将海岸带空间分为工业开发板块、港口物流板块、城镇建设板块、旅游休闲板块、农业渔业板块、生态保护板块等六个功能板块，并针对每个功能板块提出空间布局和重点发展方向，促进海岸带资源的合理、可持续开发利用。

进行分岸段保护利用。将海岸线分为六个岸段进行科学保护、合理利用，对岸段战略定位进行明确、对岸段功能布局进行优化、对岸段重大任务进行落实，推进海岸线科学、有序、高效地发展。

**（三）福建省海岸带开发与利用**

福建省大陆海岸线长 3 752 公里，海岛岸线长 2 804 公里，沿海共有大小港湾 125 个，岸线曲折率和深水岸线长度均居全国首位。目前基本形成了以六大重要海湾为依托的沿海城镇产业密集带，但海岸带重开发、轻保护现象仍较普遍，生态保护治理亟待加强。因此，如何加强海岸带保护与利用，协调经济社会发展与资源环境之间的关系任重道远。

注重开发与保护并重。在加快滨海城镇建设、发展海洋经济的同时，提出要确保全省沿海大陆自然岸线保有率不低于 37% 的目标。划定并严守生态红线，对沿岸空间实行分区分类管控，以资源环境承载能力为基准限制各类开发活动。建立了陆海统筹的生态系统修复与污染防治区域联防机制。[①]

构建国土开发利用新格局。将海岸带空间划分为重点保护区、控制性保护利用区、重点建设区，着力构建和优化提升"一带、双核、六湾、多岛"的海岸带开发新格局，明确海岸带工业开发、港口物流、城镇建设、旅游休闲、农业渔业、生态保护等六大功能板块建设的定位、布局和任务。

构建科学合理的自然岸线格局。分级分类管理岸线，明确各类岸线的生产、生活和生态属性。科学制订岸线开发利用和保护计划，严格限制各种改变海岸自然属性的开发利用活动，集中布局确需占用岸线的建

---

① 资料来源：《福建省海岸带保护与利用规划》。

设岸线，引导发展向离岸、人工岛式围填海，限制顺岸式围填海活动。实施自然岸线保有率目标控制制度，将控制目标逐级细化分解，确保不突破自然岸线保有率。

加强陆域生态保护和建设。重点对河口湿地、沿海防护林、滩涂等生态系统的安全进行维护，加强对邻近海域的污染防治与开发管制；对重点海域海岛海岸带实施生态综合整治工程，同步保护、修复邻近陆域重要生态功能区。构建点线面相结合的生态格局，即以重点生态保护地段为节点，以海岸线及海湾、河道水系、生态廊道和城镇间通道为基本骨架，以农渔业用地为片区，科学保护与开发海岸带资源。

## 三、国内外海岸带开发与利用启示

世界海岸带的发展经验对海岸带地区开发利用与保护起到了很好的借鉴作用，其教训和经验可总结为以下几点：

一是世界海岸带地区大都是早期在海岸带上进行工业化开发，当生态环境遭到破坏后，才反思并逐渐恢复对城市海岸带地区的保护，整个过程可以描述为"建设—控制—保护与管制"。

二是重视海岸带空间的规划。无论是国外还是国内的海岸带利用，都特别重视空间规划，实行功能分区，从空间上对今后海岸带开发提供重要依据；而且在功能分区的基础上划分功能板块，分别对功能板块建设的定位、布局和任务予以明确。同时对岸线进行分类保护利用管制。在研究特定海岸带区域的时候，进行功能分区和岸线分类分段研究是个很好的思路。

三是制定符合国情的开发计划。将海洋开发利用总体规划、海洋功能区划等与沿海区域国民经济与社会发展规划、海洋产业发展规划等相结合，严格限制岸线资源开发利用，确保公共活动空间和海岸带的可持续利用；并针对城市海岸带不同特色地区，强化特色资源重点发展，采取能突出各自特色的不同规划策略。

　　四是注重产业聚集发展。产业聚集发展可以降低成本、节约资源，减少对海岸带的环境污染，鼓励产业集群以某一种类为主，突出区域特色，立足自身实际，重点布局和发展具有现有或潜在优势和特色的产业，形成产业集群。

　　五是重视生态保护。以"生态保护为前提、综合管理为指引"是城市海岸带地区的发展根本，海岸带地区的发展必须要有良好的海岸带管理和控制性开发。各发达国家在海洋开发利用的过程中，均把海洋环境与资源的承载力作为重要的基础条件，注重海洋的保护与可持续发展，海洋意识普遍增强。例如英国环境部、农渔食品部对海洋资源的保护，美国各种海洋污染立法、日本的《自然环境保全法》等。因此，北部湾在开发海岸带时，应重视生态系统和经济系统的协调，坚持可持续发展。

　　六是重视立法。从 1970 年开始，美国就致力于制定海岸带自然资源开发与保护的法律和政策，用法律来统一和规范海洋管理工作，加强海洋环境法制建设，并由专门机构或部门组织实施。2007 年，日本施行了《海洋基本法》，2008 年又出具了《海洋基本计划草案》，通过法律形式来规范海岸带的开发。我国山东省青岛市也开展海域和海岸带地方立法试点。而北部湾尚未有一套关于海岸带管理的政策体系。

# 第二节　北部湾经济区海岸带空间管制与功能引导

## 一、空间管制分区原则

　　坚持生态环境为本。地形条件、生态系统重要性、生态脆弱性以及海岸线资源利用适宜性等是地域进行功能定位时应考虑的因素，海岸带进行开发时要严格控制人为因素对自然生态系统的干扰，禁止进行不符合各功能区定位的各类开发活动，提高海岸带生态环境质量。

尊重保护利用现状。土地利用反映了地域功能类型的现状轮廓，是空间管制分区的依据，必须在充分尊重现状的基础上进行海岸带的空间功能分区。现状中依法设立的各类自然保护区域、林地、湿地以及退耕坡地等在功能分区时应归为重点保护类型；耕地、农村居民点以及适于旅游休闲和水产养殖的区域可归为限制开发类型；城镇、港口、产业用地属于优先开发类型。

提升空间利用效率。依据自然本底条件、保护利用现状、后备建设用地潜力和近海海域生态环境质量等情况，统筹考虑北部湾经济区海岸带开发利用的总体布局指向，合理调整用地结构，合理分配存量用地，适度增大开发建设用地配给规模。

## 二、空间管制分区

### (一) 空间资源分类

通过借鉴主体功能区、海洋功能区划等，综合考虑北部湾经济区海岸带资源、环境、社会经济发展、保护与开发实际情况，近岸海域海岸带空间要素分为生态类、已开发建设类、用途未明确类、一般使用类（见表5-1）。

表5-1　　　　北部湾经济区近岸海域海岸带主要空间要素表

| 大类 | 小类 | 基本含义 | 主要分布空间 |
| --- | --- | --- | --- |
| 生态保护类 | 自然保护区及风景旅游区 | 自然保护区指国家、省、市级自然保护区和海洋特别保护区，该类空间应以生态保护为主；风景旅游区指自然景观良好、生态敏感性较高、可在严格保护生态环境和自然景观的基础上适度开展旅游活动的区域 | 主要包括山口红树林生态自然保护区、北仑河口国家级自然保护区、合浦儒艮国家级自然保护区、茅尾海红树林自然保护区、党江红树林保护区、三娘湾海洋生态区、营盘马氏珍珠贝自然保护区、涠洲岛自治区级自然保护区、七十二泾、龙门群岛、冠头岭国家森林公园等 |

续表

| 大类 | 小类 | 基本含义 | 主要分布空间 |
|---|---|---|---|
| 生态保护类 | 其他生态敏感区域和山体河流 | 其他生态敏感区域指水体交换能力弱的海湾、海洋经济水产的主要产卵场和繁衍地、大型河口湿地等；山体河流包括一般性自然山体和海岸带上的自然河道 | 包括海湾、海岛、河口湿地、山体、林地、周边入海河流 |
| 已开发建设类 | 城镇建设区 | 以服务业和生活居住为主的规划和现状建成区 | 涉及北海主城区、钦州沿岸城市建设区、防城湾沿岸城市建设区 |
| | 港口及临港产业建设区 | 以发展港口建设和临港产业的区域，是海洋经济发展的重要承载空间 | 铁山港区、北海港老港区、钦州港港区、防城港港区（渔万岛） |
| | 旅游度假区 | 具有一定级别的旅游度假区 | 银滩旅游度假区、三娘湾旅游度假区、金滩旅游度假区 |
| 用途未明确类 | 未开发陆域 | 是沿岸地区的适宜开发建设而未进行城市建设规划的区域 | 如耕地、荒地、滩涂等 |
| 一般使用类 | 养殖区和一般海域 | 除以上几类空间以外的其他海域及岸线，该类空间在海洋生态环境及其他功能区可承载的条件下可进行捕捞、养殖等生产活动 | 如海水养殖区、近岸海域 |

## （二）空间管制分区

根据上述 4 类 7 种空间的生态敏感程度、可开发利用强度和地理特征等，利用 GIS 空间分析技术对上述要素进行叠加，可以得出北部湾经济区海岸带空间利用的适宜性结论。参照主体功能区规划的分区类型，将北部湾近岸海域岸线空间划分为重点保护区、优先开发区、限制开发区三类空间管制区域，实施功能分类管制，规范开发秩序。

表5-2　　　　　北部湾经济区海岸带空间管制分区及管制引导

| 空间类型 | 分区对象 | 功能分区 | 主要功能 | 主要开发内容 |
|---|---|---|---|---|
| 生态保护类 | 自然保护区及风景旅游区 | 重点保护区 | 生态保护、生态修复，部分兼顾旅游 | 生态保护<br>生态旅游<br>航运<br>农林种植<br>渔业 |
|  | 其他敏感区域和山体河流 |  |  |  |
| 已开发建设类 | 城镇建设区 | 优先开发区 | 生活、生产、现代服务，兼顾生态及景观保护 | 城市综合生活<br>港口建设及临港产业<br>现代服务业<br>立体渔业养殖 |
|  | 港口及临港产业建设区 |  |  |  |
|  | 旅游度假区 | 限制开发区 | 渔业生产<br>交通运输<br>旅游<br>环境保护 | 水产养殖<br>航运<br>旅游度假<br>特殊功能 |

　　重点保护区主要指对保护典型海洋生态系统、珍稀濒危水生生物、维护生物多样性具有重要作用的自然生态类空间。包括自然保护区、国家地质公园、森林公园、海洋公园、其他生态敏感区和其他自然山体河流等，约占北部湾经济区海岸带总用地面积的26%。

表5-3　　　　　　　　主要保护区空间布局

| 区域名称 | 分布位置 |
|---|---|
| 山口红树林自然保护区 | 北海市英罗港、丹兜海 |
| 合浦儒艮国家级自然保护区 | 铁山港出海口东侧 |
| 营盘马氏珍珠贝自然保护区 | 铁山港出海口西侧 |
| 党江红树林保护区 | 北海廉州湾顶部 |
| 南流江入海口红树林 | 北海南流江口 |
| 冠头岭国家森林公园 | 北海 |
| 大风江红树林生态系统 | 大风江沿岸 |
| 三娘湾中华白海豚栖息环境 | 三娘湾海域 |
| 七十二泾生态旅游区 | 钦州湾喇叭口处 |

| 区域名称 | 分布位置 |
|---|---|
| 茅尾海红树林自治区级自然保护区 | 茅尾海湾湾顶 |
| 防城港东湾红树林生态系统 | 防城港东湾、西湾 |
| 北仑河口红树林国家级自然保护区 | 珍珠湾湾顶、北仑河口 |
| 广西涠洲岛自治区级自然保护区 | 涠洲岛 |
| 广西北海涠洲岛火山国家地质公园 | 涠洲岛 |
| 广西涠洲岛珊瑚礁国家级海洋公园 | 涠洲岛 |

优先开发区主要指现有开发利用强度大或适于开发利用的发展潜力巨大的未利用区域，包括现状已建城镇建设区、港口和临港产业区以及规划建设用地。主要包括北海市主城区、铁山港口区、白沙片区、钦州主城区—港区—犀牛脚镇建设用地区域、防城港主城区、渔万岛、企沙半岛，以及适宜建设但未开发利用区域，是北部湾经济区海岸带经济发展和人口集聚区，约占北部湾经济区海岸带总用地面积的15%。

限制开发区的敏感程度和重要程度低于重点保护区，以保护和恢复生态环境为主。该区是除重点保护区、优化开发区以外的区域，包括与山体、林地、河流、水体毗邻地区、滩涂、耕地、农村居住用地、所处位置地势较高或与整体生态系统紧密相关的用地、保护海洋渔业资源的一般海域、发展海洋水产的养殖区域、具有旅游功能的滨海岸段和海岛等区域，还包括现状建成区中生态结构不合理的地区等，约占北部湾经济区海岸带总用地面积的59%。因北部湾经济区海岸带沿岸已开发的旅游度假区自然景观良好、生态敏感性较高，该类空间应进行一定的生态控制，因此将其归入限制开发区范围内。

**（三）空间管制与引导内容**

1. 重点保护区

主要包括现有自然保护区、水源保护区和生态恢复区。该区以生态保护为主，严禁城镇化、工业化和大规模围填海造地等开发建设活动。

自然保护区、水源保护区和生态恢复区的核心区内严格限制人类活动，非核心区和其他生态保护区可适当进行生态休闲旅游等活动。在现有自然保护区、生态环境极为敏感地区，禁止发展城镇和工业。可适度开展生态旅游和休闲渔业，但会严格控制养殖、捕捞规模。

自然保护区。鼓励保护区内有影响自然保护区的其他用地按要求调整到适宜的用地区。严禁任何对保护区有不良影响的开发建设活动。严禁建设有污染的工业，防止港口对附近海域产生污染。控制并逐渐降低自然保护区及附近地区的渔业活动强度。

风景旅游区和国家森林公园。除规划建设项目外，严格控制新增建设用地。应根据环境容量确定开发规模，并严格控制各类建设。可适度开发旅游娱乐等设施。

水源保护区。实行强制性保护，对大型水库周边的植被保护及污染防治要重点加强，严禁任何对水源保护区有不良影响的开发建设活动。加强生态功能保护区建设，积极开展植被恢复和水土流失治理，提高森林涵养水源的功能。

山体林地。主要用于林业生产、生态环境保护及其服务设施建设；调整搬迁影响林业生产的其他用地；严禁各类建设活动占用水土保持林、水源涵养林、防风固沙林及其他各种防护林的用地；严格保护划入自然保护区和森林公园的林业用地。

生态恢复区。包括湿地、盐碱地、裸地等生态系统比较脆弱的区域。该区应强制保护，在植被生态恢复后可适度发展旅游产业，禁止任何城镇建设、工业发展及破坏生态的农牧业开发活动。

2. 优先开发区

优化用地空间布局，实行资源集约利用，严格控制城市增长边界，控制引导城区开发建设的方向和强度，减少建设活动对生态空间的破坏。合理构建城镇生态结构，稳定区域生态功能。控制好滨水空间的改造和建设，防止滨江、滨海地区的无序、过度开发，塑造友好的亲水、游憩滨水空间。适量开发低丘荒滩地，该区内发展预留用地原则上以农业和生态使用为主，注重生态保护，形成良好的生态环境。

3. 限制开发区

限制开发区具有较强的生态服务功能，对城市建成区产生的环境污染与人为干扰等影响有一定的缓冲作用。该区生态环境承载能力较弱，包括不适于进行高强度第二、第三产业集中开发利用的一般海域、养殖区域、以沙滩资源开发为主的旅游度假区和分布有一定数量的生态保护区或生态敏感区的农用地。对该区应科学合理地引导开发建设行为，严禁在重要岸线或海域开展围填海、城市建设等活动，严格保护基本农田，严禁无序发展和占用耕地；引导发展生态农业，适度发展海洋渔业、海上旅游产业；杜绝落户污染严重、能耗大的企业或项目。

## 三、空间发展框架

### （一）空间布局思路

保护自然基底，体现滨海特色。参照大连、青岛等港口城市的成功例子，借鉴它们的城区、港口及临港工业区布局的经验，充分利用和保护现有城区内及周边的河流水系、海湾、滩涂、自然山体等，采用组团结构模式，将这些自然要素纳入城市空间，建设舒适、宜居、生态型的滨海城市。

构筑可持续发展的城市空间结构。加强原有核心，考虑今后沿海地区城市发展方向，在城市发展空间得到拓展的同时，形成多核心、生态保护区与城市开发区相间布置的能有机生长的城市空间组团，形成舒展的与自然交融的城市空间结构，并对大面积的城市发展备用地加以指引，在更大范围内统筹利用资源。

整合用地，提高紧凑性。整合城市建设用地，提供充足的发展空间以支撑经济的持续快速增长。整合分散的工业用地，通过引进重点项目消化已批未建用地，引导企业入园发展，使沿海发展地区由扩散蔓延到整合内敛，由圈层拓张到板块聚集，提高城市的紧凑性。

#### （二）空间布局结构

结合上述空间管制分区，对北部湾近岸海域海岸带保护利用的空间进一步规划，主要形成"六区、四带、五板块"的生态保护区与城市建设区相间布置的空间结构，构建生产、生活、生态三位一体、协调发展的总体格局。

"六区"——沿岸六个重要生态保护区，是禁止开发区域，分别是北仑河口红树林保护区、茅尾海生态保护区、三娘湾海洋生态保护区、大风江生态保护区、铁山港湾及周边区域生态保护区、涸洲岛—斜阳岛生态保护区。其中，红树林是北部湾经济区海岸带的重要生态屏障，是北部湾经济区海岸带生态是否良好的衡量标准；三娘湾则是中华白海豚的栖息地，是主要海洋生态敏感区；涸洲岛则是广西唯一的珊瑚礁分布区。

"四带"——四个旅游度假海岸带，主要包括银滩—廉州湾生态旅游度假带（党江—冠头岭—银滩—大冠沙）、麻蓝岛——三娘湾旅游度假带、辣椒槌——七十二泾生态旅游带和江山旅游度假景观带。

"五板块"——三个综合开发板块和两个养殖板块，包括城镇建设、港口与临港产业发展，主要有防城港湾综合开发板块、钦州港综合开发板块、北海主城区——铁山港综合开发板块，以及位于限制开发区的茅尾海、近岸海域综合养殖板块。

#### （三）功能板块建设

1. "六区"——生态保护区

北仑河口红树林保护区主要用于海洋保护及农渔业，在不破坏生态环境的前提下可以兼顾港口航运及旅游娱乐发展。重点保护红树林生态系统，满足红树林海洋保护区需要；同时优化养殖用海布局，适当开发湾内海岛及海岸周边区域的旅游娱乐项目。

茅尾海生态保护区主要用于海洋保护、农渔业、旅游娱乐，重点保障红树林海洋保护区用地需要，合理确定养殖规模、布局与养殖方式。

三娘湾海洋生态保护区主要保护中华白海豚栖息环境，限制排污。

大风江生态保护区主要保护红树林生态系统，适当发展深水养殖，发展休闲旅游。

铁山港湾及周边区域生态保护区主要用于海洋保护及农渔业，切实加强对红树林、儒艮、海草床等海洋生态系统的保护，适当发展农渔业。

涠洲岛—斜阳岛生态保护区主要保护国家地质公园、珊瑚礁生态系统等，兼顾各类码头设施、渔业资源利用、旅游娱乐等。协调旅游发展与珊瑚礁生态系统保护、自然保护区保护、国家地质公园保护之间的关系；涠洲岛、斜阳岛及其周边海域在开发利用前应征求相关部门意见；加强对港口、油气码头、海上油田及附近海域的环境监测和管理，严格控制含油污水的排放。

2. "四带"——旅游度假带

银滩—廉州湾生态旅游度假带主要用于旅游娱乐，兼顾农渔业。保护区内红树林，积极发展休闲度假旅游，支持游艇、邮轮港口建设与发展；在发展旅游业的同时，保障现有渔港或渔业基地发展需要。

麻蓝岛—三娘湾旅游度假带以休闲度假、滨海宜居为主体功能，建设钦州休闲度假基地和旅游接待服务中心。

辣椒槌—七十二泾是茅尾海红树林保护区的缓冲区，以发展生态旅游为主。

江山旅游度假景观带主要发展以滨海自然风光为主体的滨海休闲观光旅游，打造成为防城港市乃至北部湾的旅游基地。

3. "五板块"——综合开发板块

（1）防城港湾综合开发板块

包括主要城市发展区、港口发展区，主要进行城市建设、港口建设、临港产业发展。包括沙潭江核心区、渔万岛、企沙半岛、公车组团等重要开发区，是城市发展的增长极。

产业上，继续发挥港区带动作用，主要发展港口航运、物流、钢铁、能源、修造船、石化、海洋生物制药等产业；空间上实施"北扩、东进"策略，即继续拓展北边生活组团，新增东边企沙半岛、茅岭工业组团。

（2）钦州港综合开发板块

主要用于城市建设、港口建设、临港工业、农渔业发展，包括茅尾海滨海新城、钦州港区，是钦州市都市发展区。主要保障港口和大型临海工业园用地需要，发展港口物流、出口加工、化工、电力、林浆纸、制造业等产业。

该板块空间发展构想是"主城区＋茅尾海滨海新城＋临港产业功能区＋三娘湾滨海区"团块紧凑布局。除了现有主城区、茅尾海滨海新城，港区在现有中、西港区基础上，向北拓展，建设临港产业功能区；拓展三娘湾，建设三娘湾滨海区，提供滨海特色旅游、度假休闲、港区配套居住、港区配套加工等功能。各组团之间，以山体、水库、河流、农田等作为生态隔离，避免大规模的城市地区的无序蔓延。

（3）北海主城区——铁山港综合开发板块

在《广西北部湾经济区发展规划》中，提出北海市的城市发展重点向东向北推进，将铁山港区作为城市功能区布局建设，而目前，铁山港已开始建设港口并开工建设火电厂、林纸化工等重大项目，已形成一定规模。因此，将主城区与铁山港区统筹在一起，构筑组合型空间板块。

该板块是北海市城市中心，是经济主要增长点，包括北海主城区和铁山港两大发展组团。现状城镇建设用地主要分布在北海市区周边地带以及交通干线上，体现出城市发展正处于中心集聚的发展阶段，整个区域用地条件较好，地形平坦，适合多种农业和建设用途。

北海主城区部分主要发展旅游娱乐、城市建设、农渔业、港口航运，兼顾临港工业，发展高新技术产业、商务、会展、旅游等产业；铁山港区主要发展港口航运、临海工业、农渔业，支持能源、化工、林浆纸、集装箱制造、港口机械制造等产业发展。

该板块空间发展构想是构建大都市圈，以主城区和铁山港区为依托，向北与合浦县城连接，构建更加完善的带状开放型城市空间体系。

主城区往东往北发展，铁山港区继续往西北发展，优先发展中心城周边条件优越、基础较好的城镇。因该板块分布有大量耕地，在开发建设时应注重生态保护，禁止占用基本农田，把握合理的开发规模和时序，预留足够发展空间。因此发展沿带城镇的同时，在主城区与铁山港区之间，内部还应建立以水体、防护林地、农田等生态开放空间为主的绿化隔离，以避免城市地区的无序蔓延。

控制适宜的城市人口与用地规模，进一步加强城市及镇区的土地资源和水资源的节约，加大土地利用效率。

（4）养殖板块

茅尾海养殖板块除了发展水产养殖外，还是牡蛎种质资源区，应严格控制养殖密度，调整养殖布局。

外围近岸海域综合养殖板块包括滩涂、港湾、浅海养殖区等，在沿岸近岸海域基本都有分布，规模较大的有巫头海域浅海养殖区、万尾浅海养殖区、白龙尾浅海养殖区、珍珠港湾养殖基地、企沙半岛东岸养殖区、三娘湾南部浅海养殖区、廉州湾渔业养殖区等。

## 四、空间管制分区保障措施

合理分配空间资源，进行空间管制引导。海岸带地区的规划应以空间资源配置为重点，进行近岸空间控制范围的研究与划定，划定具有不同主导功能、兼顾功能以及不同生态环境保护级别的多种不同的空间类型，做好分区域、分类别的规划引导，制定科学合理的开发时序、开发模式，并与近岸陆域土地利用规划、城乡规划等相关规划良好衔接，实现合理的空间资源分配。

构建海岸带保护利用规划体系，建立健全规划协调与管理机制。由于规划、管理的出发点和重点不一致，必然会造成海岸带地区规划管理的冲突，导致规划管理的混乱，因此，海岸带的开发与利用需要建立规范的协调与统筹管理机制。应完善海岸带总体规划、海域使用规划、海域环境保护规划、海岛保护开发利用规划等相关规划，强化海岸带利用规划与陆域土地利用总体规划、城市总体规划的衔接，组织相关专项规划以及生态建设规划。

加强海洋宣传力度，强化全民可持续用海意识。海岸带的开发与保护离不开公众的参与，如果人们未能正确认识到海岸带资源开发与保护的关系、可持续发展的重要性，往往会导致海岸带开发过程中的盲目性。公众的资源保护意识越强，对海岸带开发关注力度越大，越会积极参与到海岸带的开发与管理中去。因此，要培育人们的可持续利用海洋的观念，扩大公众参与管理，将海岸带保护规划的知识和法律常识纳入宣传教育计划，利用多种宣传手段开展多种形式的宣传和科普教育，广泛宣传海洋知识，使公众能充分认识到海洋可持续发展的重要性，培养公众的良好的个人生活习惯。建立与完善公众参与平台与制度，扩大公众的知情权、参与权和监督权，保护社会公众享有的权益。

## 第三节　北部湾经济区海岸带岸线类型划分与发展引导

结合目前所掌握的资料和数据，综合考虑北部湾经济区海岸带资源、产业发展、城市规划现状等，以功能分区为基础，对北部湾经济区海岸带岸线进行分类分段管制，针对不同类型岸线提出规划指引，各岸段内又提出相对明确的发展方向。

### 一、岸线利用原则

保护优先。坚持在保护中发展，在发展中保护，以海洋生态系统承载力为基础，以保证海洋生态安全为前提，坚持把生态保护放在优先位置。

统筹规划。岸线利用涉及方方面面，具有极强的整体性和关联性，岸线开发应从有机整体出发，从零星开发、盲目开发、重复性开发转向整体性、统一性、有计划性的开发，把整个海岸地带视为一个整体，坚持局部服从整体，进行统一规划，统一管理，分期开发、改建和调整，协调不同岸段的功能，做到深水深用、浅水浅用。

合理开发。因地制宜，以各岸段利用现状、适宜性评价与社会经济条件分析为基础，从全局出发，充分发挥各岸段的主导优势，确定适宜的功能结构与定位，合理确定开发的规模，避免重复建设和浪费，形成集聚效应。

近远期相结合。根据社会经济发展的态势和需求，处理好岸线近期利益和长远需要的关系，切实保护好具有良好开发利用潜力的未开发岸线和陆域，严禁乱占滥用。

## 二、岸线类型及岸段划分

### （一）海岸线类型划分与主要发展引导

沿海地区海岸线按照主要功能，可以划分为多种类型，例如生态岸线、港口岸线、旅游岸线等。将北部湾海岸线分为生态保护岸线、旅游岸线、养殖岸线、生活岸线、港口及临港工业岸线及其他类型岸线6种类型，统一规划布局水域与陆域，保护各类岸线资源。

生态保护岸线主要用于海洋生态环境和稀有动植物资源保护，如滨海林地、湿地、红树林、珊瑚礁等生态系统及儒艮、中华白海豚等珍稀动物。该类岸线禁止开发建设或者开展改变自然状态的行为，严格禁止围海造地、海上排污等破坏环境的项目。在不破坏生态环境及生物多样性的前提下可适度开发旅游、渔业、科研等活动。

旅游岸线主要包括生态旅游、休闲度假旅游，是以休闲游憩、旅游度假为主要功能的空间。目前规模较大主要有银滩、三娘湾、七十二泾等旅游度假区。近年来，北部湾沿海三市正在努力打造优势旅游品牌项目，但实际上沿海地区功能定位尚不够明确，自然景观质量有待加强。该岸线禁止工业开发，可适度进行旅游服务设施建设、农渔业发展。

养殖岸线主要用于各类特色水产养殖。应控制养殖规模，优化养殖布局，避开红树林、湿地等生态敏感地区，避免过度使用饲料和药物，造成海洋环境污染。

生活岸线主要用于城市建设和功能拓展，应尽量避免对海岸线的人工改造，降低城市污水和垃圾排放对海洋生态的影响。

港口及临港产业岸线主要用于港口开发、渔港扩建和临港工业发展。该类岸线应合理安排岸线建设的力度和规模，防止对海洋环境产生重大影响。

其他类型岸线（上述岸线以外的所有岸线），作为自然岸线或现状所用功能岸线暂时保留。

表 5－4　　　　　　　　北部湾经济区海岸带规划岸线分布情况

| 类型 | 钦州段 | 防城港段 | 北海段 |
|---|---|---|---|
| 生态保护岸线 | 茅尾海东南七十二泾—辣椒槌岸线、三娘湾岸线、大风江西岸岸线、西侧茅岭江—龙门港岸线 | 北仑河口—珍珠湾岸线 | 廉州湾党江红树林生长区、丹兜海沿岸至英罗港沿岸山口红树林保护区段、合浦儒艮保护区岸线及涠洲岛珊瑚礁自然保护区岸线 |
| 旅游岸线 | 辣椒槌—七十二泾沿岸、麻蓝岛—三娘湾沿岸 | 万尾金滩旅游度假区、龙门港—企沙沿岸 | 廉州湾湾顶岸线、冠头岭经银滩至大冠沙沿岸 |
| 养殖岸线 | 茅尾海西岸、三娘湾南部 | 珍珠湾西岸、江山半岛沿岸 | 大风江湾口西场养殖区 |
| 生活岸线 | 茅尾海东侧岸线、犀牛脚镇西侧岸线 | 西湾、东湾湾顶岸线、企沙港口岸线 | 北海市主城区沿岸岸线、涠洲岛 |
| 港口及临港产业岸线 | 钦州港保税港区沿岸 | 东湾两侧岸线、企沙岸线 | 大风江东岸岸线、石步岭港、铁山港、沙田及其他沿岸港口岸线 |
| 其他类型岸线 | 大风江西侧岸线、大灶江岸线 | | 铁山港湾湾顶 |

**（二）各岸段划分和主要发展引导**

为了更有针对性地进行规划指引，结合目前产业主导分布状况及地域分布，把北部湾经济区海岸带具有相似自然特征和资源构成的岸段进行初步归类，将北部湾经济区海岸带分为铁山港、银滩—廉州湾、大风江—三娘湾、钦州湾—茅尾海、防城湾、珍珠湾—北仑河口、涠洲岛—斜阳岛 7 个岸段。

1. 铁山港岸段

合浦沙田镇西岸至北海市银海区营盘镇南岸之间铁山港湾海域的北部，以重点保护和限制开发用地为主，优先开发用地零散区域，段内有北海主城区—铁山港综合开发板块、铁山港湾东岸及周边区域保护区、养殖板块，以生态保护、港口岸线和其他类型岸线为主。该岸段东侧分布有多个自然保护区，生态环境良好，可适当开发观光旅游；西侧依托铁山港区重点发展港口航运和临港工业；湾口及近岸海域主要发展海水养殖业。

2. 银滩—廉州湾岸段

营盘镇至合浦西场镇西南岸高沙之间海域，以优先开发和限制开发用地为主，重点保护用地沿岸分布。岸线类型以生活岸线、自然岸线为主，生态保护岸线、港口岸线、养殖岸线少量分布。主要担当城市居民居住及旅游为主的城市职能，兼顾生态保护、海水养殖和港口发展。该岸段分布有党江红树林保护区、银滩旅游度假区，西场养殖有一定规模。

3. 大风江—三娘湾岸段

合浦西场镇西南岸大木城至钦南区犀牛脚镇南岸三娘湾景区，岸段东侧以限制开发用地为主，西侧以优先开发用地为主，沿江区域分布有红树林，以重点保护用地为主。岸线类型主要有旅游岸线、生态保护岸线、港口及临港产业岸线以及其他类型岸线。保护三娘湾中华白海豚栖息环境、大风江流域生态环境，并与三娘旅游度假区相结合，对沿岸进行生态绿化，形成以旅游观光、休闲度假、科普、娱乐等为主的一个港湾。

### 4. 钦州湾—茅尾海岸段

犀牛脚镇西岸至防城港企沙半岛南岸，岸段东侧以优先开发用地为主，西侧以重点保护用地为主，中段以限制开发用地为主。岸线类型较齐全，有生态保护岸线、旅游岸线、养殖岸线、生活岸线、港口及临港产业岸线和其他类型岸线。主要以城市建设、港口航运、临港产业发展、旅游发展、渔业发展为主。该岸段应注重生态环境的保护与修复，严格控制污染物排放量。该岸段的滩涂尤其是茅尾海的滩涂养殖区应以贝类、鱼类的恢复增殖区为主，控制养殖岸线，重点保护沿海保护区，优先发展与生态保护有关的生态旅游。

### 5. 防城湾岸段

企沙半岛南岸至江山半岛东南岸海域，该岸段沿岸以优先开发和限制开发用地为主，岸线有旅游岸线、生活岸线、港口及临港产业岸线。主要担当城市居民居住、旅游、港口及临港产业发展的职能，兼顾生态保护、海水养殖。该岸段东侧主要是企沙半岛工业发展区，中段是以港口及临港产业发展为主，渔万半岛、湾顶是居住组团，西侧是江山半岛景观带。

### 6. 珍珠湾—北仑河口岸段

江山半岛西侧海域至北仑河口，该岸段是北部湾经济区海岸带生态环境保持较好的一段岸线，是多种生物的繁殖地和海洋生态生物多样性基因库。目前，该岸段以重点保护用地为主，分布少量限制开发用地和优先开发用地，岸线的占用主要以海洋保护和海水养殖业为主，利用率较低。该岸段的开发以生态保护为主，发展海水养殖业，适度发展旅游业。

### 7. 涠洲岛—斜阳岛岸段

该岸段是重点保护区，是珊瑚礁自然保护区、火山地貌自然遗址保护区、鸟类保护区，岸线以生态保护为主，因此有居民居住海岛，适量分布了生活岸线和港口岸线。主要发展海洋保护功能，兼顾旅游娱乐，在不破坏自然生态系统条件下，周边海域还可适度发展渔业。

表 5 – 5　　　　　北部湾经济区海岸带主要海域未来岸线规划定位

| 海域 | 未来规划定位 |
| --- | --- |
| 铁山港 | 主要用为港口航运、临海工业、海洋保护及农渔业 |
| 银滩—廉州湾 | 主要用为港口航运、旅游娱乐、工业与城镇建设，兼顾农渔业、红树林保护 |
| 大风江—三娘湾 | 主要用为海洋保护、旅游娱乐及农渔业，限制功能为排污 |
| 钦州湾—茅尾海湾 | 茅尾海主要用为海洋保护、农渔业和旅游娱乐，兼顾工业与城镇建设和港口航运<br>钦州湾外湾主要用为港口航运用海、临海工业用海和农渔业用海 |
| 防城湾 | 主要用为港口航运和工业与城镇建设，兼顾旅游娱乐和海洋保护 |
| 珍珠湾—北仑河口 | 主要用为海洋保护及农渔业，兼顾旅游娱乐、港口航运 |
| 涠洲岛—斜阳岛 | 主要用为海洋保护，兼顾旅游娱乐、港口航运 |

### （三）岸线利用保障措施

优化配置岸线资源，严格控制岸线利用总量。合理安排岸线的开发利用，积极进行资源整合，提高资源配置效率，禁止和清理"乱占乱用、占而不用、多占少用"等行为；岸线利用必须按照控制性规划要求，合理控制海岸线开发的规模、布局和强度，实行总量控制，分期实施，促进岸线的合理、有序、高效利用。

保护为先，实现岸线可持续利用。集约利用岸线资源，切实保护好红树林、沙滩、礁石、滩涂等自然岸线，保护好旅游岸段、具有重要生态价值的渔业开发区域和河口生态敏感区等，努力保持自然海岸线比例不再降低。在分类保护的基础上，还可对生态保护岸段、旅游岸段、养殖岸段及其他岸段等划分保护等级，从不同的利用方式体现多样化的保护理念。

合理安排临海产业布局，实现海陆统筹发展。提高海岸线利用的科学性，实现主要产业的协同发展。例如，渔业的发展应远近海科学分布，合理控制规模；临海工业发展应充分利用近海岛屿，但尽量不破坏海岸线的自然形态。海洋经济发展应海陆联动发展，实现开发与生态的有机结合，保护与发展的统一。

合理围垦，保护岸线资源。严格控制围填海造地工程建设，转变围填海造地工程设计理念，鼓励发展对海洋环境影响较小的建设用海方式，最大限度地减少其对海洋生态环境造成的影响。

积极建设亲海空间，还原海岸线公共资源属性。近年来，随着海岸带开发活动的加强，海滨岸线和土地被圈占现象逐渐出现，市民亲海游玩的权利渐渐被剥夺；养殖业的无序扩张、生活污水的乱排放和沿海石化产业等都对沿海岸线产生不良的影响。因此，在对海岸线开发建设进行管控的同时，要预留和加强建设亲水海岸线，保障公众亲海的权利，将旅游及景观资源向公众开放。

## 第四节　北部湾经济区海岸带生态保护

海岸带开发必然会影响到原有的环境生态平衡关系，特别是城镇建设、产业发展与生态环境保护之间的矛盾。因此，开发利用海岸带的前提应该是要正确处理海岸带开发过程中的利用和保护关系，必须以保护好生态环境为前提，切实加强海岸带生态保护和修复。

### 一、生态用地提取

利用 GIS，对经过遥感影像数据处理后的土地利用图，提取 2015 年北部湾经济区海岸带主要生态用地，主要包括水体、林地、耕地、裸地、自然保护区、旅游度假区等，该类用地占北部湾经济区海岸带用地的 74.45%。其中水体包括沿岸水系、水库及近岸海域，如南流江、大风江、钦江、防城江、北仑河等主要入海河流。林地主要分布在防城港段，部分分布在钦州中部和北海东部，分布面积较大。耕地主要分布在海岸带东段和中段，面积较大，集中连片。自然保护区包括红树林保护区、儒艮保护区等重要海洋生态系统保护区。旅游度假区包括银滩、三娘湾、金滩等旅游度假区。提取后的数据可以作为生态基本格局构建的依据。

## 二、生态基本格局

在现状生态用地分布情况及海岸带空间总体开发框架基础上，坚持陆海统筹、生态共建、环境共治，湾外建设生态保护带，湾内打造生态廊道，重点保护海岸线和海洋生态系统等生态敏感区域，以保护区、河流廊道为重点，主要形成"一带十廊六区多节点"的与城市建设组团相间的生态基本格局。

"一带"即北部湾近海岸生态带，是北部湾经济区海岸带的近岸海域及区域的生态腹地。近岸海域是陆地和海洋两大生态系统的交汇区域，其环境质量有着十分重要而深远的影响。

"十廊"指沿岸主要入海河流、交通干道绿化等构成的绿化主脉，是保持植被的生态涵养、主要水系和湿地水体主要聚集通廊。主要包括南流江廊道、钦江廊道、大风江廊道、茅岭江廊道、防城江廊道等主要水系生态廊道和两条东西交通生态廊道。

"六区"指大面积山体覆盖区域和水系等分布的自然生态斑块，包括海岸带两端的铁山港湾及周边区域生态引导区、北仑河口及周边区域生态引导区和楔入海岸带内部的四个生态引导区以及外海涠洲岛—斜阳岛生态保护区。生态引导区整合了沿岸自然保护区、旅游度假区和其他众多文化遗址，应以自然生态保护为主，是北部湾经济区海岸带的非城市建设地带。两翼的生态引导区基本整合了北部湾经济区海岸带主要的红树林自然保护区、水源涵养区、山体林地等；而楔入海岸带发展板块中的三个保护区，恰好把海岸带三大综合开发板块隔离开来，形成城区—生态区相间的生态空间基本格局。

"多节点"指沿岸生态敏感度较高的、具有重要生态价值的自然保护区、湿地、水源保护区、重要河口等多个生态绿地，是生态网络中的核心空间。

## 三、生态保护策略

严格控制近海环境污染。一是加强入海江河的水环境治理，对重点海域污染物排海总量进行严格控制，对防城港和珍珠港、钦州湾、廉州湾、铁山港等有源区的排污区块实行独立排海控制方案。二是限制开发经过海洋环境保护方案确定的入海排污口、废物倾倒区等区域，严格控制重金属、有毒物质和难降解污染物的排放。三是加强沿岸面源污染控制，积极发展生态种植业和生态养殖业。四是优化产业类型、规模和布局，推进结构调整。

加强近岸海域生态系统保护。加强红树林、珊瑚礁和海草床以及珍稀濒危海洋生物的保护区的建设与管理。加强海域、岸线、湿地、山体、河流等生态地区保护，推进红树林、珊瑚礁、海草床、河口、滨海湿地等典型海洋生态系统及生物多样性的调查与保护研究，建立重要生态系统的监测评估网络体系，逐步实施红树林栽种计划和珊瑚、海草人工移植保护计划，逐步恢复近岸海域重要生态功能。控制近海渔业捕捞强度，大力发展渔区第二、第三产业。科学合理利用有特殊价值的海洋生物，进一步完善茅尾海近江牡蛎母本资源、合浦珍珠贝苗资源等的保护工作。

建设海岸生态隔离带。根据海洋功能区划管理岸线的使用并预留发展空间，加强海岸生态隔离带或生态保护区的建设，保护及恢复沿海滩涂和湿地生态，形成城市组群式发展的分割地块，避免盲目扩张占用滨海湿地和岸线资源，限制各类破坏近岸海域生态系统、挤占海岸线的行为，避免沿海城镇"摊大饼"式发展。北部湾经济区海岸带有较好的湿地资源和浅海滩涂资源应得到全面的保护与合理利用，严格控制滩涂围垦和填海活动，禁止在红树林海域推塘养殖；积极发展循环经济，加强生态环境修复，控制发展农业生态区，加强海域、湿地、山体、河流等自然生态绿地保护。

加强沿岸水系保护，维护生态廊道。北部湾沿岸大小河流有 120 多条，是海岸带生态的重要部分，要重视河道环境整治和自然景观营造，尽量保持河流自然状态，最大限度降低对生态环境的破坏；严格划定河道保护蓝线和两侧生态保护绿线，依托入海主要河流构筑生态控制带，科学利用和保护好北部湾经济区海岸带生态岸线，确保该地区的生态安全。

推进重点海域环境保护。根据海域环境质量现状、生态敏感性、开发强度和环境风险等情况，目前环境质量较差、生态敏感性较高、沿岸开发强度较大、环境风险较高的廉州湾和茅尾海—钦州湾应以污染防治为主；环境质量尚好、生态敏感性较高、临海工业发展迅速、环境污染风险较高的防城港和铁山港应以污染预防为主。同时应加强对生态系统处于亚健康状态的北仑河口近岸海域的环境保护工作。

# 第二篇

北部湾经济区海洋产业布局优化研究

# 第六章

## 海洋产业发展实践研究

### 第一节　国外案例分析与经验借鉴

#### 一、美国案例

##### （一）简介

美国三面环海，位于太平洋东海岸和大西洋西海岸之间，毗邻墨西哥湾和加勒比海。美国海岸线漫长，拥有 1 400 万平方公里的海域面积，海洋资源丰富，海洋产业门类齐全。借助政府政策力量、海洋科研能力以及海洋综合实力的驱动，美国海洋经济高度发达，海洋综合管理有条不紊，不仅成功缓解了就业压力，还推动了海洋产业规模化发展。

##### （二）建设举措

海洋经济高度发达，成功缓解就业压力。美国是世界上最重要的海洋国家之一，海洋产业长期在国民经济和社会发展中发挥重要作用。美国80%的进出口货物通过海洋港口运输，全国80%以上的经济活动由沿海州支撑，全国50%以上的人口和地区生产总值位于沿海县，海洋产业以及从事海洋产业的人们主要集中在墨西哥湾地区、西部沿海地区、沿大西洋中部地区等8个沿海产业基地。2010年美国海洋经济提供了277万个就业岗位，大力缓解了美国的就业压力，与此同时，海洋产业为美国地区生产总值贡献2 576亿美元的增加值，海洋经济总量可观，体现了美国海洋产业迅猛发展的趋势。

海洋产业门类齐全，促使海洋产业规模化。美国是海洋强国，海洋产业门类齐全，产业分类细化，主要海洋产业包括海洋建筑业、海洋生物资源业、海洋矿产业、海洋造船业、海洋旅游休闲业、海洋交通运输业等。美国大力推进海洋建筑业发展，形成了得克萨斯、路易斯安那、佛罗里达、纽约四个规模最大的海洋建筑业集聚群。美国不断扩大海洋生物资源业中海产品的生产规模，为从事海产品生产的人们提供大量就职机会。美国充分发挥墨西哥中部海洋油气主产区的能源优势，合理开采海上石油资源，为人们生产生活提供物质保障。美国重视科技的创新和产业技术的提升，先后形成了佛罗里达、华盛顿、罗德岛、缅因等民用船舶修造业比较发达的地区。美国能够充分开发海岸线旅游资源，提高海岸线利用程度，优化海洋旅游业空间发展布局。此外，美国逐步加大对太平洋西海岸贸易的需求，以加利福尼亚州为依托，全力推动海洋交通运输业的迅猛发展。

完善政策法规，加强海洋综合管理。2010年，奥巴马总统签署行政令，宣布出台管理海洋、五大湖区和海岸带的国家政策。该项政策旨在有效管理、保护和养护美国的海洋、五大湖和海岸带的生态系统与资源，并运用综合方法，对海洋酸化和气候变化做出反应，同时使国家安全、国家海洋政策、外交利益保持一致。行政令还指出将在全国范围内进行海洋和海岸带空间规划，并将其作为推进基于生态系统的海洋管理的重要途径加以落实。这是美国迄今以来第一项海洋政策，为美国现阶段及今后一个时期关于海洋、五大湖区和海岸带的管理决策提供了必要的保障和依据。

### （三）经验借鉴

充分利用海洋资源，提高海洋经济总量。北部湾应充分发挥其丰富的海洋空间资源、港口航运资源、海洋矿产资源、海洋生物资源、海洋可再生能源以及海洋旅游资源等优势，以北海、钦州、防城港等重点沿海城市为依托，加大对南海及周边东南亚国家的贸易需求，优化海洋空间资源布局，有效使用港口航运资源，合理开采海洋矿产资源，逐步提高海洋生物技术和科研能力，合理开发和利用可再生资源，并加强海岸线旅游资源的开发力度，促使海洋产业沿沿海城镇集聚发展，带动海洋经济实现飞跃增长。

全面发展海洋支柱产业，加快海洋产业转型升级。北部湾海洋产业处于初级粗放型和开发利用阶段，海洋产业门类基本齐全，主要的海洋产业包括海洋渔业、海洋工程建筑业、海洋交通运输业、滨海旅游业等四大产业。北部湾当前主要任务是大力推动四大海洋支柱产业的转型发展，改变以低技术传统产业为主导的现状，促使海洋渔业科技现代化发展，推进海洋交通运输业多层次发展，支持滨海旅游业多元化发展，加快海洋船舶工业集群化发展，鼓励新兴海洋产业探索式发展，全面优化海洋产业的空间布局结构，使传统海洋产业成功升级为现代海洋科技产业，为实现北部湾海洋产业多元化、深层次、高水平的发展奠定基础。

实施海洋休渔战略，加强海洋保护力度。迫于北部湾海洋捕捞压力日益严重，政府自 2016 年开始对海洋伏季休渔制度进行调整，以更科学有效地保护海洋资源、缓解海洋捕捞压力。根据调整方案，北纬 12 度至"闽粤海域交界线"的南海海域（含北部湾）休渔时间由原来的 6 月 1 日 12 时至 8 月 1 日 12 时，调整为 5 月 16 日 12 时至 8 月 1 日 12 时；休渔作业类型由原来的除刺网、钓业、笼捕以外的其他所有作业类型渔船，调整为除单层刺网和钓具外的所有作业类型渔船。大力实施北部湾海洋伏季休渔制度，旨在有效保护水产资源丰富、海洋生物品种繁多的北部湾海域海洋幼鱼群体，使北部湾鱼类种群结构进一步改善，为北部湾海洋产业的可持续发展提供前提条件。

## 二、日本案例

### (一) 简介

日本是位于亚洲东部，太平洋西海岸的岛国，领土由本州、四国、九州、北海道四大岛及 7 200 多个小岛组成。日本沿岸多岛屿、半岛、海湾和天然良港。日本国土面积有限，陆地面积仅 37.8 万平方公里，国内生产原材料匮乏，资源贫瘠。为实现国民经济的稳定增长，日本充分发挥港口优良、交通便捷、海洋产业门类丰富的优势，优先发展海洋运输业，并以东京、横滨、名古屋、神户、大阪等太平洋沿岸港口城市为依托，以先进的海洋科技为先导，结合日本地方区域特点，促使海洋产业实现全方位、多层次、高水平的发展。

### (二) 建设举措

依托大型港口，形成产业集聚。日本海洋产业的集聚和发展起源于陆地产业的现代化发展，日本在形成大规模海洋产业集聚之前，陆地原有产业已经有了相当良好的发展基础。日本的海洋经济区域以东京、横滨、名古屋、神户、大阪等太平洋沿岸港口城市为依托，以海洋产业高度化、海洋技术先进化为先导，以拓宽经济腹地范围为基础，形成了近畿地区集聚、关东广域地区集聚等 9 个集群。日本由产业集聚发展到地区集聚，以海洋政策为先导，以海洋资源为基础，以交通干线为桥梁，以海洋相关技术为手段，充分发挥地方优势，开展适合日本集聚区特点的海洋开发。

日本政府全力支持海洋产业，优先发展海洋交通运输业。日本四面环海，经济发展所必需的资源和能源大部分依赖海洋交通运输业实现进口，因此，海洋交通运输业是支撑日本国民经济的"生命线"。目前，以年载货量 6 414 万吨、6 364 万吨和 3 715 万吨的业绩排名日本海洋运输业前三名的分别是日本游船、商船三井和川崎汽船。日本游船在邮政、客运、快递等方面拥有巨大的优势；商船三井擅长运送石油、天然气、铁矿石等资源；而川崎汽船则在集装箱货运和资源方面具有优势。为提升日本海洋运输业的国际竞争力，日本政府采取了以下政策：一要改革税制，实行以吨为标准的税制；二要加速老龄船舶的改造和更新；三要加速海洋运输业集团的发展；四要整备海上输送据点，强化阪神、京滨两大国际集装箱战略港湾的机能；五要加强船员教育；六要将日本船籍船只数量翻一番，使日本船舶保有量保持在450艘的水平。

海洋科技全球领先，海洋产业多向发展。日本的海洋科技开发包括海洋环境探测技术、海洋生物资源开发工程技术、海洋矿产资源勘探开发技术和海水资源利用技术。日本海洋科技先进，成功利用ADEOS卫星实现对海面水温、海面风及海洋水色的全面观测。日本政府大力推行的海洋科技计划、海洋走廊计划、深海研究计划和天然气水合物研究计划都实现了一定的海洋资源开发效果。尤其是深海研究计划，能够深入挖掘日本深层水的独特优良资源特性，使其在食品生产中取得了丰硕的成果，例如矿泉水、海水冰的制造，高级食用盐的生产，酱油、啤酒和清酒的酿造，反映了日本海洋产业不仅仅局限于单一的发展方向，而是逐渐向食品、矿产、水力资源等产业进行转移发展，体现了海洋科技在日本海洋产业中发挥着举足轻重的作用。

### （三）经验借鉴

高度重视优良港口建设，引领海洋产业集聚发展。北部湾需重点建设北海港、钦州港、防城港等优良海港，并依托北海、钦州、防城港三个沿海城市，辐射带动企沙、龙门港、犀牛角、西场、闸口、公馆、白沙、山口等周边城镇海洋产业的集聚发展，逐步由沿海海洋产业集聚作用到南宁、玉林、崇左等腹地的经济发展，同时又通过腹地城市的产业集聚发展推动沿海地区海洋产业的二次发展，实现资源共享、功能互补的区域协作新格局。

集中开发广西北部湾海洋资源，大力发展新兴海洋产业。北部湾海洋资源丰富，后备储量大，海洋资源主要包括海洋空间资源、港口航运资源、海洋矿产资源、海洋生物资源、海洋可再生能源以及海洋旅游资源等。海洋资源的多样性为发展北部湾海洋产业和相关海洋产业提供了物质基础和保障。"十二五"期间，北部湾的新兴海洋产业迅速崛起，尤其是该产业中的海洋生物医药业具有十分巨大的发展前景。北部湾应抓住"十三五"规划的机遇，优化海洋生物医药业的空间布局，以北海海洋产业科技园区和合浦工业园为依托，建立北海海洋科技研发基地，大力生产和推广合浦工业园的海洋生物产品，如甲壳素、D－氨基葡萄糖盐酸盐、壳聚糖、螺旋藻口服液和口服片等，全面激发北部湾新兴海洋产业的发展潜力，实现北部湾海洋经济的稳步增长。

全面提升海洋科研力量，深化实施科教兴海战略。海洋科技是引领北部湾海洋产业高效发展的技术先导，是推动北部湾相关海洋经济稳步增长的重要支撑。为加快提升北部湾海洋经济的科研技术含量，应大力推行北部湾人才培育和科学研究先导战略。具体应当落实到，一要加快海洋科技人才培养，为海洋经济发展提供人才保障；二要加强海洋科技研究，重点包括海洋活性物质利用技术、海底油气勘探开发与利用技术以及潮汐能、风能等海洋能源综合利用技术等；三要进一步加强海洋基础设施建设，包括港口、码头、储运中装仓库、电力设施和旅游基础设施等建设，为加快海洋经济发展提供先进的科学技术条件。

## 第二节　国内案例分析与经验借鉴

### 一、广东海洋经济综合试验区

#### （一）简介

广东面向南海，毗邻港澳，是我国大陆与东南亚、中东以及大洋洲、非洲、欧洲各国海上航线最近的地区，广东发展海洋经济区位优势突出，海洋资源丰富，经济实力雄厚，科研技术先进，生态环境保护全国领先，综合管理特色鲜明。

**（二）建设举措**

大力推进海洋科技自主创新。广东以南方近海海洋科技创新基地、南方深海大洋研究基地和南方海洋产业战略装备研发基地为载体，加强与中国科学院的深层次合作，支持海洋科技创新，鼓励有条件的涉海企业在境外设立研发机构，全方位推进海洋科技自主创新体系建设。与此同时，广东逐步加强海洋科技的重点攻关，着力突破一批重大关键性和共性技术难题，形成一批有自主知识产权的技术成果。如在广州建设深海生物资源中心，完善深海基因资源和工业微生物研发平台，建设具有国际水平的深海生物样品库、深海大洋微生物菌库。此外，广东充分利用中国国际高新技术成果交易会、广东海洋经济博览会等平台，推进海洋科技成果交易和应用。在广州、深圳、珠海、湛江、汕头等海洋产业集聚区，建设一批海洋科技成果高效转化基地。广东深入实施科教兴国战略，积极引进、培养一批具有国际领先水平的创新型海洋学科带头人，鼓励高等学校、科研院所通过项目合作、学术交流、人才培养等方式开展海洋教育、海洋技术国际交流合作。

弘扬南海特色海洋文化。广东大力弘扬特色鲜明的南海海洋文化，开展包括海洋渔业文化、民俗文化、饮食文化、海上移民文化以及水下文化遗产等方面的资源普查，建立系统规范的海洋文化资源普查档案。打造以广府文化、海商文化为主的珠江三角洲地区海洋特色文化区，以潮汕文化、妈祖文化为主的潮汕海洋特色文化区，以雷阳文化、疍家文化为主的粤西海洋特色文化区。依托海洋特色文化、自然遗产地、历史遗迹，大力发展海洋文化产业，培育一批具有浓郁南海特色的海洋精品文化景区和文化产品，为海洋经济科学发展提供强劲的精神动力和良好的人文环境。

统筹海陆基础设施建设。广东利用华南沿海入海河流高等级航道，加快建设连接沿海和内河港口的高速公路和铁路，加强建设珠江口东西两岸通道，推进琼州海峡跨海通道等主要出省通道前期工作。增强综合交通枢纽换乘和换装功能，提高运输效率，实现旅客"零距离换乘"和货物运输"无缝衔接"。按照政府主导、社会参与、突出重点、服务渔民的原则，广东重点建设博贺、乌石等中心渔港，加快建设草潭、达濠等一级渔港，支持建设北潭、博茂等二级渔港，推动建设澳头、陈村等三级渔港，构建了安全可靠的渔业港口体系。为建立保障有力的能源、通信体系，广东加快珠江三角洲及东西两翼输电站点建设，加强跨区域输电通道建设，提高承接"西电东送"和粤东、粤西、粤北向珠江三角洲地区输电的能力。重点建设惠州—汕尾—揭阳—汕头—梅州成品油管道，形成贯穿广东沿海地区的成品油管网格局。扶持海岛发展清洁能源和海水淡化，加快海岛电力、通信设施建设。

### （三）经验借鉴

深入实施科教兴海战略，全面推进海洋产业发展。借鉴广东成功推进海洋科技自主创新的经验，北部湾经济区也可以以南方近海海洋科技创新基地、南方深海大洋研究基地和南方海洋产业战略装备研发基地为载体，加快科教兴海战略实施，吸引具有专业水平的创新型海洋学科带头人，鼓励高等院校、学府、科研院通过项目合作、学术交流、人才培养等方式开展海洋教育、海洋技术国际交流合作。与此同时，北部湾应逐步进行本区海洋科技的重点攻关，着力突破一批重大关键性和共性技术瓶颈，形成一批具有自主知识产权的技术成果。如在北钦防建设深海生物资源中心，建设具有国际水平的深海生物样品库、深海大洋微生物菌库，并在北海铁山港、防城港企沙岛建设一批海洋科技成果高效转化基地，为海洋经济的多层次发展奠定基础。此外，北部湾应该充分利用中国国际高新技术成果交易会、中国—东盟博览会等平台，推进海洋科技成果交易和应用，促进北部湾海洋经济飞速发展。

传承广西北部湾特色海洋文化，赋予海洋产业人文气息。北部湾区域特色鲜明的海洋文化，是推动海洋产业集聚和发展的软实力。防城港市政府联合中国海洋学会、广西科协等国家力量，将北部湾海洋文化论坛作为平台，倾力打造北部湾海洋文化公园、北部湾海洋文化博物馆，深入挖掘海洋文化资源，拓展和推动海洋文化研究，吸收沿海地区先进经验，共同推进北部湾海洋文化建设和海洋经济发展。广西北部湾以防城港市为依托发展的海洋文化产业，不仅可以渲染、辐射带动钦州、北海等地区的文化发展，形成完善的海洋文化产业链，而且可以为北部湾海洋产业的发展增添人文气息，也为其全力进军海洋产业提供了可靠的软实力。

打造粤桂琼海洋经济圈，加强区域经济合作。粤桂琼海洋经济合作圈，包括粤西海洋经济区（包括粤西湛江、茂名、阳江三市）、北部湾经济区、海南国际旅游岛开发区，三区联合共同打造环北部湾海洋经济新骨架。粤桂琼海洋经济圈着力将湛江、茂名、北海、防城港和海口、三亚等6个海洋经济重点市打造成圈内核心城市，使之成为参与"中国—东盟自由贸易区"建设的核心区域。积极推进湛江至北海、广州至南宁、湛江至海口的快速通道建设，不断加强在港口、旅游、海洋渔业以及涉海基础设施等方面的合作，构建沿海经济走廊。此外，粤桂琼积极整合环北部湾地区的港口资源，加强港口分工与合作，共同打造海洋旅游"金三角"。

## 二、山东蓝色半岛经济区

### （一）简介

山东半岛是我国最大的半岛，濒临渤海与黄海，东与朝鲜半岛、日本列岛隔海相望，西连黄河中下游地区，南接长三角地区，北临京津冀都市圈，区位条件优越，海洋资源丰富，海洋生态环境良好，具有加快发展海洋经济的巨大潜力。

### （二）建设举措

优化海陆空间布局。根据山东半岛蓝色经济区的战略定位、资源环境承载能力、现有基础和发展潜力，山东按照以陆促海、以海带陆、海陆统筹的原则，优化海洋产业布局，提升胶东半岛高端海洋产业集聚区核心地位，壮大黄河三角洲高效生态海洋产业集聚区和鲁南临港产业集聚区两个增长极；优化海岸与海洋开发保护格局，构筑海岸、近海和远海三条开发保护带；优化沿海城镇布局，培育青岛—潍坊—日照、烟台—威海、东营—滨州三个城镇组团，形成"一核、两极、三带、三组团"的总体开发框架。

构建蓝色生态屏障。山东重点推进海洋资源、土地资源和水资源的高效利用，加快建立科学的资源开发利用与保护机制。依据海洋生态环境承载力，加强海洋与渔业保护区、沿海防护林建设，着力于海洋生态修复与海岸带综合治理，重视海岛生态保护。为强化海陆污染同防同治，山东全面开展工业污染治理、流域和海洋污染综合治理、农业和生活污染治理。此外，山东注重发展循环经济，大力完善海洋防灾减灾体系，全方位、多层次、高水平优化生态空间结构，保护海洋生物的多样性，保持海洋生态系统的完整性。

深化海洋产业改革开放合作。山东合理调整青岛、烟台、潍坊、威海等重点城市行政区划，规划建设青岛西海岸、潍坊滨海、威海南海等海洋经济新区，加快行政管理体制改革。在扩大国家服务业综合改革试点时，对烟台、潍坊等区内符合条件的城市予以优先考虑，引进现代交易制度和流通方式，积极发展海洋商品的现货竞价交易和现货远期交易，深化经济体制改革。根据国家统一部署，山东开展蓝色经济区农村住房建设与危房改造试点和新农保试点。深化户籍制度改革，放宽中小城市和城镇落户限制，促进农村人口进入城镇稳定就业并定居，健全城乡统筹发展体制机制。为加强国内区域合作，提高开放型经济水平，着力打造中日韩区域经济合作试验区，强化与京津冀和长三角地区的对接互动，加强对黄河流域地区的服务带动。

**（三）经验借鉴**

调整海洋产业空间结构，优化北部湾发展格局。根据北部湾经济圈的战略定位、海洋资源环境承载能力、现有产业基础和发展潜力，按照以陆促海、以海带陆、海陆统筹的原则，调整海洋产业空间结构，提升北部湾高端海洋产业集聚区核心地位，壮大北海工业园经济开发区、钦州高新科技产业集聚区以及防城港高效生态海洋产业集聚区三个增长极，优化海岸与海洋开发保护格局，构筑海岸、近海和远海三条开发保护带，优化沿海城镇布局，培育防城港—企沙—龙门港、钦州湾—犀牛角、北海—铁山港三个城镇组团，形成"一核、三极、三带、三组团"的总体开发框架。

加强海洋生态文明建设，着力打造北部湾绿色经济。北部湾是我国的重要渔场，是南海具有高度物种多样性的代表性海域之一。红树林、珊瑚礁、海草床和滨海湿地是北部湾的特色海洋资源，也是全球的重要保护对象。按照国家海洋产业要求，从整体产业布局出发，优化北部湾区域发展格局，推进海洋产业结构调整和转型升级。重点抓好陆源污水排海控制，陆域与海域统筹兼顾。统筹协调海岸带资源的开发利用，控制和压缩浅海传统渔业资源捕捞强度，并着力提升海洋环境监管能力，保护区域海洋资源，加快构建蓝色生态屏障，为北部湾打造绿色海洋产业经济带。

重点规划海洋经济新区，促进海洋产业体制改革。北部湾可合理调整北海、钦州、防城港等重点港口城市行政区划，规划建设北海东海岸、钦州滨海、防城港南海等海洋经济新区，加快海洋行政管理体制改革。在扩大国家服务综合改革试验点时，对北钦防区内符合条件的城镇予以优先考虑，引进现代交易制度和流通方式，积极发展海洋商品的现货竞价交易和现货远期交易，深化经济体制改革，加强国内区域合作，提高开放型经济水平。与此同时，北部湾可着力打造粤桂琼海洋经济合作试验区，强化与珠江三角洲和琼州海峡的对接互动，加强对南海地区的服务带动，促进粤桂琼海洋产业的集聚和发展，为北部湾海洋经济构造新支架。

## 三、福建海峡蓝色经济试验区

### （一）简介

福建海峡蓝色经济试验区位于台湾海峡西侧，北承浙江海洋经济发展示范区，南接广东海洋经济综合试验区，西连广大内陆腹地，是我国深化对外开放的重要窗口、促进两岸交流合作的前沿平台，在完善我国沿海地区开发开放格局中具有重要作用。

### （二）建设举措

优化海洋开发空间布局。福建坚持陆海统筹、合理布局，有序推进海岸、海岛、近海、远海开发，突出海峡、海湾、海岛特色，着力构建"一带、双核、六湾、多岛"（即打造海峡蓝色产业带；建设两大核心区：福州都市圈、厦漳泉都市圈；推进环三都澳、闽江口、湄洲湾、泉州湾、厦门湾、东山湾六大重要海湾；加强平潭岛、东山岛、湄洲岛、琅岐岛、南日岛等特色海岛保护开发）的海洋开发新格局。

构建现代海洋产业体系。福建积极推进海洋产业转型升级，坚持以产品高端、技术领先、投资多元为方向，提高现代海洋渔业发展水平，培育发展新兴海洋产业，加快发展海洋服务业，集聚发展高端临海产业，严格限制发展产能过剩、高污染、高耗能的产业。突出龙头带动，着力延伸产业链、壮大产业集群，构建优势突出、特色鲜明、核心竞争力强的现代海洋产业体系。

深化闽台海洋产业开发合作。发挥福建对台合作的独特优势，建设两岸高端临海产业、新兴产业、港口物流业、海洋服务业、现代海洋渔业合作基地，构建两岸海洋经济合作示范区域，加强闽台海洋环境协同保护，深化闽台综合管理领域合作，全面推进闽台在海洋各个领域的交流合作。为形成大开放、大合作的新局面，福建积极引导社会资金投入，整合提升各类涉海开发区，大力开拓利用海外市场，从而提升海洋经济开放水平，推进海洋经济全方位、多层次、高水平的对内对外开放。

**（三）经验借鉴**

合理布局相关海洋产业，构建北部湾海洋产业格局。北部湾坚持实施"陆海统筹、以海带陆"战略，有序推进近海、远海、海岸海岛开发，突出海岛、海湾特色，着力构建"一核、三极、三带、多组团"（即打造北部湾高端海洋产业集聚核心区，北海海洋高新科技产业集聚区、钦州高效生态海洋渔业集聚区以及防城港先进海洋船舶修造业集聚区三个增长极，构筑海岸、近海和远海三条开发保护带，培育以北海铁山港工业区、北海海洋产业科技园区、钦州保税区、钦州石化产业园、防城港企沙工业区、大西南临港工业园、铁山东港产业园等产业园区为依托的海洋产业组团的海洋开发新格局）。为完善北部湾海洋产业体制，北部湾应大力推进海洋产业转型升级，坚持以技术领先、产品高端、投资多元为方向，提高现代海洋渔业发展水平，培育发展新兴海洋产业，加快发展海洋服务业，集聚发展高端临海产业，严格限制发展高污染、高耗能、产能过剩的产业。此外，北部湾应依托北钦防海洋产业，延伸产业链、壮大产业集群，构建优势突出、特色鲜明、核心竞争力强的现代海洋产业体系。

以海洋生态文明建设为切入点，促进北部湾—亚太经济区实现合作升级。北部湾结合地理优势、资源存储量、环境承载度以及海洋结构进行特色海洋产业生态文明建设时，一要面向全球，充分发挥北部湾资源密集型和劳动力密集型产业竞争优势，承接发达地区和国家的海洋产业转移，合理调整海洋产业结构，在承接发达地区海洋产业发展经济的同时，杜绝海洋垃圾等污染的转移，从而保护海洋生态环境的平衡；二要面向亚太，建立区域海洋产业合作式生态文明区。北部湾的经济发展立足于全球，但合作重点应该在亚太地区，尤其是东南亚地区。借助高峰论坛、桂台经贸合作交流会、中国广西—韩国友好周、北海与印度尼西亚三宝垄市缔结为友好城市等平台和力量，在开放合作上抓住周边国家和地区的海洋经济特色，与毗邻国家开展双边区域的海洋产业合作、生态文明合作；充分利用其海洋资源、廉价劳动力，发展北部湾海洋产业，拓宽海洋产业的深度和广度，推进北部湾海洋产业实现跨国发展。

# 第七章

## 北部湾经济区海洋产业
## 发展基础和发展环境

### 第一节　北部湾经济区海洋产业发展基础

#### 一、发展成就

#### （一）经济持续快速增长

"十二五"期间，北部湾经济区海洋产业发展态势良好，海洋经济总量持续上升。2014 年实现海洋生产总值 926 亿元，较 2010 年 548.7 亿元增加了 377.3 亿元，年均增长率为 17.19%；海洋经济总量占自治区经济总量的比重，与 2010 年的 5.7% 相比，2014 年所占的比重为 5.9%，比重趋于稳定（见图 7-1）；其中海洋产业产值稳步提高，2014 年实现产值 579 亿元（包括主要海洋产业和海洋科研教育管理服务业），占海洋生产总值的 62.53%，占广西和北部湾经济区地区生产总值的比重逐渐趋于稳定（见图 7-2）。由于北钦防三市基本囊括了广西所有的海洋产业，所以目前北钦防三市的海洋产业就是北部湾经济区的海洋产业。

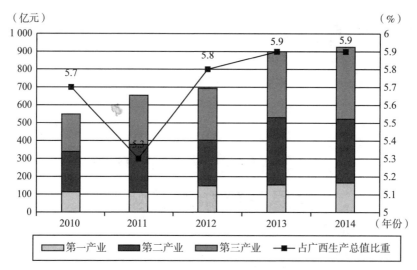

**图 7 – 1　2010～2014 年北部湾经济区海洋生产总值情况**

资料来源：《广西海洋经济统计公报》（2010～2014 年）。

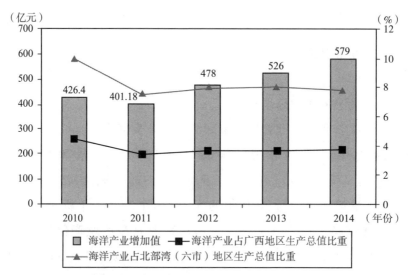

**图 7 – 2　2010～2014 年北部湾经济区海洋产业与广西和北部湾地区生产总值比较**

资料来源：《广西海洋经济统计公报》（2010～2014 年）、《广西统计年鉴》（2011～2014 年）和 2014 年 1～12 月广西各个经济区域主要指标数据。

（二）产业结构稳定

从一、二、三产来看，北部湾经济区海洋产业结构由 2010 年的 18.3∶40.7∶41.0 调整为 2014 年的 17.9∶38.6∶43.5，变化不大，保持"三、二、一"的产业结构（见图 7 - 3）；从经济活动核算方式来看，主要海洋产业（核心层）、海洋科研教育管理服务业（支持层）和海洋相关产业（外围层），三大层次构成比由 2010 年的 50.6∶11.1∶38.3 调整为 2014 年的 52.3∶10.3∶37.5，变化同样不大，支持层还有很大发展空间（见图 7 - 4）。

（三）新兴海洋产业发展加速

广西北部湾在发展海洋渔业、海洋运输业和滨海旅游业等传统海洋产业的同时，加快新兴海洋产业的发展，特别是海洋生物医药业的发展，2014 年实现海洋生物医药业产业增加值 0.6 亿元，海洋生物药品产量达 12 600 吨，从 2012 年至 2014 年，海洋生物医药业发展迅猛（见图 7 - 6），有望成为海洋经济新的增长点。

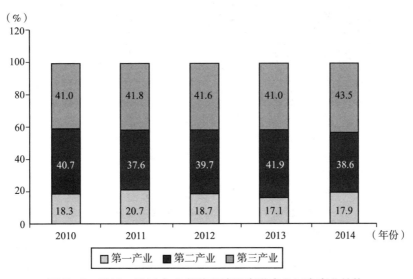

图 7 - 3　2010～2014 年北部湾经济区海洋产业三次产业结构

资料来源：《中国海洋统计年鉴》（2011～2014 年）和《广西海洋经济统计公报》（2014 年）。

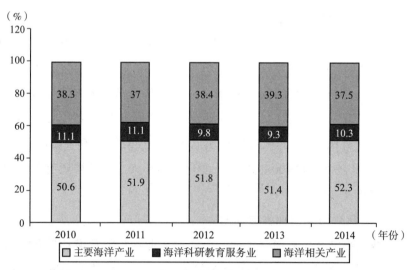

**图 7 – 4　2010～2014 年北部湾经济区海洋产业经济核算结构**

资料来源:《中国海洋统计年鉴》(2011～2014 年)和《广西海洋经济统计公报》(2014 年)。

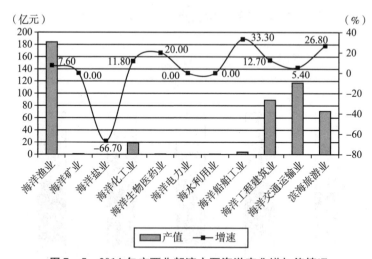

**图 7 – 5　2014 年广西北部湾主要海洋产业增加值情况**

资料来源:《广西海洋经济统计公报》(2014 年)。

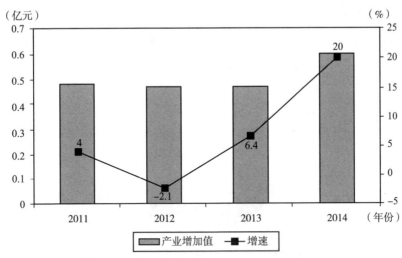

**图 7 – 6 2011～2014 年广西北部湾海洋生物医药业产业发展情况**

资料来源：《广西海洋经济统计公报》（2012～2014 年）。

### （四）交通基础设施不断完善

加快沿海公路、进港铁路和万吨泊位、集装箱码头、进港航道等涉海交通基础设施的建设，不断提升港口服务能力。2014 年沿海港口货物吞吐量达 2.02 亿吨，集装箱吞吐能力达到 112 万标箱，其中，防城港港口吞吐量突破亿吨大关，防城港"三区一群"港口发展格局初显，钦州港基本建成北部湾集装箱干线港和区域性国际航运中心；新开通和加密至宁波、上海、天津、中国香港、中国台湾高雄和马来西亚关丹、越南胡志明市及下龙湾、韩国仁川及平泽、印度尼西亚、泰国等 35 条航线，加快出海通边大通道进一步畅通，加快互联互通体系构建。

### （五）科技支撑能力逐步增强

广西北部湾加快科技兴海战略的推进，并取得了一系列成果。钦州学院的海洋学院为广西唯一的海洋学院，近几年来，海洋学院成立了 7 个本科专业和 3 个专科专业，不断加强师资力量，扩大招生，致力培养涉海人才，完善海洋教育基地建设；2010 年科技部批准建设广西北海国家农业科技园区，并于 2013 年增挂"北海海洋产业科技园区"的牌子，由"蓝色农业"进一步迈向"蓝色经济",园区已入住包括中国科学院南海海洋研究所在内的 13 家科研机构;其中,广西北部湾海洋科研机构科技课题研究以试验发展课题为主,2013 年达到 58 项(见图 7 - 7);广西北部湾科研队伍不断壮大,高学历水平人才数量不断突破,尤其是本科专业人才在 2013 年已达 200 多人(见图 7 - 8)。

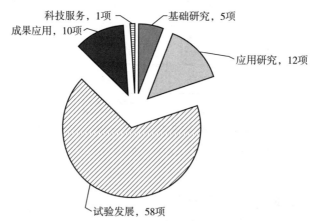

**图 7 - 7    2013 年广西北部湾海洋科研机构科技课题研究情况**

资料来源:《中国海洋统计年鉴》(2014 年)。

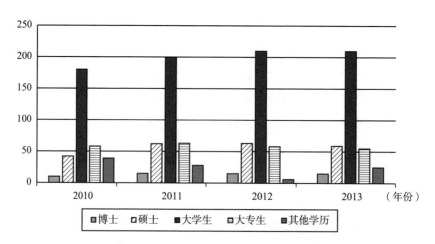

**图 7 - 8    2010 ~ 2013 年广西北部湾科研机构科技活动人员学历构成**

资料来源:《中国海洋统计年鉴》(2011 ~ 2014 年)。

## 二、存在问题

### （一）产业经济总量偏小

近年来，广西海洋产业经济规模虽然不断扩大，但在全国排位仍靠后。2013 年，北部湾海洋生产总值与环渤海、长三角和珠三角三大经济区相比，差距较大（见图 7 - 9）；2013 年，比排在倒数第二位的海南省少83.7 亿元，尤其是与广东、福建等省份相比，差距更大（见图 7 - 10），2014 年，全国海洋产业增加值 3.56 万亿元，广西北部湾为 579 亿元，海洋产业增加值在全国的比重极低，仅为 1.63%。

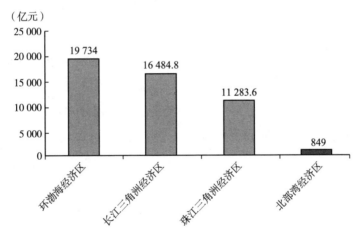

**图 7 - 9　2013 年北部湾经济区与三大经济区海洋生产总值对比**

资料来源：《中国海洋统计年鉴》（2014 年）。

### （二）产业结构层次不高

根据海洋产业演进的规律与趋势特征，海洋产业的发展一般由"以海洋捕捞传统渔业及初级加工和低附加值产业为主（即第一产业）"到"以资本密集型、高附加值型第二、第三产业为主的中级产业结构"转

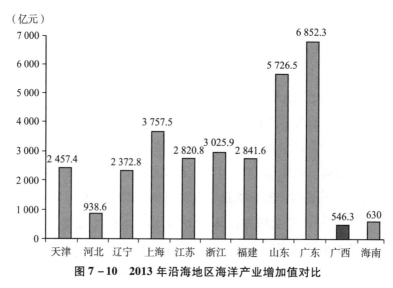

图 7 - 10　2013 年沿海地区海洋产业增加值对比

资料来源:《中国海洋统计年鉴》(2014 年)。

变,最后发展为"以技术、知识密集型、高加工度化和高附加值第二、第三产业为主的高级产业结构"的产业格局。但是,目前北部湾经济区主要海洋产业经济拉动中起到主要作用的产业是海洋渔业、海洋工程建筑业、海洋交通运输业和滨海旅游业(见图 7 - 11),这些产业多为资源型和劳动力密集型产业,海洋生物医药、海洋船舶工业、海洋能源开发、海水综合利用等海洋高新技术产业尚处于起步阶段;2014 年全国海洋产业第一、第二、第三产业构成比为 5.4∶45.1∶49.5,北部湾经济区为 17.9∶38.6∶43.5,虽然同为"三、二、一"类型,但是,北部湾经济区第一产业的比重与全国相比偏大(见图 7 - 12);在海洋经济活动核算中,海洋科研教育服务业所占比重最低,而在北部湾经济区,不管是从"一、二、三"产业构成还是从经济核算结构,或是主要海洋产业内部结构来看,北部湾经济区传统海洋产业比重较大,新兴产业和高新技术产业等第二产业成长速度缓慢,第三产业发展不足,说明了北部湾经济区海洋产业结构层次较低,亟须进一步优化。

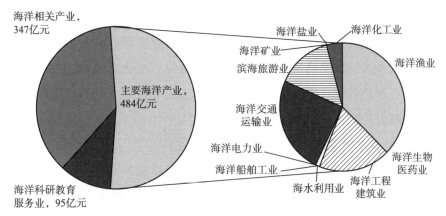

图 7 - 11  2014 年北部湾经济区海洋经济核算情况

资料来源：《广西海洋经济统计公报》（2014 年）。

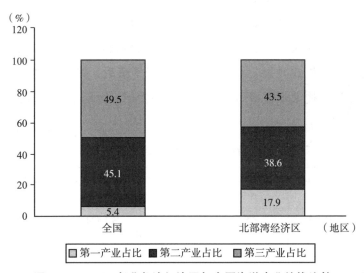

图 7 - 12  2014 年北部湾经济区与全国海洋产业结构比较

资料来源：《中国海洋经济统计公报》（2014 年）和《广西海洋经济统计公报》（2014 年）。

## （三）交通便捷度不高

北部湾经济区海陆综合集疏运体系大框架已经基本形成，但是内、外部衔接还不够畅通，大部分货物都是以散货的形式集运到港区拼装后出运，港口端公路短驳等造成交通物流成本增大，再加上报关检验等繁杂的手续，导致运输效率大大降低；同时，由于缺乏高科技手段，港口自动化水平低，技术装备水平低，集装箱运输标准化水平低；港口、船务公司、查验单位未实现数据信息共享，造成了各环节上的信息传递滞后，港航服务能力不能满足市场需求。

### （四）支撑不足

北部湾经济区海洋产业多为传统产业，多以资源依赖型和劳动密集型为主，海洋产品主要集中在初级产品阶段，产品科技含量和附加值低，高新技术型产业比重不高，海洋科技力量比较薄弱，缺乏核心竞争力，缺少优秀的海洋人才。2013 年全国海洋科技活动人员占全国涉海从业人员的 0.09%，是北部湾经济区 0.03% 的 3 倍，全国海洋科研机构 R&D 课题数有 12 008 项，而北部湾经济区仅有 75 项，北部湾经济区与全国的差距还很大（见表 7-1）。由于受到科技水平的限制，海洋资源开发仍属于粗放式开发，海洋科研总体水平落后，海洋科研人才缺乏，一些海洋科研技术难题得不到有效攻关，发展后劲明显不足。

表 7-1　　　　　2013 年北部湾经济区与全国海洋科技对比情况表

| 地区 | 涉海就业人员（万人） | 海洋科研机构（个） | 科技活动人员（人） | 海洋科研机构 R&D 人员（人） | 海洋科研机构 R&D 课题数（项） |
|---|---|---|---|---|---|
| 全国 | 3 514.3 | 175 | 32 349 | 27 424 | 12 008 |
| 北部湾经济区 | 114.9 | 9 | 371 | 177 | 75 |

资料来源：《中国海洋统计年鉴》（2014 年）。

### （五）区域协调性差

北部湾经济区海洋产业主要集中在北钦防三市，经济区内各城市的发展在区域经济发展的过程中缺乏互补共识，协调难度大，甚至存在为了发展地方利益而进行产业的重复建设，经济区的整体性和地区之间的互补性都不强。由于行政分割、地区利益冲突，导致城市的同质竞争和产业的同构现象比较严重（见表 7–2），北海、钦州和防城港三市的发展水平相差不大，缺乏能够组织和扶植经济区城市经济分工与协作、起带动、凝聚作用的区域中心城市。由于三市拥有相似的海洋资源，城市发展定位相近，各市都在为争当西南出海大通道主要出海口和争夺同样的临海型大工业项目而竞争，三市之间的合作范例少，再加上海洋产业与陆域产业间关联度不高，以及资源的不合理开发，加剧了区域内部恶性竞争，牺牲了各地的分工效益，弱化了各地比较优势，极大地制约了经济区发展的整体竞争力和影响力。

表 7–2　　　　　　　　北钦防三市海洋产业比较情况表

| 城市 | 城市定位 | 园区 | 主要海洋产业 | 相似产业 |
|---|---|---|---|---|
| 北海 | 区域性国际滨海旅游城市、以高新技术产业、临港工业为主的港口城市 | 北海铁山港工业区 | 海洋油气、海洋化工、海洋船舶工业、海洋交通运输业、临港新材料 | 海洋渔业、海洋交通运输业、海洋化工、海洋船舶工业、滨海旅游业 |
| | | 北海工业园 | 海洋生物产业 | |
| | | 北海出口加工区 | 海洋渔业、海洋交通运输业 | |
| | | 高新技术产业园区 | 海洋渔业、海洋生物医药业、海洋船舶工业 | |
| | | 北海海洋产业科技园区 | 水产育种、南珠产业、红树林研发、高新技术产业、水产品加工业 | |
| | | 合浦工业园 | 海洋渔业、海洋生物医药业、海洋化工 | |
| 钦州 | 区域性国际航运中心，物流中心，大西南开发开放的前沿阵地，现代化港口工业城市，宜商宜居城市 | 钦州保税区 | 海洋船舶工业、海洋交通运输业 | |
| | | 钦州石化产业园 | 海洋油气、海洋化工 | |
| | | 钦州港综合物流园 | 海洋交通运输业、海洋工程 | |
| | | 钦州港经济开发区 | 海洋化工、海洋矿业、海洋船舶工业 | |

| 城市 | 城市定位 | 园区 | 主要海洋产业 | 相似产业 |
|------|---------|------|------------|---------|
| 防城港 | 我国沿海主要港口城市，环北部湾地区重要临海工业基地和门户城市，区域性国际滨海旅游胜地 | 企沙工业区 | 海洋船舶工业、海洋油气、海洋矿业 | 海洋渔业、海洋交通运输业、海洋化工、海洋船舶工业、滨海旅游业 |
| | | 大西南临港工业园 | 海洋渔业、海洋化工、海洋矿业 | |
| | | 粮油加工产业园 | 海洋渔业、海洋交通运输业 | |
| | | 东兴 | 海洋渔业 | |

## （六）生态压力凸显

相对于我国其他海域，广西北部湾海域海水质量总体状况良好，但伴随广西北部湾城市建设和海洋经济的快速发展，大量人口涌向沿海地带，沿海地区海陆生产规模扩大，生活污水直排入海，部分河流处于中度、重度污染，海域污染加重。广西北部湾海域还存在红树林面积减少，湿地净化污水能力降低的现象，生态压力渐现；由于资源开发与管理粗放，特别是沿海地区城镇化、工业化进程加快，陆源污染加重，个别海湾环境承载力降低；局部区域养殖密度和近海捕捞强度不断扩大，沿岸浅海滩涂生物资源衰退，原生经济物种濒临灭绝；海洋污染控制与治理体系不完善等导致了局部海域环境质量呈下降趋势，近海生态环境恶化。

## 三、产业空间布局现状

### （一）海洋渔业——点状分布

北部湾经济区拥有中国四大渔场之一的北部湾渔场，也是北海市最主要的渔业作业区。北部湾经济区海洋渔业包括海水养殖、海洋捕捞、远洋捕捞、海洋水产品加工和海洋渔业服务业等。海水养殖主要分布在近海地区，海水养殖企业共有 94 家，其中北海有 62 家、钦州有 21 家、防城港有 11 家；海洋捕捞企业共有 30 家，其中北海有 25 家、钦州有 1 家、防城港有 4 家。海水养殖产品主要有对虾、牡蛎、文蛤、青蟹、珍珠、海水名贵鱼、鱼鳖、鱼虾、鱼贝、鱼蟹等；海洋水产品加工主要分布在北钦防三市的工业园区，主要为海洋食品加工。北部湾经济区海洋渔业总体布局现状形成以北海为主，钦州和防城港为辅的点状布局，产业集聚效应尚未凸显，具有"大分散、小集中"的空间特征。

**（二）海洋交通运输业——三足鼎立**

广西北部湾港是西南地区重要的运输枢纽和货物运输集散中心，与 2010 年相比，北部湾经济区海洋交通运输业发展迅猛，产业增加值和吞吐量均有明显增加（见表 7-3）；北部湾经济区海洋交通运输业主要有沿海货运、沿海客运和远洋货运，其中货运以大宗散货运输为主，涉及能源、原材料和非金属矿石等大宗物资的转运和进出口，主要分布在钦州港、防城港和北海港。2014 年，北部湾经济区港口吞吐量完成 20 189 万吨，集装箱吞吐量完成 112 万标准箱，北部湾经济区港口运输以钦州港与防城港两大港口为主（见图 7-13），北海港为辅，形成钦北防三足鼎立产业格局。

表 7-3　　2010 年和 2014 年北部湾经济区海洋运输业概况对比表

| 项目 | 2010 年 | 2014 年 |
|---|---|---|
| 海洋产业增加值/亿元 | 426.4 | 579 |
| 海洋交通运输业增加值/亿元 | 46.24 | 117 |
| 修造船完工量/艘 | 72 | 254 |
| 造船完工量/艘 | 123 | 222 |
| 港口货物吞吐量/万吨 | 11 923 | 20 189 |
| 国际标准集装箱吞吐量/万 TEU | 77 | 112 |
| 旅客吞吐量/万人次 | 27 | 19.79 |

资料来源：《广西海洋经济统计公报》（2010 年和 2014 年）。

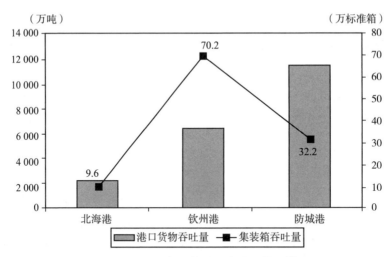

图 7 - 13　2014 年北钦防三市港口货运情况

### （三）海洋化工业——双轮驱动

北部湾经济区海洋化工业以海洋石油化工为主。2014 年北部湾经济区实现海洋化工产业增加值 19 亿元，化工产品产量 10 900 吨。重点分布在北海铁山港、钦州石化产业园、钦州港经济开发区和防城港大西南临港工业园等重点园区，初步建成西南地区最大的石油化工基地，基本形成以北海和钦州两大炼油基地为依托的双轮驱动产业格局。

### （四）滨海旅游业——"一核两区"

北部湾经济区海洋旅游业主要为滨海旅游，其主要分为滨海水体沙滩类旅游、滨海生态类旅游、人文旅游。北部湾经济区滨海旅游业发展迅猛，已开发 4 个滨海旅游度假区、3 个滨海风景名胜区、1 个国家森林公园、1 个国家地质公园以及 4 个自然保护区，共 8 个国家级景区，5 个自治区级景区（见表 7 -4）；滨海地区国家 A 级景区 9 个（见表 7 -5），形成 6 个旅游区类型，共 10 个综合旅游区（见表 7 -6），2014 年北部湾经济区滨海旅游游客规模北海最大，防城港次之（见图 7 -14），基本形成以北海为旅游核心，钦州和防城港为重要旅游发展区的"一核两区"旅游格局。

表 7 – 4　　　　　　　北部湾经济区滨海主要旅游景区情况表

| 景区类型 | 景点名称 | 特点 | 级别 | 所在地 |
|---|---|---|---|---|
| 滨海旅游度假区 | 北海银滩旅游度假区 | 海滨沙滩 | 国家级 | 北海 |
| | 防城港江山半岛旅游度假区 | 热带滨海 | 国家级 | 防城港 |
| | 合浦南国星岛湖旅游度假区 | 内湖 | 自治区级 | 北海 |
| | 北海涠洲岛旅游度假区 | 热带滨海 | 自治区级 | 北海 |
| 滨海风景名胜区 | 京岛风景名胜区 | 滨海风光 | 国家级 | 防城港 |
| | 南万—涠洲岛海滨风景名胜区 | 滨海风光 | 自治区级 | 北海 |
| | 江山半岛风景名胜区 | 滨海风光 | 自治区级 | 防城港 |
| 国家森林公园 | 冠头岭国家森林公园 | 天然次生林、滨海风光 | 国家级 | 北海 |
| 国家地质公园 | 涠洲岛火山国家地质公园 | 火山岩溶地貌 | 国家级 | 北海 |
| 滨海自然保护区 | 合浦儒艮自然保护区 | 儒艮 | 国家级 | 北海 |
| | 山口红树林国家自然保护区 | 红树林生态 | 国家级 | 北海 |
| | 北仑河口海洋自然保护区 | 红树林生态 | 国家级 | 防城港 |
| | 涠洲岛鸟类自然保护区 | 各种候鸟 | 自治区级 | 北海 |

资料来源:《广西壮族自治区海洋环境资源基本现状》。

表 7 – 5　　　北部湾经济区滨海地区国家 A 级旅游景区情况表

| 等级 | 旅游景区名称 | 所在地 |
|---|---|---|
| AAAA | 北海银滩旅游区 | 北海 |
| | 北海海底世界 | |
| | 北海海洋之窗 | |
| | 钦州三娘湾旅游区 | 钦州 |
| | 钦州刘冯故居景区 | |
| | 钦州八角寨沟旅游景区 | |
| AAA | 钦州龙门群岛海上生态公园 | 钦州 |
| | 东兴京岛景区 | 防城港 |
| AA | 防城港十万大山国家森林公园 | 防城港 |

资料来源:《广西壮族自治区海洋环境资源基本现状》。

表 7 - 6                北部湾经济区滨海综合旅游区情况

| 滨海旅游区类型 | 滨海旅游区名称 | 所在地 |
|---|---|---|
| 生态滨海旅游区 | 北仑河口海洋自然保护区 | 防城港 |
| | 山口红树林—合浦儒艮自然保护区 | 北海 |
| | 党江红树林自然保护区 | 北海 |
| 休闲渔业滨海旅游区 | 企沙休闲渔业滨海旅游区 | 防城港 |
| 观光滨海旅游区 | 三娘湾观光滨海旅游区 | 钦州 |
| 度假滨海旅游区 | 北海银滩度假滨海旅游区 | 北海 |
| | 江山半岛度假滨海旅游区 | 防城港 |
| | 金滩（京族三岛）度假滨海旅游区 | 防城港 |
| 游艇旅游区 | 钦州茅尾海游艇旅游区 | 钦州 |
| 海岛综合旅游区 | 涠洲岛—斜阳岛海岛综合旅游区 | 北海 |

资料来源：《广西壮族自治区海洋环境资源基本现状》。

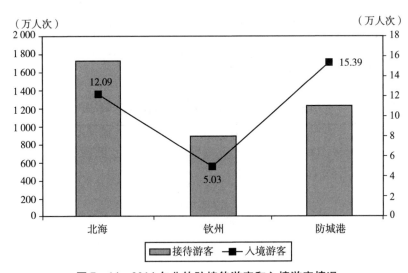

图 7 - 14  2014 年北钦防接待游客和入境游客情况

资料来源：《广西海洋经济统计公报》（2014 年）、中国新闻网和北海旅游网。

### （五）新兴海洋产业——"一心引领"

北部湾经济区新兴海洋产业主要有海洋生物医药业、海水综合利用、海洋电力，其中以海洋生物医药业为主，海水综合利用和海洋电力发展还比较缓慢。新兴海洋产业的发展离不开科技的支撑，"十二五"期间，北部湾经济区加快推进科技兴海战略。目前北部湾经济区海洋生物医药业主要布局在北海，以北海海洋产业科技园区和合浦工业园为代表。其中北海海洋产业科技园以海洋科技研发为重点，合浦工业园以生产海洋生物产品为主，如甲壳素、D-氨基葡萄糖盐酸盐、壳聚糖、螺旋藻口服液和口服片等。北部湾经济区新兴产业基本形成以发展海洋生物医药业为主的北海核心引领产业格局。

# 第二节　北部湾经济区海洋产业发展环境

## 一、发展条件

### （一）海洋资源丰富，后备储量大

1. 海洋空间资源①

广西北部湾海域面积约 12.93 平方公里，拥有海岸线 1 629 公里，在全国 11 个沿海省份排第六位，拥有的浅海和滩涂面积共约 7 500 平方公里，沿海岛屿 679 个，岛屿面积 84 平方公里，空间资源开发潜力巨大。

---

① 资料来源：广西壮族自治区统计局、广西壮族自治区海洋和渔业厅、中华人民共和国国家民族事务委员会。

2. 港口航运资源①

广西北部湾海岸线迂回曲折，港湾水道众多，天然屏障良好，多溺谷、港湾，素有"天然优良港群"之称；岛屿岸线长 605 公里，规划宜港岸线 267 公里，其中深水岸线约 200 公里；近海有铁山港湾、廉州湾、大风江口、钦州湾、防城港湾、珍珠港湾和北仑河口 7 处重要海湾，其中铁山港湾、大风江口、钦州湾和防城港湾拥有丰富的港址、锚地和航道资源。广西北部湾沿岸天然港湾共 53 个，可开发的大小港口有 21 个，其中北海港、铁山港、防城港、钦州港、珍珠港等港口可开发泊靠能力在万吨以上，港口规划全部实施后年综合通过能力约 17 亿吨。目前已开辟广西北部湾港至新加坡、曼谷、海防、胡志明、巴生等港多条直达航线。

3. 海洋矿产资源②

广西北部湾是我国沿海六大含油盆地之一，油气资源蕴藏量丰富，石油资源量达 16.7 亿吨天然气（伴生气）资源量 1 457 亿立方米。广西北部湾海底沉积物中含有丰富的矿产资源，已探明有 28 种，以石英砂矿、钛铁矿、石膏矿、石灰矿、陶土矿等为主，其中近海建筑砂矿的潜在资源区主要分布于铁山港湾、钦州湾、防城港湾、珍珠港湾和南流江口两侧，如石英主要分布于珍珠港湾和铁山港湾两地。广西北部湾矿产资源储量丰富，其中石英砂矿远景储量 10 亿吨以上，石膏矿保有储量 3 亿多吨，石灰石矿保有储量 1.5 亿吨，钛铁矿地质储量 2 500 万吨，对于广西北部湾经济的持续健康发展起到重要的保障作用。

4. 海洋生物资源③

广西北部湾不仅是中国著名的渔场，也是中国海洋生物物种资源的"宝库"。广西北部湾鱼类总资源为 75 万吨，可捕量约为 40 万吨，2014

---

① 资料来源：广西壮族自治区海洋和渔业厅、广西壮族自治区人民政府、《广西北部湾港总体规划》。

② 资料来源：《广西壮族自治区海洋主体功能区规划》、广西北部湾网。

③ 资料来源：广西北部湾网。

年海水养殖产量109万吨。广西北部湾是我国海洋生物多样性最丰富的海区之一，海洋生物种类繁多，包括鱼类500多种、虾类200多种、头足类近50种、蟹类190多种、浮游植物近104种、浮游动物132种，还有儒艮、文昌鱼、海马、海蛇等珍稀或重要药用生物。广西北部湾拥有红树林、珊瑚礁和海草床等典型海洋自然生态系统，是全球生物多样性保护的主要对象，具有极大的经济、科研和生态价值。

5. 海洋可再生能源①

广西北部湾海洋可再生能源包括潮汐能、潮流能、波浪能、海水温（盐）差能和海洋风能。其中广西北部湾沿海地区可利用的风能和潮汐最具开发潜力，白龙尾半岛附近为沿海的高风能区，年平均有效风能达1253千瓦·小时/平方米，涠洲岛附近海域年均有效风能811千瓦·小时/平方米；钦州的龙门港、北海的铁山港和防城港的珍珠港潮汐能电站最具有开发潜力，可开发利用的潮汐能源有38.7万千瓦，可建设10个以上风力发电场和30个潮汐能发电点，发展潜力巨大。

6. 海洋旅游资源

广西北部湾沿海地区属南亚热带季风气候区，日照充足，雨量充沛，气候温和，四季宜人，夏无酷暑，冬无严寒，自然景观风光秀丽，海洋旅游资源在全国排名第六位，沿海分布着众多的红树林、珊瑚礁、火山岛等海洋自然景观，蕴含丰富的历史人文文化、文化古迹和海洋文化，是理想的休闲度假、观光体验地。目前，北部湾经济区海洋旅游资源组合类型主要分为水体沙滩旅游、生态旅游和人文旅游三大类（见表7-7），其中银滩、金滩、涠洲岛、红树林、三娘湾、龙门诸岛等已成为全国知名景点，北部湾经济区沿海地区与越南海陆相连，是打造广西北部湾国际旅游度假区的主要基础。

---

① 资料来源：《广西壮族自治区海洋产业发展"十二五"规划》。

表 7-7　　　　　　　北部湾经济区滨海旅游资源类型与分布情况

| 代表类型 | 组合类型 | 资源名称 | 所在地区 |
|---|---|---|---|
| 滨海水体沙滩类旅游资源 | 水体沙滩—民俗风情组合 | 东兴江平满尾金滩旅游度假区 | 防城港 |
| | 水体沙滩—城市风光组合 | 北海银滩旅游度假区、北海侨港城市沙滩 | 北海 |
| | 水体沙滩—自然生态组合 | 涠洲岛石螺口和西海岸沙滩 | 北海 |
| | | 麻蓝岛沙滩、三娘湾沙滩、月亮湾沙滩 | 钦州 |
| | | 天堂滩－蝴蝶岛沙滩、大平坡、玉石滩、怪石滩 | 防城港 |
| 滨海生态类旅游资源 | 滨海红树林湿地类生态旅游资源 | 廉州湾红树林、大冠沙城市红树林、山口红树林 | 北海 |
| | | 茅尾海红树林 | 钦州 |
| | | 北仑河口红树林、鱼洲坪城市红树林 | 防城港 |
| | 滨海陆地植物类生态旅游资源 | 冠头岭国家森林公园 | 北海 |
| | | 巫头滨海植被、榕树头滨海植被、企沙簕山村滨海植物、防城光坡南亚松林 | 防城港 |
| | 珍稀野生动物栖息地类生态旅游资源 | 合浦沙田儒艮栖息地 | 北海 |
| | | 三娘湾海域的中华白海豚栖息地 | 钦州 |
| | | 巫头万鹤山鹭鸟栖息地、企沙盐田港火山岛鹭鸟栖息地 | 防城港 |
| | 滨海岛屿类生态旅游资源 | 涠洲岛、斜阳岛 | 北海 |
| | | 龙门群岛、麻蓝岛 | 钦州 |
| | | 蝴蝶岛 | 防城港 |
| 人文旅游资源 | 文物古迹 | 合浦古汉墓群、文昌塔、东坡亭、白龙珍珠城遗址、北海近代建筑群 | 北海 |
| | | 冯子材故居和墓、刘永福故居和墓 | 钦州 |
| | 史前遗迹 | 防城交东贝丘遗址、马兰箕贝丘遗址、杯较山贝丘遗址 | 防城港 |
| | 边疆要塞与地标 | 乌雷炮台 | 钦州 |
| | | 白龙炮台、大清国一号界碑 | 防城港 |

续表

| 代表类型 | 组合类型 | 资源名称 | 所在地区 |
|---|---|---|---|
| 人文旅游资源 | 民俗风情 | 疍家、具有地方特色的客家和我国唯一的海洋民族京族等 | 北钦防三市（其中京族主要分布在防城港） |
| | 滨海港口工业旅游与城市风光 | 钦州港临海工业/港口码头 | 钦州 |
| | | 防城港港口码头/工业基地游览区 | 防城港 |

资料来源：《广西壮族自治区海洋环境资源基本现状》。

**（二）多重区位条件重叠，区位优势明显**

北部湾经济区区位优势独特，背靠大西南、面向东南亚、毗邻粤港澳，处于西南经济圈、华南经济圈、中南经济圈和东盟经济圈的接合部，在泛北部湾、泛珠三角、中西南各方等多区域合作中起着承东转西、连接中外的作用；是整个大西南地区最便捷的出海大通道，腹地广阔，是连接中国—东盟的重要纽带。经济区在多重优势区位重叠、复合式发展的条件下，将迎来更多的发展机遇。

## 二、发展机遇

### （一）海洋强国战略推进北部湾经济区海洋产业发展

中国正处于走向海洋、建设海洋强国的战略机遇期，党的十八大报告明确提出海洋强国战略，其基本内涵是"四个转变"，即要提高资源开发能力，着力推动海洋经济向质量效益型转变；要保护海洋生态环境，着力推动海洋开发方式向循环利用型转变；要发展海洋科学技术，着力推动海洋科技向创新引领型转变；要维护国家海洋权益，着力推动海洋权益向统筹兼顾型转变。海洋强国战略的提出为北部湾经济区海洋产业发展指明了发展方向和任务，为海洋强区创造了历史性的机遇。

### （二）广西北部湾战略升级，实现转身向海

广西北部湾作为广西经济发展十分重要的一极，随着北部湾经济区

战略上升到国家战略层面，将带来更多的资金投入、政策倾斜，广西北部湾的建设得到国家和地方的支持在不断增加，发挥广西北部湾独一无二的优势，实现从背靠大海到面向大海的转变。

## 三、面临挑战

### （一）区内资源竞争，如何分工协作

由于北部湾经济区沿海三市发展条件相似，适合发展的海洋产业具有很高的重合率，再加上缺乏明确的分工、统一的指导，产业同构、资源浪费的现象明显，部分产业面临产能过剩的情况，沿海三市如何在北部湾经济区特殊的环境条件下，走出一条独具特色、分工明确、协同发展之路，是北部湾经济区海洋产业发展面临的一大挑战。

### （二）区外资源竞争，如何后进突围

在外部需求持续萎缩、国内经济增速持续回落的双重影响下，一些传统海洋产业出现产能过剩，部分行业处在行业性整体亏损状态，一些企业甚至出现停产的局面。对于海洋化工、海洋装备制造、港口物流、海洋再生能源等产业，国内外竞争激烈，与当下其他具备一定规模的沿海地区相比，还处于起步期的广西北部湾可选择的产业空间被压缩，区内资源的争夺受到严重挤压，如何突破重重包围，后起直追，是北部湾经济区面临的又一大挑战。

### （三）如何协调好产业的可持续发展与滨海生态保护

随着广西北部湾经济的发展，将逐渐加大对海洋资源与空间的开发和利用。海洋生态环境面临的压力与日俱增，经济区的海洋产业的发展与环境保护的矛盾也在不断加深，如何在发展的同时，避免出现"高消耗、高投入、高污染"的传统发展模式，在限制产业准入的门类、限制增加环保措施、减少降污设施投入的情况下，不减缓北部湾经济区海洋产业发展的速度。这些问题都是北部湾经济区正在面临或将来需要面对的挑战。

# 第八章

## 北部湾经济区海洋产业
## 发展战略定位

### 第一节 相关规划解读

#### 一、全国海洋经济发展"十二五"规划

**(一)总体概况**

2013年1月18日,国务院发布《全国海洋经济"十二五"规划》(以下简称《规划》),这是继2003年首个海洋经济纲领性文件《全国海洋经济发展规划纲要》之后再次推出的国家级综合性规划,开发海洋正式成为新时期国家战略的重要组成部分。《规划》科学研判了"十二五"时期海洋经济发展面临的机遇与挑战,在提出"十二五"期间我国海洋经济发展总体目标的基础上,主要从区域布局、产业规划以及保障措施三个方面明确了我国海洋经济转型发展的方向与策略。全面涉及了海洋经济布局优化、结构调整、科技创新、资源开发利用和生态环境等

方面，注重对海洋传统产业、海洋新兴产业和海洋服务业的分类指导，体现了"十二五"时期我国海洋经济发展的宏观取向；并注意了与国家总体规划、专项规划和区域规划的充分衔接，对促进我国海洋经济科学发展具有重要指导作用。

**（二）《规划》对北部湾经济区的指导和要求**

《规划》指出，广西北部湾沿岸及海域发展的功能定位是中国—东盟开放合作的物流、商贸、先进制造业基地和信息交流中心、重要的国际区域经济合作区。"十二五"时期建设重点是：大力推广生态养殖，鼓励发展珍珠、海水名贵鱼等特色品种养殖，建立红树林区生态养殖示范基地；实施海水养殖苗种工程，加快建设水产原良种场和遗传育种中心；加快发展水产品精深加工及配套服务业，建设水产品冷冻加工基地。建设广西北部湾沿海港口，规划建设一批万吨级以上泊位和深水航道，完善西南地区出海大通道的交通基础设施。进一步培育集装箱干线航线，开辟对东盟国家的航线，探索开辟远洋国际航线。积极开发多层次的海洋旅游精品，发展以游艇和帆船为主的海上运动休闲旅游，建立环北部湾滨海跨国旅游区。加快海岛旅游开发，重点推进涠洲岛整体开发和海岛生态修复。积极发展海洋油气业，加大对广西北部湾盆地的勘探力度，提高对莺歌海盆地海洋油气资源的开采、储存和加工能力。加强红树林生态系统的保护和修复，构建海岸生态防护带，加强海洋保护区建设。

《规划》从全面提升海洋产业可持续竞争实力的角度，分类提出了海洋传统产业、海洋新兴产业以及海洋服务业发展的战略目标和路径；指出要改造提升海洋传统产业，培育壮大海洋新兴产业，积极发展海洋服务业，强化海洋资源节约集约利用和生态环境保护。

表 8 - 1　　《全国海洋经济发展"十二五"规划》主要产业发展

| 产业类型 | 主要发展产业 | 具体内容 |
|---|---|---|
| 改造提升海洋传统产业 | 海洋渔业、海洋船舶工业、海洋油气业、海洋盐业和盐化工 | 推进标准化健康养殖是拓展渔业发展空间的科学选择,提高自主研发能力是做强船舶业的重要依托,加强国内外市场拓展是渔业和船舶业持续发展的必由路径,而资源耗费性的渔业、盐业发展则需要秉承可持续发展原则合理规划布局 |
| 培育壮大海洋新兴产业 | 海洋工程装备制造业、海水利用业、海洋药物和生物制品业、海洋可再生能源业 | 《规划》提出海洋工程装备制造业的三个发展方向——海洋油气资源勘探开发装备、海洋可再生能源利用装备以及海水利用装备。海洋药物和生物制品业,以及海洋可再生能源业和海水利用业。强调资源开发要注重技术前瞻性以及范围经济效应,并兼顾安全考虑 |
| 积极发展海洋服务业 | 海洋交通运输业、海洋旅游业、海洋文化产业、涉海金融服务业、海洋公共服务业 | 海洋交通运输业的发展与上海、天津、大连等地国际航运中心建设密切联系在一起,涉海金融服务业的发展不仅具有完善海洋经济产业的重要意义,更是发展海洋第一、第二产业的必要助力 |
| 推进绿色海洋经济发展 | | 重点围绕海水养殖业、海水利用业、海洋盐业和盐化工等领域,探索构筑沿海地区循环产业体系;加强海洋生态环境保护;大力推进海洋产业节能减排 |

## (三) 总结

《规划》提出的"三圈一岛"区域发展布局有效衔接沿海地区区域发展战略,培养一批重要的海洋经济增长极;推动三类产业创新发展,全面提升海洋产业可持续竞争实力;多维度部署海洋经济发展的支持保障措施,为海洋经济发展提供充足动力。《规划》也将广西北部湾海洋产业列入国家战略规划,为广西海洋产业发展提供了重要机遇。《全国海洋经济发展"十二五"规划》的编制为海洋经济健康发展,合理开发利用海洋资源提供了正确方向,是"十二五"时期乃至往后一段时期广西北部湾海洋经济发展的行动纲领。

北部湾经济区应在该规划的指导下,坚持陆海统筹,构建因地制宜的海洋产业体系,对海洋传统产业、海洋新兴产业、海洋服务业进行合理布局,加大海洋资源开发力度,着力推进海洋产业结构调整升级,增强科技创新能力，加大海洋资源节约集约利用和生态环境保护力度，推动海洋经济转型发展，全面提升经济区海洋经济可持续发展能力、国际竞争能力和抗风险能力。

## 二、广西海洋产业发展规划

### （一）总体概况

根据国务院相关规定和自治区党委、自治区人民政府《关于做大做强做优我区工业的决定》，通过对广西海洋产业发展现状及面临形势进行分析，提出广西海洋产业发展的目标和重点发展领域，以此作为未来海洋产业发展的一个重要依据。

### （二）《规划》对北部湾经济区的指导和要求

《规划》提出，海洋产业发展的总体目标是发挥北部湾经济区"陆海组合"的资源优势，努力把北部湾经济区建设成为我国重要的区域性海洋产业基地、海洋物流中心和制造业中心。

推进北部湾经济区在重点领域加快发展，形成区域协调联动发展新格局，着力加快传统海洋产业的发展，积极培育新兴海洋产业，推进海洋产业升级。

规划还提出，要着力加强海洋生态环境与资源保护，重点做好海洋污染防治工作，进一步推进海洋生态环境保护体系建设。

表 8 - 2 　　　　　　　　《广西海洋产业发展规划》重点发展领域

| 主要产业发展 | 发展内容 |
| --- | --- |
| 海洋交通运输业 | 合理利用岸线，统筹港口布局，加强基础设施建设，拓展以现代物流为中心的港口功能，大力发展航运和船舶修造业 |
| 滨海旅游业 | 建立环北部湾滨海跨国旅游区；加快海岛旅游开发；优化旅游产品结构 |
| 海洋渔业及配套服务业 | 加快发展水产品精深加工及配套服务产业；加快发展远洋捕捞；加快近海水域养殖开发。重视发展休闲渔业 |

续表

| 主要产业发展 | 发展内容 |
|---|---|
| 海洋油气业及滨海矿业 | 争取将莺歌海盆地的部分天然气和石油输送到我区境内储存和加工；继续扩大合浦官井钛铁矿的开采规模；加强对钦州湾等海滨钛铁矿的勘查；划定滨海石英砂资源限制开发区 |
| 新兴海洋产业 | 逐步开发海洋生物制药、海洋可再生能源、海水综合利用、海洋信息服务等海洋新兴产业 |

### （三）总结

在我国与越南、马来西亚、新加坡、印度尼西亚、菲律宾和文莱等东盟国家的泛北部湾经济合作中，北部湾经济区无疑是这一区域合作的前沿地带。广西北部湾沿海区域的开发利用战略意义独特，对于把我国建设成为海洋强国有着相当重要的作用。因此，北部湾经济区在进军海洋的号角吹响之际，应以陆域为支撑，以港口为依托，以产业优化升级为主线，在进一步抓好传统海洋产业发展和改造的基础上，大力推进海洋工业、滨海旅游业、海洋信息服务业等产业的发展，提高海洋第二、第三产业的比重，加快海洋防灾减灾体系建设，促进海洋资源和生态环境保护，实现北部湾经济区海洋产业的持续、快速发展。

## 三、《广西壮族自治区海洋经济发展"十二五"规划》

### （一）总体概况

《广西壮族自治区海洋经济发展"十二五"规划》（以下简称《规划》），在对广西管辖的海域和海洋经济发展依托的相关陆域的发展条件和发展环境进行深入研究分析后，以《全国海洋经济发展"十二五"规划》、《广西壮族自治区国民经济和社会发展第十二个五年规划纲要》《广西海洋产业发展规划》《广西北部湾经济区"十二五"时期（2011～2015

年）国民经济和社会发展规划》等为依据，提出"十二五"时期广西海洋经济的发展战略、发展目标、重点任务、空间布局和保障措施，指导广西今后一个时期海洋经济发展的总体蓝图和行动纲领。

**（二）《规划》对北部湾经济区的指导和要求**

根据北部湾经济区的战略定位，立足广西沿海在中国—东盟自由贸易区的区位、港口、对外开放、生态环境、海洋产业、科技创新及后发优势，结合我国海洋经济总体布局的要求，着力将北部湾经济区沿海地区建设成为中国—东盟国际物流中心、现代海洋产业集聚区、中国—东盟国际滨海旅游胜地、大西南地区重要的海上门户、海洋海岛开发开放改革试验区、我国海洋生态文明示范区和全国最优滨海宜居地，全面提升海洋经济在北部湾经济区经济发展中的地位和作用，为我国海洋经济发展和海洋资源综合保护开发积累宝贵经验。

《规划》提出，着力构建北海、钦州、防城港三大海洋经济主体区域，努力打造各具特色的海洋产业集聚区，形成以三市为中心的三角形海洋经济空间布局。钦州市产业集聚区"十二五"重点形成物流保税中心、物流基地、沿海新材料加工业集群，建成利用两种资源、两个市场的石化产业集群、加工制造基地。北海市产业集聚区"十二五"重点形成沿海电子信息产业集群、石化产业集群，新材料加工业集群。防城港产业集聚区"十二五"重点形成物流中心、临海钢铁和有色金属加工业产业集群、粮油加工产业集群。

《规划》提出，广西海洋经济"十二五"期间要大力发展现代海洋渔业、海洋修造船工业、海洋油气业和海滨砂矿业、海洋盐业和盐化工业等现代海洋产业，培育壮大海洋工程装备制造、海洋生物制药及生物制品、海洋再生能源、海洋新材料、海水综合利用、海洋节能环保等海洋新兴产业，积极发展海洋交通运输业、滨海旅游业、海洋文化产业、涉海金融服务业、海洋信息服务业、海洋科学研究与教育等海洋服务业，做大做强临海石化工业、临海钢铁工业、临海有色金属工业、临海能源工业、临海粮油加工业等临海工业，不断提升海洋产业的现代化水平，增强产业的竞争力。

**（三）总结**

海洋经济作为广西新的经济增长点，北部湾经济区应充分发挥核心驱动作用，进一步优化产业结构，积极建设特色海洋经济区，努力将新兴产业培育成为海洋经济发展新的支柱产业，建成区域性国际服务中心，并按照岸线功能布局和国家产业政策，科学引领临海工业集中布局，着力打造若干个具有较强竞争力的临海工业基地和物流基地，争取到 2020 年，实现"海洋经济强区"目标，海洋生态文明示范区全面建成，沿海城市成为全国最优的滨海宜居城市。

## 四、广西海洋事业发展规划纲要（2011～2015 年）

**（一）总体概况**

根据《国家海洋事业发展规划纲要》和《广西北部湾经济区发展规划（2006～2020 年）》等规划提出的有关要求，制定了《广西海洋事业发展规划纲要（2011～2015 年)》（以下简称《规划纲要》），这对于扭转广西海洋事业发展落后的局面，加快海洋资源开发和广西北部湾经济区开放开发，指导今后 5 年广西海洋各项事业协调发展具有重要意义。《规划纲要》从海洋资源开发和科学利用、海洋经济的统筹协调、海洋环境保护与生态建设等 9 个方面，对"十二五"期间广西海洋事业发展的目标、重大任务作出了科学合理的安排，并提出了规划实施的有效保障措施。

**（二）规划对北部湾经济区的指导和要求**

"十二五"期间，广西海洋事业发展的目标是：海洋产业结构趋于合理，海洋渔业、港口运输和滨海旅游等传统海洋产业进一步巩固，海洋生物制药业、海水利用业、船舶与海洋工程装备制造业、海洋石油天然气业、滨海砂矿业和现代海洋服务业等海洋新兴产业得到迅速发展，战略性海洋产业开始起步，海洋经济增长方式得到改变，循环经济建设初见成效；基本建成完善的海洋经济统计体系和海洋经济动态监测、评估体系。

该规划的海洋事业主要包括海洋资源开发、海洋环境保护、海洋经济建设、海洋防灾减灾、海洋科教文化、海洋执法监察、海洋国际合作、海洋管理体制机制、海洋法律法规建设等方面的综合管理和公共服务活动。

表8-3    《广西海洋事业发展规划纲要（2011～2015年)》部分主要任务

| 主要任务 | 主要内容 |
| --- | --- |
| 海洋经济统筹协调 | 推进海洋产业结构调整和布局优化：做大做强现代海洋渔业，突出发展海洋交通运输业，重点开发海洋油气业及滨海矿产，重视拓展滨海特色旅游业，积极培育海洋生物制药业、海水淡化和综合利用业、海洋化工业、船舶与海洋工程装备制造业、现代海洋服务业等海洋新兴产业，促进形成特色明显、优势突出的现代海洋产业体系，提高海洋产业综合竞争力 |
| 海洋环境保护与生态建设 | 加大海洋污染控制和治理力度，强化海洋重要生态功能区域和典型生态系统的保护，促进海洋生态恢复和环境改善 |
| 海洋公益服务 | 稳步推进广西"数字海洋"建设，积极应用908专项成果，同时有步骤地收集、整理现有海洋与渔业业务数据，并进行电子化处理 |
| 海洋科教与文化 | 加强海洋教育与科技普及，大力实施海洋文化发展工程，加快建设海洋管理队伍和专业人才队伍 |
| 海洋国际合作 | 在海洋环境与资源的调查和监测、海岸带综合管理、海洋生物多样性保护、海洋产业联合开发和海洋信息交流等领域，加强与周边海洋国家的合作与交流 |

（三）总结

海洋事业事关广西经济社会发展大局，在北部湾经济区建设过程中，要把海洋事业摆在十分重要的战略位置。北部湾经济区在该规划指导下，应紧紧抓住广西经济转型升级和海洋经济发展的重点，积极谋划未来海洋经济和海洋各项事业的发展，进一步促进北部湾经济区开放开发和广西海洋事业又好又快发展。

## 五、广西北部湾经济区发展规划（2014 年修订）

### （一）总体概况

为贯彻落实党的十八大和十八届三中、四中全会精神，积极参与共建"21 世纪海上丝绸之路"，打造西南中南地区开放发展新的战略支点，推动与珠江—西江经济带协同发展，结合 2014 年评估成果，对广西北部湾规划进行修编。在主要任务上，《规划》明确北部湾经济区空间布局、产业发展、基础设施、社会建设、生态环境、改革创新、开放合作等 7 个方面任务。其中规划了石化、造纸、冶金、轻工、海洋、装备制造 6 个制造业，研发设计、现代物流、金融服务、会展、海洋服务、科技服务、商贸服务、旅游等 11 个服务业和港口、公路、铁路、航空、水利、信息、能源 7 个基础设施建设重点，这对加快推进北部湾经济区开放开发，具有重要的战略意义。

### （二）规划对北部湾经济区的指导和要求

《规划》指出，北部湾经济区功能定位是：立足广西北部湾、服务"三南"（西南、华南和中南）、沟通东中西、面向东南亚，充分发挥连接多区域的重要通道、交流桥梁和合作平台作用，以开放合作促开发建设，努力建成中国—东盟开放合作的物流基地、商贸基地、加工制造基地和信息交流中心，成为带动支撑西部大开发的战略高地、西南中南地区开放发展新的战略支点、"21 世纪海上丝绸之路"和"丝绸之路经济带"有机衔接的重要国际区域经济合作区。

从产业发展的角度，在经济区内重点打造南宁、钦（州）防（城港）、北海、铁山港（龙潭）、东兴（凭祥）5 个功能组团。其中钦（州）防（城港）组团发展临海重化工业、新材料、能源产业、汽车、装备制造、修造船及海洋工程、造纸、粮油加工和港口物流等。北海组团重点发展电子信息、生物制药、海洋开发等高技术产业、出口加工业和商贸、物流等现代服务业。

《规划》指出，在工业方面，要发挥海洋资源优势，发展壮大海产品深加工，培育海洋生物制药、海洋化工等海洋新兴产业，在"中国—东盟海上合作"总体框架下探索推进海洋综合开发，开展多种形式的海洋经济合作，加强海洋油气等矿产资源勘查与开发。设立国家级海洋研究机构，促进海洋科技成果产业化。建设沿海海洋工程装备制造基地和南宁机械装备制造基地。

海洋渔业方面，积极推广生态养殖，严格控制近海捕捞强度。合理开发广西北部湾渔业资源，积极稳妥发展远洋渔业。完善渔政渔港设施建设。

海洋服务方面，加强与东盟海洋合作，大力发展以海洋信息服务、海洋环保、海洋旅游、海洋科普与文化传播、海洋工程维护等为重点的海洋服务业，完善海上交通管理和应急救助系统。

### （三）总结

海洋产业作为北部湾经济区发展的一个重要增长点，必须加强海洋产业体系的建设，制定正确的产业政策，推动海洋经济结构调整，依靠科技发展海洋经济，同时要积极扩大海洋产品市场需求，从根本上带动海洋产业的发展。

表8-4 相关规划汇总

| 规划名称 | 对北部湾经济区的功能定位 | 主要发展产业 | 对北部湾经济区的要求 |
|---|---|---|---|
| 全国海洋经济发展"十二五"规划 | 中国—东盟开放合作的物流、商贸、先进制造业基地和信息交流中心、重要的国际区域经济合作区 | 海洋传统产业（海洋渔业、海洋船舶工业、海洋油气业、海洋盐业和盐化工）海洋新兴产业（海洋工程装备制造业、海水利用业、海洋药物和生物制品业、海洋可再生能源业）海洋服务业（海洋交通运输业、海洋旅游业、海洋文化产业、涉海金融服务业） | 坚持陆海统筹，正确构建因地制宜的海洋产业体系，对海洋传统产业、海洋新兴产业、海洋服务业进行合理布局，加大海洋资源开发力度，着力推进海洋产业结构调整升级，增强科技创新能力，加大海洋资源节约集约利用和生态环境保护力度，推动海洋经济转型发展，全面提升经济区海洋经济可持续发展能力、国际竞争能力和抗风险能力 |

续表

| 规划名称 | 对北部湾经济区的功能定位 | 主要发展产业 | 对北部湾经济区的要求 |
| --- | --- | --- | --- |
| 广西海洋产业发展规划 | 重要的区域性海洋产业基地、海洋物流中心和制造业中心 | 海洋交通运输业、滨海旅游业、海洋渔业及配套服务业、海洋油气业及滨海矿业、新兴海洋产业 | 以陆域为支撑，以港口为依托，以产业优化升级为主线，在进一步抓好传统海洋产业发展和改造的基础上，大力推进海洋工业、滨海旅游业、海洋信息服务业等产业的发展，提高海洋第二、第三产业的比重，加快海洋防灾减灾体系建设，促进海洋资源和生态环境保护，实现北部湾经济区海洋产业的持续、快速发展 |
| 广西壮族自治区海洋经济发展"十二五"规划 | 中国—东盟国际物流中心、现代海洋产业集聚区、中国—东盟国际滨海旅游胜地、大西南地区重要的海上门户、海洋海岛开发开放改革试验区、我国海洋生态文明示范区和全国最优滨海宜居地 | 现代海洋产业，海洋新兴产业，海洋服务业，临海工业 | 应充分发挥核心驱动作用，进一步优化产业结构，积极建设特色海洋经济区，努力将新兴产业培育成为海洋经济发展新的支柱产业，建成区域性国际服务中心，并按照岸线功能布局和国家产业政策，科学引领临海工业集中布局，着力打造若干个具有较强竞争力的临海工业基地和物流基地，争取到2020年，实现"海洋经济强区"目标，海洋生态文明示范区全面建成，沿海城市成为全国最优的滨海宜居城市 |
| 广西海洋事业发展规划纲要（2011～2015） | — | 海洋渔业、港口运输和滨海旅游等传统海洋产业，海洋生物制药业、海水利用业、船舶与海洋工程装备制造业、海洋石油天然气业、滨海砂矿业和现代海洋服务业等海洋新兴产业 | 紧紧抓住广西经济转型升级和海洋经济发展的重点，积极谋划未来海洋经济和海洋各项事业的发展，进一步促进北部湾经济区开放开发和广西海洋事业又好又快发展 |

续表

| 规划名称 | 对北部湾经济区的功能定位 | 主要发展产业 | 对北部湾经济区的要求 |
|---|---|---|---|
| 广西北部湾经济区发展规划（2014年修订） | 努力建成中国—东盟开放合作的物流基地、商贸基地、加工制造基地和信息交流中心，成为带动支撑西部大开发的战略高地、西南中南地区开放发展新的战略支点、"21世纪海上丝绸之路"和"丝绸之路经济带"有机衔接的重要国际区域经济合作区 | 积极发展生态养殖和远洋渔业为主的海洋渔业；海洋生物制药、海洋化工等海洋新兴产业；以海洋信息服务、海洋环保、海洋旅游、海洋科普与文化传播、海洋工程维护等为重点的海洋服务业 | 必须加强海洋产业体系的建设，制定正确的产业政策，推动海洋经济结构升级，依靠科技发展海洋经济，同时要积极扩大海洋产品市场需求，从根本上带动海洋产业的发展 |

## 第二节　北部湾经济区海洋产业发展定位

广西北部湾海洋资源丰富、发展后劲足，应借助建设"21世纪海上丝绸之路"的机遇，找准定位打造富有地域特色的海洋产业。以规划区资源禀赋及相关规划为基础，以市场潜力为导向，统筹海陆两栖的生产要素，开展区域协作，进行优势互补、错位竞争，近期继续做好海洋渔业、海洋交通运输业和滨海旅游业"海味老三篇"，即北部湾经济区传统海洋产业；探索谱写海洋生物医药业、海洋船舶工业和海洋科技服务业的"海味新三篇"，即北部湾经济区新兴海洋产业。大力发展海洋优势产业，远期培育未来产业经济增长点，提升产业结构，推进海洋产业升级，建设海洋经济强区。

## 一、高效生态海洋渔业

遵循循环、绿色、高效的理念，以调整结构、扩大规模为主线，重点推广先进养殖技术，实施渔业产业化、发展特色精品、科教兴渔和可持续发展战略，实现海洋捕捞由近海向远海转移、水产养殖由内陆港湾向近海转移、水产品加工由初级加工向精深加工方向转移，保证海洋渔业可持续发展，逐步实现高品质、生态型、高效性的渔业现代化发展。

## 二、高效便捷海洋交通运输业

坚持开拓国内外两个市场和两个资源并重，积极进行产业结构调整，推动海洋交通运输高端发展，优化港口布局，拓展港口功能；建设与对外经济发展要求相适应的海运船队，引导船队向结构合理、经济安全、大型化、专业化、现代化方向发展；改善主要出海口航道及进出港通航条件，形成海陆空联运的综合集疏运交通网络，加密和新增国际海运航线，提高运输能力；实现港口物流化，提高港口管理信息化水平，切实提高港口的综合运输能力和综合服务水平。

## 三、高端跨区海洋旅游服务业

充分发挥海洋资源优势和特色，以度假休闲旅游为主导，运用现代化的新理论、新业态和新服务方式改造提升传统旅游业，优化旅游资源配置，提高旅游业整体质量和效益，加快推进滨海旅游、海岛旅游和远洋旅游协同发展的格局建设，进一步突出海洋生态和海洋文化特色，努力开拓国内、国际旅游客源市场；加强旅游基础设施与生态环境建设，科学确定旅游环境容量，促进滨海旅游业的可持续发展。以海为媒，擎动北部湾经济区滨海旅游。

## 四、绿色低碳海洋生物医药业

加大利用热带海洋药用生物资源丰富的优势，坚持自主研发，中西结合的原则，利用经济区的资本、技术和人才优势，根据市场需求积极开发技术含量高、经济效益好的海洋药物，重点引进国内外海洋生物领域优质项目和核心技术团队，大力培育海洋生物产业龙头企业；加快建设海洋生物产业基地与特色园区，建立海洋生物制药和生物制品研发中心和创新平台，提升技术和产品创新能力，争取到2020年，形成一定规模的产学研一体化的海洋医药产业集群。

## 五、特色专业海洋船舶工业

立足现有产业基础，依托区位和资源优势，优化产业布局，河海并举，合理配置资源，外引内联，推进船舶制造业向高技术、高附加值的海洋工程发展，调整优化船舶产品结构，攻克技术难关，开发满足海洋经济、海洋维权需要的舰只和海洋装备，完成产业升级；培育扶持配套产业，拓展延伸船舶制造业产业链，实现船舶生产社会化、专业化，走跨越式的、具有自己特色的、科技引导的发展之路。

## 六、创新先进海洋科技服务业

加快提高自主研发水平，提高创新能力，紧跟国际先进步伐，加快在海洋生物、海洋工程、海底矿产资源勘探、海洋资源开发利用、海洋环境保护、海洋观测、海洋预报预测和海洋信息等领域的传统科技与现代高新技术在海洋领域的集成，推动北部湾经济区海洋产业向高端化、高质化、高新化发展，引领和支撑海洋产业的产业升级和转变发展方式。

# 第三节　北部湾经济区海洋产业发展目标

## 一、总体目标

力争到 2020 年，有效落实和推进海洋强国和海洋强区战略部署，基本建设成为我国西南地区海洋经济快速健康发展示范区，基本形成海洋经济实力较强、港航服务水平大幅提高、科技文化体系完善、区域分工合理、海洋生态环境良好的海洋产业发展新局面，成为广西经济发展的新引擎。

## 二、具体目标

### （一）海洋经济实力显著增强

海洋经济规模不断扩大，产业结构不断优化，到 2020 年，北部湾经济区海洋产业总产值突破 1 205 亿元，年均增长率为 13%，其中主要海洋产业增加值突破亿元 1 062 亿元，年均增长率为 14%；海洋科研教育管理服务业突破 150 亿元，年均增长率为 8%。

### （二）港航服务水平大幅提高

广西北部湾港区域航运中心地位得到巩固，"北部湾区域性国际枢纽大港"重大项目建设加快，港口自动化水平明显提高，到 2020 年，港口吞吐量基本实现翻一番，达到 5 亿吨，集装箱吞吐量达到 1 000 万标准箱，集装箱和原油、成品油等大宗商品运输在沿海港口中所占比例较大提升，形成较为完善的"三位一体"港航物流服务体系，港口实力提升，构建畅通高效的出海通关综合集疏运交通网络。

### （三）海洋科技文化水平较高

"科技兴海"战略不断深化，海洋科技创新能力显著提高，继续推进海洋文化深入建设，不断强化海洋文化意识，加快涉海院校和学科建设，建成一批海洋科研、海洋教育、海洋文化基地、中国—东盟海洋合作学院示范区，打造"北部湾蓝色硅谷"。

### （四）区域分工合理

三市联合开发，六市联动，区域协调，产业协同，空间资源配置合理，实现产业的跨区域高效良性联动，从整体上改善产业之间的分工与合作关系，将区域协调发展的目标与规划落实到位，形成产业跨行政区域的战略协作与共赢发展格局，推动海洋产业有序健康发展。

### （五）海洋生态建设全国领先

海洋生态文明取得实质性进展，陆源污染和涉海污染得到有效控制和治理，滩涂资源得到科学保护和开发，典型红树林湿地生态系统、中华白海豚和儒艮等珍稀野生动物栖息地生态系统得到有效保护与修复，海洋生态环境、灾害监测监视与预警预报体系健全，基本建成海陆联动、跨区共保的生态环保管理体系，形成良性循环的海洋生态系统，基本建设成为我国海洋生态文明建设示范区。

## 第四节　产业发展战略

围绕"挖掘特色、提质升级、重视交通、发展生态"的思路，以"凭优势、推特色、筑高端、强交通、重生态、创双赢"为发展策略，推进海洋产业集群化、特色化发展。

### 一、"凭优势"——重点发展优势产业，培育核心产业

北部湾经济区应充分发挥海洋资源和发展海洋产业得天独厚的优势，强化规划引领、突出产业带动、坚持科技兴海，大力发展海洋经

济，积极发展海洋优势产业，提升海洋开发整体效益和水平，形成独具特色的海洋经济区。将经济区内的海洋产业划分为多个发展水平等级，分轻重、多层次地发展产业，优先发展优势强、潜力大的产业，如海洋工程建筑业、海水综合利用、海洋交通运输业、海洋化工业、海洋生物医药业等产业，有效提升产业竞争力；重点培育多个产值高、效益好、可持续发展的核心产业，如滨海旅游业、现代海洋渔业及其配套服务业等，推动产业链纵深发展，倡导产学研一体的产业发展模式，发挥核心产业对整个海洋产业体系的强大带动作用。

## 二、"推特色"——推进产业转型升级，促进产业特色化发展

产业转型升级是目前多数临海城市产业发展的趋势，产业特色化、高端化发展更是一个区域提升自身产业竞争力的重要途径。在海洋产业发展竞争加剧的今天，深挖广西北部湾资源特色，以特色资源为基础发展独特的海洋产业，对于北部湾经济区海洋产业的进一步发展具有极大的带动作用。北部湾经济区的海洋产业选择和发展，要找准自身优势，把握行业发展趋势，在产业转型的基础上，进一步延补产业链条，重点突破产业链核心环节，深度挖掘产业链上下游发展潜力，提高产业附加值，衍生新的产业发展方向。着力培育与保护具有"北部湾"特色的海洋产业及相关产品，实施"北部湾地理标志产品"战略，培育包括防城港沙虫、对虾，钦州大蚝，北海鱿鱼等知名产品的地理标志认证，提升产品市场附加值；实施一系列"北部湾"品牌文化认证与宣传战略，充分彰显经济区海洋文化特色，壮大"北部湾蓝色经济"。挖掘产业地方特色，创立广西北部湾品牌。

## 三、"筑高端"——培育高端海洋服务，打造现代海洋服务业集聚区

在中国经济新常态的背景之下，海洋产业提质升级的重要举措就是

要推动产业结构高端化升级，强化海洋服务业培育，打造现代海洋服务业集聚区。北部湾经济区应依据市场需求，积极拓宽服务领域、扩大服务规模、优化服务结构、增强服务功能，不断完善以金融、商贸、旅游、服务、保税物流为主体的现代服务产业体系；努力建设以南宁为核心的经济区海洋服务业体系，打造多个综合性现代海洋服务业集聚区与专业性现代海洋服务业集聚区，使经济区海洋服务功能得以根据产业需求而集中或分散，更好地为产业提供服务，并逐步完善集聚区内相关设施建设，简化服务流程、提高服务质量。同时，还应重视培养高科技人才，加强科教水平，以产学研相结合的方式促进产业升级，实现技术更新和科研成果的高效率转化。

## 四、"强交通"——完善基础设施建设，加快海上互联互通

交通网络是沟通各方的重要通道，是加强各方联系的重要桥梁，优先保障交通建设，建立起功能完备、结构完整的经济区综合交通网络系统，对于促进要素的流动和对其进行合理的配置具有极大的促进作用。北部湾经济区要以港口为经济衔接点，以水陆复合交通网络为经济轴线，重点加强沿海港口吞吐能力，高等级公路、大能力铁路路网密度以及运输能力、机场吞吐能力和服务水平，建设经济、高效、便捷的支流航线以及港口陆路相结合的立体交通，提高海陆互联互通水平，增强集疏运效率，提升出海出边国际大通道能力，为中国—东盟经贸合作、泛珠三角和大西南发展提供有力的支撑；同时要大力提高能源、电力、水利等公共基础设施对海洋产业发展的支撑作用。

## 五、"重生态"——重视生态产业培育，建设循环产业体系

随着工业、生活废物污染，资源开发不合理等问题的加剧，经济区生态环境受到了一定的威胁，海洋生态文明建设面临很大的制约与挑

战。为了北部湾经济区的可持续发展，应立即响应绿色发展的号召，将生态安全作为产业发展选择的重要标准，严格限制对生态环境影响较大的行为，建立生态保护措施，将循环发展理念渗透到产业发展全过程中去，推进循环产业体系的构建，逐步培育绿色安全、可持续发展的新型产业，并提高资源利用率，使海洋生态呈现一种健康的、可持续的发展态势。要重视广西北部湾经济区的生态保护，深化实施岸线联合审批制度，开展广西北部湾海洋生态修复建设，推进一批生态海洋重大项目建设；积极推行海洋产品的绿色发展，鼓励和扶持生态型海洋产业企业发展，通过合理的引导，切实保护和改善经济区生态环境，建设海洋生态文明。

## 六、"创双赢"——打破行政壁垒，促进产业协同发展

经济区海洋产业协同发展的关键在于加快实现区域一体化，而区域一体化主要表现在统一配置基础设施、统筹推进交通网络建设、制定公共服务一体化等方面。北部湾经济区要秉持开放合作理念，努力实现互利共赢，通过政府引导，制定政策，弱化行政干预，打破行政壁垒，使资源要素自由流动，切实发挥企业在产业、项目、要素转移等方面的主体作用，调动社会各方面的积极性，形成政府联动、企业主动、民间自动的合力，以实现经济区海洋产业协同发展。利用"中国—东盟海洋合作年"的契机，与东盟国家开展多方面的务实合作，如在海洋经济、海上联通、科研环保、海上安全、海洋人文等领域加强合作，以开放、包容的姿态迎接东盟国家参与到广西北部湾海洋产业建设当中，实现互利共赢，强化东盟在国际竞争中的影响力，以应对新时期全球经济一体化及海洋经济急速发展的新挑战。

# 第九章

## 北部湾经济区现代海洋
## 产业体系构建

### 第一节  产业选择

#### 一、产业选择基准

##### （一）比较优势基准

比较优势与市场潜力成正比，因此要充分考虑广西北部湾经济发展的实际情况，同时结合广西北部湾资源禀赋及政策优势，避免与周边区域产业结构趋同。

##### （二）产业关联基准

以高关联度产业的前向效应、后向效应和旁侧效应带动或拉动其他产业的共同发展，并利用主导产业将新技术传播到经济区整个经济系统，将主导产业带动效应最大化。

### （三）技术进步基准

技术进步和技术创新是经济发展的源动力，主导产业必须从代表了最先进技术或者技术进步速度最快的产业中挑选，以确保主导产业活力。

### （四）市场潜力基准

市场发展潜力是产业经济贡献率的重要因素，因此需将具有稳定市场需求的产业优先作为主导产业备选项。

### （五）持续发展基准

因主导产业对地区经济的重要作用，可能出现某一主导产业衰退而引起的大规模经济损害，因此不仅要重视某一产业生产力的上升幅度，还要从经济整体的角度考虑产业群对区域经济的影响力。

### （六）瓶颈效应基准

从产业之间投入产出的关系来说，不能只考虑前向或后向效应，而更应该考虑产业关联中瓶颈制约的摩擦效应，瓶颈制约越严重，摩擦的强度越大，摩擦传递和扩散也就越广。以瓶颈效应作为基准，重点扶持瓶颈效应较大的产业，以减少瓶颈制约所造成的其他产业生产能力的非正常消耗。

## 二、产 业 选 择 与 体 系 构 建

以产业选择基准为基础，以确保海洋产业选择方向正确无误，定性、定量分析方法相结合以减少主观性。本研究选用两种方法进行综合删选，得出海洋主导产业候选方案一和候选方案二，以候选方案结果确定主导产业方案，再综合方案一和方案二确定广西北部湾海洋主导产业方案。技术路线如图 9-1 所示。

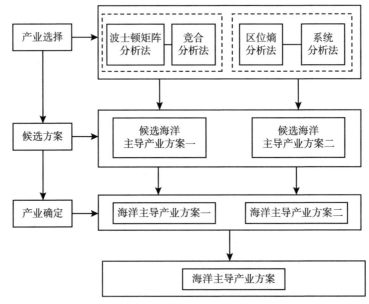

**图 9 – 1　北部湾经济区重点海洋产业确定技术路线**

资料来源：笔者自绘。

### （一）海洋主导产业候选方案一

采用波士顿矩阵分析法和竞合分析法来确定北部湾经济区海洋主导产业方案，波士顿矩阵分析法的具体思路为：采用"结构—增速矩阵"来反映海洋产业结构性变化（以某海洋产业占海洋总产值比重和年均增长率来确定行业地位及发展速度），以 5 年（2010～2014 年）为跨度，选取产业比重与年均增长率两个指标（见表 9 – 1），结合实际情况，以 14% 的产业比重和 8% 的增长率为高低标准分界线，将所有的海洋产业归纳为四个象限，假设某海洋产业占主要海洋产业的比重为 x，2010～2014 年产业年均增长率为 y，则 x 大于 14%，且 y 高于 8% 的产业为支柱增长型产业；x 大于 14%，但 y 低于 8% 的产业为支柱衰退型产业；x 小于 14%，但 y 高于 8% 的产业为潜力型产业；x 小于 14%，且 y 低于 8% 的产业为衰退型产业（见表 9 – 2）。在此基础上删选现状产业。

表 9 - 1                    **2014 年北部湾经济区主要海洋产业**

**地位和发展速度情况**                    单位：%

| 产业门类 | 占主要海洋产业总产值比重 | 2010~2014 年年均增长率 |
|---|---|---|
| 海洋渔业 | 37.86 | 9.86 |
| 海洋矿业 | 0.19 | -83.57 |
| 海洋盐业 | 0.002 | -60.31 |
| 海洋化工业 | 3.91 | 91.63 |
| 海洋生物医药业 | 0.12 | 9.26 |
| 海洋电力业 | 0.002 | 0.00 |
| 海水利用业 | 0.10 | -43.00 |
| 海洋船舶工业 | 0.82 | 96.15 |
| 海洋工程建筑业 | 18.31 | -2.65 |
| 海洋交通运输业 | 24.07 | 36.26 |
| 滨海旅游业 | 14.61 | 12.10 |

资料来源：《广西海洋经济统计公报》。

表 9 - 2    **2014 年北部湾经济区主要海洋产业波士顿矩阵分析情况**

| 分类 | 标准 | 产业 |
|---|---|---|
| 支柱增长型 | x>14%，y>8% | 海洋渔业、海洋交通运输业、滨海旅游业 |
| 支柱衰退型 | x>14%，y<8% | 海洋工程建筑业 |
| 潜力型 | x<14%，y>8% | 海洋化工业、海洋生物医药业、海洋船舶工业 |
| 衰退型 | x<14%，y<8% | 海洋矿业、海洋盐业、海洋电力业、海水利用业 |

表 9 - 3                    **北部湾经济区主要海洋产业删选**

| 波士顿矩阵分析法分类结果 | 产业 | 删选结果 | 删选原因 |
|---|---|---|---|
| 支柱增长型 | 海洋渔业 | √ | — |
| | 海洋交通运输业 | √ | — |
| | 滨海旅游业 | √ | — |

续表

| 波士顿矩阵分析法分类结果 | 产业 | 删选结果 | 删选原因 |
|---|---|---|---|
| 支柱衰退型 | 海洋工程建筑业 | √ | — |
| 潜力型 | 海洋化工业 | ○ | 不利于环境保护、产业有待升级 |
|  | 海洋生物医药业 | √ | — |
|  | 海洋船舶工业 | √ | — |
| 衰退型 | 海水利用业 | ○ | 产业有待升级 |
|  | 海洋电力业 | × | — |
|  | 海洋矿业 | × | — |
|  | 海洋盐业 | × | — |

注：√为可考虑的海洋主导产业，○为可考虑的候选海洋主导产业；×为直接剔除产业。

由表9-4可知，基于波士顿矩阵分析法，北部湾经济区海洋主导产业有：海洋渔业、海洋交通运输业、海洋生物医药业、海洋船舶工业、海洋工程建筑业、海洋化工业、海水利用业、滨海旅游业。

表9-4    基于波士顿矩阵分析法北部湾经济区海洋主导产业删选结果

| 删选结果 | 产业 |
|---|---|
| 海洋主导产业 | 海洋渔业、海洋交通运输业、滨海旅游业、海洋生物医药业、海洋船舶工业 |
| 候选海洋主导产业 | 海洋工程建筑业、海洋化工业、海水利用业 |
| 剔除产业 | 海洋矿业、海洋盐业 |

竞合分析法的具体思路为：分析附近沿海地区海洋产业发展现状，剔除竞争激烈且不具有市场优势的海洋产业，选择有潜力、可合作壮大发展的海洋产业。以周边沿海省份（见表9-5）和海洋示范区（见表9-6）两个层面的产业选择作为北部湾经济区海洋产业竞合分析对象，以产业合作最大化为导向，选择北部湾经济区具有竞争优势的海

洋产业作为海洋主导产业候选门类。

表 9 - 5　　　　　　　　　　周边沿海省份海洋产业选择

| 行政区 | 产业选择 |
|---|---|
| 福建省 | 海洋渔业、海洋交通运输与仓储业、海洋工程建筑业、海洋船舶修造业、滨海旅游 |
| 广东省 | 海洋渔业、海洋油气业、海洋交通运输业、海洋船舶工业、海洋生物医药业、海洋工程装备制造业、海水综合利用业、海洋可再生能源 |
| 海南省 | 海洋渔业、海洋油气业、海洋化工、海洋交通运输业、海洋生物医药业、海水综合利用业、海洋工程装备制造业、海洋旅游业 |

表 9 - 6　　　　　　　　　　周边沿海海洋经济区产业选择

| 经济区 | 涵盖城市 | 产业 |
|---|---|---|
| 福建海峡蓝色经济试验区 | 福州、厦门、漳州、泉州、莆田、宁德6个沿海设区市及平潭综合实验区 | 海洋渔业、海洋生物医药业、邮轮游艇业、海水综合利用业、海洋可再生能源业、海洋船舶工业、滨海旅游业 |
| 珠三角海洋经济区 | 广州、深圳、珠海、惠州、东莞、中山、江门 | 海洋交通运输业、海洋船舶工业和滨海旅游业、海洋生物医药、现代港口物流和海洋信息服务 |
| 粤东海洋经济区 | 汕头、汕尾、潮州、揭阳 | 海洋渔业、海洋交通运输业、海洋能源业、滨海旅游业 |
| 粤西海洋经济区 | 阳江、湛江、茂名 | 海洋渔业、海洋化工业、海洋交通运输业、滨海旅游业 |
| 海南岛海洋经济区 | 海南省 | 海洋渔业、海洋油气业、海洋化工业、海洋交通运输业、滨海旅游业 |

　　整合沿海省份及相关海洋经济区的产业竞合分析，可以在以下产业（见表 9 - 7）开展广泛的分工及合作。

　　综合波士顿矩阵分析及竞合分析，得出北部湾经济区海洋主导产业候选方案一为：海洋渔业、海洋交通运输业、海洋生物医药业、海洋船舶工业、滨海旅游业。

表9-7                             基于竞合分析法产业删选

| 产业 | 分工及合作区域 | 可分工及合作原因 |
|---|---|---|
| 海洋渔业 | 闽粤琼 | 资源丰富，市场广阔 |
| 海洋交通运输业 | 粤琼 | 北部湾地缘优势，物流中转潜力巨大 |
| 海洋化工业 | 粤西海洋经济区、琼 | 资源丰富，市场广阔，基础良好 |
| 海水综合利用业 | 珠三角海洋经济区 | 北部湾可塑性高 |
| 海洋生物医药业 | 闽、琼、珠三角海洋经济区 | 资源丰富，市场广阔 |
| 海洋船舶工业 | 闽、珠三角海洋经济区 | 成片发展，产业规模化效应 |
| 海洋可再生能源业 | 闽、琼、粤东海洋经济区 | 北部湾可塑性高 |
| 滨海旅游业 | 闽粤琼 | 成片发展，产业规模化效应 |

## （二）海洋主导产业候选方案二

采用区位熵分析法和系统分析法来确定北部湾经济区海洋主导产业方案。区位熵分析法的具体思路是分析北部湾经济区某海洋产业的区位熵。某海洋产业产值的区位熵等于该海洋产业产值在区域海洋产业总产值中所占的比重与全国相应指标的比值。计算公式如下：

$$LQ = (x/y)/(\sum x / \sum y)$$

其中，LQ 代表区域某海洋产业产值的区位熵，x 是区域某海洋产业产值，y 是区域海洋产业总产值，$\sum x$ 是全国相应该产业海洋产业总产值，$\sum y$ 是全国海洋产业总产值。

区位熵 LQ 可以描述区域某海洋产业在全国相应海洋产业中的相对重要程度。LQ > 1，表明区域某海洋产业在全国范围具有比较优势，是该区域的海洋主导产业，LQ 越大，比较优势就越明显；反之，LQ < 1，则表明区域该海洋产业在全国范围不具比较优势或处于劣势。2014 年北部湾经济区主要海洋产业的区位熵分析结果见表9-8。

表9－8　　　　　2014年北部湾经济区主要海洋产业的区位熵分析

| 产业 | 区位熵 |
|---|---|
| 海洋渔业 | 2.227682 |
| 海洋矿业 | 0.882598 |
| 海洋盐业 | 0.00825 |
| 海洋化工业 | 1.084005 |
| 海洋生物医药业 | 0.120873 |
| 海洋电力业 | 0.00525 |
| 海水利用业 | 1.856257 |
| 海洋船舶工业 | 0.149892 |
| 海洋工程建筑业 | 2.199616 |
| 海洋交通运输业 | 1.09333 |
| 滨海旅游业 | 0.415474 |

由表9－8可以看出：北部湾经济区的海洋主导产业有海洋渔业（2.23）、海洋工程建筑业（2.20）、海水利用业（1.86）、海洋交通运输业（1.09）、海洋化工业（1.08）。

系统分析方法是将要解决的问题作为一个系统，对系统要素进行综合分析，找出解决问题的可行方案的咨询方法。在基础资料及数据不全的情况下，此方法具有实际可操作性强、科学性、实用性等特点。具体步骤为：①列出候选海洋产业门类；②剔除部分不合适海洋产业；③初步归类与整理；④确定所需海洋产业。

由表9－9可知，基于系统分析法得出北部湾经济区海洋主导产业有海洋渔业、海洋油气业、海洋化工业、海洋生物医药业、海洋船舶业、海洋交通运输业、滨海旅游业、海洋技术服务业。

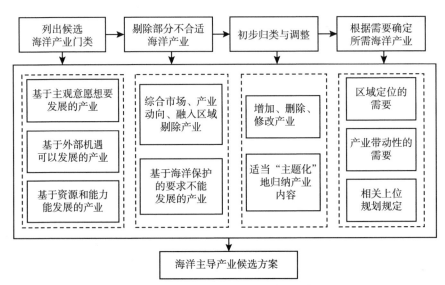

图9－2　北部湾海洋主导产业系统分析方法流程

表9－9　　　　　　　北部湾海洋主导产业系统分析产业选择

| | 候选海洋产业门类 | 剔除不合适海洋产业 | 初步归类与整理（适宜产业） | 确定海洋主导产业 |
|---|---|---|---|---|
| 第一产业 | 海洋渔业 | — | 海洋渔业 | 海洋渔业 |
| 第二产业 | 海洋油气业、海滨砂矿业、海洋盐业、海洋化工业、海洋生物医药业、海洋电力、海水利用业、海洋船舶工业、海洋工程建筑业 | 海洋油气业 海滨砂矿业 海洋盐业 | 海洋油气、海洋化工业、海洋生物医药业、海洋电力、海水利用业、海洋船舶工业、海洋工程建筑业 | 海洋油气 海洋化工业 海洋生物医药业 海洋船舶工业 |
| 第三产业 | 海洋交通运输业、滨海旅游业、海洋信息服务业、海洋环境监测预报服务业、海洋保险与社会保障业、海洋科学研究、海洋技术服务业、海洋地质勘查业、海洋环境保护业、海洋教育、海洋管理、海洋社会团体 | 海洋保险与社会保障业、海洋地质勘查业、海洋社会团体 | 海洋交通运输业、滨海旅游业、海洋信息服务业、海洋环境监测预报服务业、海洋科学研究、海洋技术服务业、海洋环境保护业、海洋教育、海洋管理 | 海洋交通运输业 滨海旅游业 海洋技术服务业 |

综合区位熵分析及系统分析，得出北部湾经济区海洋主导产业候选方案二为：海洋渔业、海洋化工、海洋生物医药业、海洋船舶工业、海洋交通运输业、滨海旅游业、海洋技术服务业。

**（三）海洋主导产业确定**

通过采用定量与定性的分析方法筛选北部湾经济区海洋主导产业，综合北部湾经济区海洋主导产业候选方案一和候选方案二以及北部湾经济区未来海洋产业发展趋势，得出北部湾经济区未来主导产业为海洋渔业、海洋船舶工业、海洋生物医药业、海洋交通运输业、滨海旅游业和海洋科技服务业，并根据对海洋产业开发的先后以及技术进步的程度将其划分为传统海洋产业、新兴海洋产业和未来海洋产业。

# 第二节　转型发展，改造升级传统海洋产业

## 一、海洋渔业

### （一）现代海水养殖业

大力发展健康高效海水养殖业，着力拓展养殖空间。科学规划利用好水域、滩涂，推广高效、生态、安全的海水养殖模式，积极拓展浅海湾外养殖、深水海域底播养殖；着力改造升级传统养殖，积极推进立体生态养殖、工厂化循环水养殖、离岸智能化网箱养殖等养殖模式；着力发展壮大水产种业，加强养殖优良品种引进、良种扩繁，培育热带水产苗种繁育体系建设。

加快实施"北部湾地理标志产品"战略，重点发展北海合浦珍珠养殖，钦州对虾、大蚝、石斑鱼、青蟹"四大名贵海产"，防城港沙虫等海水养殖产业，推广已有南珠、海鸭蛋、特色鱼虾等特色海洋渔业，深挖潜在特色海洋渔业，加快地理标志产品认证，创建特色品牌，提升产

品市场附加值，培育一批领军型的土特名优养殖的大型企业，发挥示范带动和辐射作用，以点带面，推动北部湾经济区海洋地理标志产品生产之路。

加快推进防城港江平工业园海洋经济示范园区建设，建设近海养殖基地、远洋养殖基地和海产良种育苗基地，特色海产品生产加工基地，打造现代高效渔业生态养殖示范区。

### （二）现代海洋捕捞业

严格控制近海捕捞强度，加强渔业资源养护和恢复。严格实行伏季休渔制度，控制近海捕捞强度，积极完善捕捞业准入制度，开展近海捕捞限额试点，建立健全渔民救济保障制度，增强渔业发展的社会保障面；划分增值放流功能区，加快人工渔礁建设，补充和恢复天然水域渔业资源，改善近海渔业生产情况，增加水产品产出，增加转产渔民就业机会和收入。

加快传统捕捞作业方式转变，鼓励发展外海和远洋捕捞。加快推进渔船和渔业机械设备标准化改造，提升捕捞技术装备水平，降低捕捞生产成本，推进海洋捕捞业转型升级；建设现代化远洋渔业船队，培植远洋渔业，扩大船队规模，大力推进远洋渔业开发合作，提高捕捞业合作化、组织化程度，推进产业化经营；加大远洋捕捞产业人员技术培训，为远洋捕捞的快速发展提供重要的人力支撑；新建、改造远洋渔船，开发远洋新渔场。

### （三）水产品精深加工及配套服务业

大力发展海产品精深加工，推广应用超高压、超低温等海产品加工新技术，提高加工产品附加值，延补产业链，集聚发展海产品加工业，建立水产品精深加工示范基地，扶持一批具有较高市场占有率的龙头企业和优质特色产品；举办广西北部湾国际水产交易会，积极发展现货竞价交易和现货远期交易，提高水产品保鲜保活技术水平，加快建成多渠道、便捷化水产品物流配送体系；推进标准渔港建设工程，打造水产品精深加工和配送中心；增建海洋渔业服务体系，扶持一批特色渔业养殖企业，以渔为媒，多业发展，因势利导，建设休闲观赏渔业基地，促进北部湾经济区海洋渔业不断升温；加强渔业环境检测、产品质量检测和水生动物疫病防控体系建设，建立海产品安全检测监管中心。

## 二、海洋交通运输业

### （一）港口业

扩大辐射空间，提升港口服务能力。辐射突破行政区划界限，整合优化港口资源。以北海港、钦州港、防城港等主要港口为依托，鼓励港航物流企业到内陆城市建设"陆地港"，拓展港口纵深腹地，按照国际化标准进一步提升港口技术装备和管理服务水平，加强主要港口专业化运输系统建设，提高港口机械化和自动化水平，打造布局合理、分工明确、功能完善、运作高效的现代化国际枢纽大港。

完善集疏运设施及服务体系，积极发展多式联运。推进多式联运系统建设，重点解决沿海港口与铁路、公路、航空、内河水运等枢纽衔接问题，加快进港铁路建设，实现港口与铁路高效对接，增强江海、海陆和海空联运能力，加快合浦至湛江铁路、南钦铁路扩能、云约铁路、潭油铁路专线、企沙南港区铁路专线、企沙东岛铁路专线等海铁联运，加快滨海公路和广西北部湾国际机场建设，形成结构优化、有机衔接、运转高效的综合运输体系，实现旅客"零距离换乘"和货物运输无缝对接。

### （二）航运业

培育发展航运服务集群，扩大航运市场。引导港航企业积极参与多式联运运营，加强港口、航运企业与铁路公司信息互联互通，实现班列集装箱在途跟踪和查询，装卸车作业等电子化，从而实现港口铁路箱操作的计划性，扶持发展航运交易、航运金融、航运保险、航运经纪和航运信息等现代航运服务业；拓展和加密直达国内及东盟国家主要港口海运航线和中转航线，加强海上"穿梭巴士"运行，扩大广西北部湾国内及国际市场。

依托北部湾港，完善港口运输服务体系。依托钦州港、防城港，建设广西北部湾集装箱干线港，依托北海港、铁山港（龙潭）组团建设广西北部湾现代物流基地，依托北海港、钦州港、防城港，建立广西北部湾航运交易所，构建集港区商品及卫生检验、通关、船舶修理、船员及其他港口运输从业人员生活后勤服务、交通运输咨询、市场信息服务等一整套服务网络，完善集货物装卸、运输、仓储、水陆联运、中转、代办代运、船货代理、进出口理货于一体的港口服务体系，为广西北部湾海洋运输业发展和推进广西北部湾区域性国际航运中心建设提供全方位服务保障。

## 三、海洋旅游业

### （一）滨海旅游业

整合资源，提升旅游品牌。挖掘整合广西北部湾丰富的港、渔、滩、岛、景、边和海洋文化等资源，大力推介广西北部湾滨海精品旅游线路，加强沼泽、红树林等重要滨海湿地保护，推进山口红树林和北仑河口红树林湿地及儒艮、中华白海豚、鹭鸟栖息地等生态观光；整合银滩、月亮湾、金滩、怪石滩等沙滩度假和涠洲岛、斜阳岛、龙门诸岛和麻蓝岛等海岛风光旅游；丰富东兴边关风貌和京族风情体验，包装培育特色旅游产品；提升南洋文化（"海上丝绸之路"）、龙母文化等中国—东盟骆越文化同源旅游品牌市场影响力，大力发展集生态观光、滨海度假、文化体验等于一体的滨海旅游产品，打造广西北部湾特色旅游品牌。

### （二）邮轮游艇业

加快推进南海邮轮母港项目，发展高端旅游服务。实施"海上北部湾"战略，大力开拓国内、国际邮轮航线及无目的航线，推动邮轮产业发展及相关设施建设，科学布局和有序开发邮轮游艇俱乐部、海洋主题公园等高端产品，开发游艇观光、水上运动、帆船赛事、皮艇等一批富有特色、新奇刺激、参观性强的现代海上活动。

积极发展海洋旅游高端服务业，培育引进国际知名酒店连锁管理集团、旅游代理商和旅游资讯集成商，发挥广西北部湾地缘优势，加强海南三亚—广东湛江—广西北海、钦州、防城港—越南下龙湾旅游路线建设，推动跨国旅游区连片发展，共同构建广西北部湾蓝色旅游带，打造区域性国际旅游目的地。

## 第三节　科技引领，培育壮大新兴海洋产业

### 一、海洋船舶工业

加大技术投入，增强企业竞争力。目前广西北部湾海洋船舶工业所占比重虽然不高，但发展势头强劲，广西北部湾发展海洋船舶工业具有十分优越的港湾自然条件和海洋开发需求等市场条件。"要想富，先修路"，同样的道理，"要下海，先造船"，船舶工业是海洋运输业、海洋渔业、滨海旅游业等的支撑产业，又是冶金、化工、机械、电子、仪表、装饰材料业等的拉动产业，产业链条长，综合效益高。坚持自主开发、技术引进和科技创新相结合，着力提高关键设备研发能力，提升船舶配套设备自主品牌的开发能力，大力发展修造船和船舶配套产业，积极发展远洋渔船、特种船、滚装船、工程船、工作船、游艇等高技术、高附加值专业船舶生产，不断延伸拓展船舶工业产业链，在现有船舶工业的基础上，整合北钦防三市修造船资源，推进船舶企业联合、重组，扶持发展一批"专、精、特、新"的中小企业，培育一批具有较强国际竞争力的企业，形成以广西北部湾沿海重要港湾为依托的专业化船舶配套生产基地和广西北部湾船舶修造集聚区。

## 二、海洋生物医药业

提升海洋领域科研机构研发能力，紧跟国际海洋生物医药产业步伐。充分利用丰富的海洋生物资源优势，整合利用现有科技资源和研究力量，以关键技术研发为动力，加强海洋生物资源开发，大力发展高技术、高附加值的海洋生物医药新产品，形成具有竞争力的海洋生物医药产业集群；研制高附加值、具有特效的海洋功能食品和生物制品；加强医用海洋动植物的养殖和栽培，建设海洋微生物物种资源、基因资源、药物资源库和海洋生物样品库。依托中国科学院南海海洋研究所等科研机构，重点推进北海海洋产业科技园区建设，建立广西北部湾海洋生物研发高地、海洋生物医药生产基地和南海海洋生物资源库。

## 三、海洋科技服务业

升级科技创新平台，建设"北部湾蓝色经济硅谷"。升级"科技兴海"战略，加快海洋科技创新平台建设，提高海洋科技创新和成果转化，为培育壮大新兴海洋产业提供技术引领和支撑。扩建后备人才基地，支持广西北部湾与国家重点高校、科研院所开展海洋科学技术深层次合作，加强海洋生物、海洋装备、海洋信息工程、海底测绘、海洋防灾减灾、海洋生态环境保护与修复等技术开发与应用，加快海洋船舶工业、海洋生物、海水综合利用、海洋可再生能源等领域技术成果转化。以北海海洋产业科技园区为研发中心，以产业为研发载体，将产研紧密结合，直接为广西北部湾海洋产业提供技术和产业选择等方面的服务，积极争取对外研发外包服务，建设各类海洋高科技研发基地和海洋生态保护中心，为海洋经济实现跨越式发展提供有力支撑。

## 第四节　循序渐进，合理开发未来海洋产业

### 一、海洋工程建筑业

发展与海港扩建、滨海电站、海洋资源勘探开采、海底工程、滨海旅游及海洋保护等相关的海洋工程建筑业。加快沿海港口改扩建工程，有序建设大型集装箱、原油、液化天然气（LNG）、铁矿、煤炭等专业化码头和万吨级泊位，加快疏通和升级进港航道；推进海洋风能、潮汐能发电站站址建设；继续完善油气管道、海洋油气资源勘探开发、油气田陆地终端及处理、加工储备等设施建造，推进海洋石油平台建设；完善滨海旅游设施建设；加强沿海防潮堤和防护林工程建设和修复。

### 二、海洋油气业

加快油气资源勘探开采，促成上下游产业一体化。加强人才培养、技术储备和装备研发，加大对广西北部湾盆地的勘探力度，提高广西北部湾海域现有油气田采收率，探索深远海油气开发；集约循环发展以北海和钦州炼油基地为依托的石油化工产业，延补海洋油气产业链，上游以油气开采为核心，下游以石化、化肥和液化天然气为主要产品，为能源安全提供重要保障。

### 三、海洋化工业

深化原油加工、壮大炼油产业。集约开发广西北部湾丰富的油气资源，改进生产工艺，提升炼化原油加工能力，深度开发石油化工后续产

品，延伸产业链，重点发展基本化工原料与油品、聚烯烃与橡胶产品。以钦州大型炼化一体化综合产业项目为龙头，重点建设钦州千万吨级炼化一体化石油综合产业基地、北海石化综合产业园区，加快推进钦州中石油二期、三墩石化岛、北海炼油异地改造石油化工等项目，推进千亿元规模的石化产业集群，打造海洋石油开采—存储—炼油—乙烯、丙烯生产—橡塑加工循环经济产业链，建成西南地区最大的石油化工基地。

## 四、海水综合利用业

### （一）海水直接利用

攻克海水冷却技术难题，拓展海水直接利用应用领域。开展适应沿海核电和石化行业的大型海水循环冷却技术研究，拓展海水循环冷却技术应用领域，鼓励海水直接利用和循环利用，在产业项目中推广海水冷却水和低温多效蒸馏技术，推进海水循环冷却技术产业化。

### （二）海水淡化

引进先进海水淡化技术与设备，提高海水淡化利用。引进和改良反渗透和低温多效海水淡化技术，积极探索电厂余热、核能、太阳能、海洋能等能源与海水淡化技术的耦合以及多种能源互补技术，支持沿海有条件的发电企业实行电水联产，鼓励支持沿海缺水城镇、海岛组织实施海水淡化示范工程，建立海水淡化实验室，进一步提高海水淡化利用率。

### （三）海水化学资源利用

加强与高等院校、科研机构的合作，推广海水化学资源利用技术。依托高等海洋院校、科研机构，加快设备研发基地建设，提高制盐产量，加快研发海水化学资源和卤水资源综合开发利用技术，开展钾、溴、镁等海洋常量元素提取及高值化深加工过程中的高效节能关键技术研发，开展海洋微量痕量元素如铷、铯、锂、锶、硼、铀等的应用基础研究和应用技术研发，开展多效蒸发、结晶纯化、盐湖卤水资源开发、有色冶金与化工高含盐废水资源化利用等嫁接技术的研发。

按照循环经济的理念，研究开发海水综合利用产业化技术，有效带动海水淡化、海水直接利用与盐化工产业的改造升级，推动建立海水工业冷却—海水淡化—浓海水制盐—提取化学原料—废料生产建材的海水综合利用循环产业链。

## 五、海洋可再生能源业

评价和科学规划、合理开发海洋可再生能源。加快海洋风能、潮汐能和海洋生物质能开发利用，选择开发利用潜力大及条件适宜的地区或海岛，推进海洋可再生能源利用，重点在北海涠洲岛、防城港白龙尾半岛附近开展海洋风能发电项目，在北海铁山港、钦州龙门港、防城珍珠港开展潮汐能发电项目，探索海洋微藻制备生物柴油和氢气的海洋生物质能源开发，建设集风能、太阳能、潮汐能等发电为一体的独立电力系统应用试点。

## 六、海洋文化创意业

深挖文化内涵，营建广西北部湾海洋文化圈。以南洋文化、龙母文化等特色海洋文化资源为依托，充分发掘海洋文化内涵，推进海洋文化与信息技术结合，培育海洋文化博览、影视制作等文化创意产业，实施"北部湾海洋文化提升"战略，建设广西北部湾海洋生物展览馆，拍摄广西北部湾海洋生物纪录片，制作广西北部湾海洋生物知识手册，加强海洋环境保护公益宣传教育，丰富城市海洋元素，增强广西北部湾海洋文化氛围，加快海洋文化设施建设，加大广西北部湾海洋生物保护力度。

# 第十章

## 北部湾经济区海洋产业空间布局优化

### 第一节　海洋产业空间布局原则

#### 一、统筹安排原则

统筹兼顾，协同发展。统筹资源要素配置、统筹规划产业发展与布局，统筹环境整治和灾害防治，完善基础设施对接建设，提升海洋科技支撑水平，健全海洋综合管理体系，促进资源互补、产业互动、海陆经济一体化，实现产业总体布局优化调整，加快推动海洋产业相互促进、协同发展。

#### 二、联动发展原则

海陆齐发，实现联动发展。以陆域为依托，以海洋为发展空间，以海洋资源为开发对象，以海洋产业为主体，陆海结合，充分利用海洋与陆地各自的优势，把海洋资源优势与陆域产业、科技、人才等优势有机结合起来，构建海陆统筹的港口集疏运、能源供给、水资源保障、信息通信、防灾减灾等网络，实现海陆产业联动发展、基础设施联动建设、资源要素联动配置、生态环境联动保护。

## 三、集群发展原则

整合产业资源，引导产业适度集聚。增强产业间的联系，促进产业互动发展，调整优化产业布局，依托资源条件、产业基础和港口优势，以市场为导向，打造特色突出、竞争力强的产业集群，提高集约化规模和水平，壮大产业集聚效应，提高产业竞争力。

## 四、生态先行原则

注重生态，科学开发。把尊重自然、顺应自然、保护自然作为本质要求，注重保护和开发并举，坚持海洋产业发展与海洋生态环境保护相统一，通过科学规划，调整海洋产业布局，坚决抑制高耗能、高排放行业过快增长，加快淘汰落后产能，推进绿色发展、循环发展、低碳发展，形成节约资源和保护环境的空间格局。

# 第二节　布 局 规 划

## 一、总体布局

根据上述布局原则、现有产业基础和发展潜力、资源环境承载能力，坚持海陆统筹、优势集聚、功能明晰、联动发展，有序推进海岸、海岛、近海、远海开发，优化海洋开发布局，着力构建广西北部湾"一带引领，三核联动，多园支撑"的海洋产业新格局。

**（一）"一带引领"**

以沿海城市群和港口群为主要依托，加强海岸带及邻近陆域、海域的重点开发、优化开发，突出产业转型升级和集聚发展，突出技术创新驱动与对外合作，突出战略性新兴产业培育，加快构建特色鲜明、核心竞争力强的现代海洋产业体系，形成以若干临海产业基地和海洋产业集聚区为主体，布局合理、具有区域特色和竞争力的广西北部湾蓝色产业带，引领带动北部湾经济区海洋产业跨越式发展。

**（二）"三核联动"**

强化以北钦防三市为重点的海洋产业主体区域，充分发挥三市现有产业、科研力量、基础设施等方面的优势，加强三市之间海洋基础研究、科技研发、成果转化、人才培养和海洋保护，深化粤桂琼及中国—东盟海洋开发合作，加快发展新兴海洋产业和现代海洋服务业，率先构筑现代海洋产业体系，推动海洋开发由低端向高端发展、由传统产业向现代产业拓展，加大海洋保护力度，将其建设成为我国西南沿海地区现代化海洋产业基地、海洋科技研发及成果转化基地、海洋生态文明示范区、面向东盟海洋合作示范点，形成提升北部湾经济区海洋经济核心竞争力的北钦防三大核心联动发展区，加快北部湾经济区同城化步伐，推进三市城市、产业、港口之间的有机衔接和联动发展。

**（三）多园支撑**

在推进现有产业园区开发建设基础上，以培育经济增长点和竞争制高点为目标，重点建设北海铁山港工业区、北海工业园、北海出口加工区、高新技术产业园区、北海海洋产业科技园区、合浦工业园，钦州保税区、钦州石化产业园、钦州港综合物流园、钦州港经济开发区，防城港企沙工业区、大西南临港工业园、粮油加工产业园、龙潭产业园等14个产业园区（见表10-1），整合区域空间、发挥特色优势、集聚要素资源，转型升级传统优势产业，培育壮大海洋战略性新兴产业，增强园区资源环境承载能力，保障合理建设用地用海需求，努力发展成为推动北部湾经济区海洋产业转型发展的重大平台和经济增长的主要支撑载体。

表 10 - 1　　　　　　北部湾经济区主要海洋产业园区情况

| 城市 | 主要园区 | 主要海洋产业发展方向 |
|---|---|---|
| 北海 | 北海铁山港工业区 | 海洋化工、海洋船舶工业、海洋交通运输业 |
| | 北海工业园 | 海洋生物产业 |
| | 北海出口加工区 | 海洋渔业、海洋交通运输业 |
| | 高新技术产业园区 | 海洋渔业、海洋生物医药业、海洋船舶工业 |
| | 北海海洋产业科技园区 | 海洋渔业、海洋生物医药业、海洋科技服务业 |
| | 合浦工业园 | 海洋渔业、海洋生物医药业 |
| 钦州 | 钦州保税区 | 海洋船舶工业、海洋交通运输业 |
| | 钦州石化产业园 | 海洋油气、海洋化工 |
| | 钦州港综合物流园 | 海洋交通运输业 |
| | 钦州港经济开发区 | 海洋化工、海洋矿业、海洋船舶工业 |
| 防城港 | 企沙工业区 | 海洋船舶工业、海洋油气、海洋矿业 |
| | 大西南临港工业园 | 海洋渔业、海洋化工、海洋矿业 |
| | 粮油加工产业园 | 海洋渔业 |
| | 江平工业园 | 海洋渔业 |
| 玉林 | 龙潭产业园 | 海洋船舶工业、海洋化工业 |

## 二、"海味新老六篇"产业布局

### （一）海洋渔业

北部湾经济区海洋渔业主要分布在北钦防三市，其中浅海与离岸养殖主要布局在钦州和防城港，深海养殖和远洋捕捞主要布局在广西北部湾海域，水产品精深加工主要布局在北钦防重点产业园区，为海洋渔业提供信息、技术、销售和交易等服务职能主要布局在北海市，打造"一心两带多基地"的海洋渔业格局：

——"一心"，即北部湾经济区海洋渔业服务中心，包括海洋渔业信息、技术、检疫、销售、交易等服务职能中心；

——"两带"，即近海养殖带和远洋捕捞带；

——"多点"，即为构建现代海洋渔业体系的海洋渔业基地建设，包括近海养殖基地、远洋养殖基地、远洋捕捞基地、海产良种育苗基地、水产品精深加工示范基地、特色海产品生产加工基地和休闲观赏鱼业基地。

### （二）海洋交通运输业

北部湾经济区海洋运输业依托北部湾港，海洋交通运输业主要布局在北海铁山港工业区、北海出口加工区、钦州保税区、钦州港综合物流园及北钦防沿海港口，其中货运以钦州和防城港为主，客运以北海和防城港为主，形成三极联动、"三港合一"的广西北部湾现代化大型组合港的基本格局。

### （三）海洋旅游业

海洋旅游业分为滨海旅游和邮轮游艇业，其中滨海旅游以沙滩度假、海岛风光、生态观光，钦州滨海风光，防城边关风貌和民族特色等构成滨海旅游区；海上旅游是以海上运动为主的邮轮游艇业。形成"一区两组团"的海洋旅游格局：

——"一区"，即形成以广西北部湾海洋旅游业为带动，串联粤桂琼，面向东盟的广西北部湾跨国旅游区；

——"两组团"，即形成以滨海风光和海上运动为主的北海—钦州旅游组团，以滨海旅游与边关风情为主的防城—东兴旅游组团。

### （四）海洋船舶工业

广西北部湾海洋船舶工业主要以发展船舶配套业和修造船业为主，主要布局在北海铁山港工业区、钦州保税区、钦州港经济开发区、防城港企沙工业区，以钦州和防城为主，北海和玉林龙潭为辅，基本形成钦州和防城港两大制造基地。

### （五）海洋生物医药业

海洋生物医药业主要包括研发和生产，其中研发基地以北海为主，生产基地主要布局在北钦防；基本形成"一心三基地"的海洋生物医药业格局：

——"一心"，即形成以北海为主的广西北部湾海洋生物医药研发中心；

——"三基地"，即北钦防三个生产核心基地。

### （六）海洋科技服务业

广西北部湾海洋科技服务业主要为海洋船舶技术、海洋生物医药、海洋化工、海水综合利用和海洋可再生能源等产业提供服务及技术外包等，是集技术创新、孵化、转化、交易平台于一体的现代化海洋科技服务集聚高地，基本形成"一区两心多极"的海洋科技服务业产业格局。

——"一区"，即广西北部湾现代海洋科技服务业集聚区；

——"两心"，即北海和南宁产学研中心；

——"多极"，即分布于钦防玉崇的点状海洋科技服务业发展极。

# 第十一章

# 北部湾经济区海洋产业区域合作

## 第一节　中国—东盟合作开发

### 一、推进海洋产业联合开发

中国与东盟各国由于地缘、人缘、亲缘关系，长期存在十分紧密的社会经济联系，推进区域产业协作，尤其是海洋产业的联合开发，对构建国际经济新秩序，促进区域经济增长，具有十分重要的意义。

**（一）优化产业选择，形成产业发展与区域协作互促的产业体系**

重点选择产值高、产业基础较好的海洋化工业、滨海旅游业、海水综合利用业、海洋交通运输业等产业进行联合开发；优先发展先导型和成长型制造业，在继续壮大海洋渔业的同时，加强生产技术先进、加工程度较高、产业关联度强且对其他行业具有明显带动作用的高新技术产业、现代制造业的区域协作，如海洋生物医药业、海洋船舶工业、海洋可再生能源业等产业的联合开发；大力拓宽海洋现代服务业的活动空间，促进第一、第二产业的进一步发展，在此基础上加强中国与东盟在第一、第二、第三产业之间的协作。

**（二）开发中心城市，发挥沿海中心城市的产业辐射带动作用**

将中国—东盟的沿海中心城市引导成为具有较强综合经济实力、社会环境状况良好的海洋产业、海洋经济中心城市，使之成为区域产业发展和国际经济合作的重要中心与增长极。

**（三）改善基础设施，强化基础设施对区域协作的支撑作用**

发展区域性交通、通信、能源、港口码头、远洋运输等基础设施，提高基础设施服务水平。重点建设海洋交通运输业配套基础设施，加快中国—东盟沿海地区及其相邻区域进港铁路、公路、航道、港口、码头、仓储设施建设，进一步对港口邮电通信、能源设施进行配套完善，从而提高对区域海洋产业联合开发的支撑与服务水平。

**（四）完善区域市场，提高产业联合开发形式的多样性**

建设一批商品、资金、劳务、技术等的区域性市场，大力发展保税区、自贸区等，采取更加灵活多样的联合开发形式，与发达国家和地区开放模式接轨，为中国与东盟的海洋产业交流与合作提供更广阔的平台。

**（五）加强政策扶持，促进产业协作优化发展**

结合各产业工业水平化、经济发展现状及资源特征，制定和实施一系列有利于产业分工协作和产业结构优化升级的政策，如对区域性产业组织、产业技术、产业布局等方面进行指导与协调。

通过上述途径，逐步形成海洋产业突出的区域经济发展格局，建立较完善的现代化海洋开发管理服务体系，培育较为合理的海洋产业结构，从而更好地支持中国与东盟海洋产业联合开发。

## 二、促进产业互补

中国与东盟各国关系紧密，交流沟通频繁，产业合作日益密切，为促进中国—东盟产业互补，尤其是海洋产业与其他产业的互促产生了巨大推动作用，是海洋产业得以发展壮大的关键所在。

（一）交通运输业与海洋产业

以铁路、公路为主的陆路运输及空路运输是海洋产业从北部湾经济区向东盟拓展的大动脉，交通运输业为北部湾经济区的海洋旅游业、海洋交通运输业的发展起到促进作用。随着跨境铁路、公路网络的完善以及广西"一带一路"重要空中节点、面向东盟的门户枢纽机场——南宁机场的建成，中国与东盟间客货运输效率大大增加。

旅客运输效率增加。大批的中外游客为北部湾经济区海洋旅游业提供充足的客源，促进旅游业发展；增强就业人员流动，为海洋产业的发展提供充足的劳动力及领域专家。

货物运输效率增加。陆路、空路运输是海上货物向陆地运输的重要途径，陆路、空路运输效率的增加促进海洋产业产品及生产要素的流通，新型航空物流、陆上物流为海洋产业的快速发展提供了动力。

（二）会展业与海洋产业

以中国—东盟博览会为代表的会展业为中国与东盟各国海洋产业交流合作提供了平台，展会能够促进金融、海关、物流、智库、统计、环保、文化、教育等多领域与海洋产业间的交流，创造合作机会，交流合作经验，推动优势产能与海洋装备制造业的合作、技术转移与金融服务等领域合作，是北部湾经济区海洋产业与其他产业合作的重要平台。

（三）科教产业与海洋产业

中国—东盟科教合作加强促进海洋产业科技合作的展开，在北部湾经济区内形成海洋科技高地和人才聚集区，对外形成门类齐全的辐射整个东盟的海洋战略制高点，这对于更好地利用中国与东盟国家的科教资源，加强海洋领域科技成果转化和技术转移，推动海洋产业产学研一体化，具有十分重要的意义。

（四）文化产业与海洋产业

中国和东盟具有相近的历史文化，这种紧密的联系使得中国与东盟各国间文化交流频繁，作为文化产业的一部分，广西北部湾海洋文化也在此过程中得以传播，广西北部湾海洋文化通过各种文化交流平台、论坛、协会进行宣传，把广西北部湾美丽的海洋文化传播至东盟各国甚至世界各地。

# 第二节　区域产业联合发展（粤桂琼、港澳台）

区域产业联合发展即北部湾经济区与港澳台区域、粤桂琼区域等重要经济区的海洋产业联合发展及海洋产业与其他产业的合作。

## 一、加强资源联合开发

港澳台、粤桂琼区域具有不同的产业基础及产业优势，其海洋产业合作的关键在于海洋资源联合开发、合理分工、发挥优势、减少竞争、加强协作，在重大项目上展开合作，重点合作发展海洋渔业、海洋交通运输业以及滨海旅游业，共筑海洋产业链，以联合构筑粤桂琼区域海洋产业联合体系，发掘北部湾经济区与港澳台区域新的合作模式，促进区域海洋产业结构优化升级以及海洋经济的跨越式发展。

### （一）重大项目合作

在重大项目上展开合作，促进海洋产业的族群化发展，产生共享效应，形成区域海洋产业的新支撑，促进区域海洋产业结构优化，共同打造海洋经济新骨架。如进行海洋交通运输重大项目的联合开发，联合三区，整合港口资源，提升大中型港口的质量，逐步形成职能分散的区域港口体系，减少港口间的恶性竞争，提高港口的使用效率；简化港口间转运审批程序，实施区域内港口高效联运机制，提高港口间转运效率。

### （二）海洋资源联合开发

粤桂琼与港澳台区域地理位置相近，具有较为相似的海洋资源，为区域海洋资源的联合开发提供了物质基础，通过技术合作、设备合作及资金合作，能极大地提高海洋资源开发能力，形成实力较强的海洋资源联合开发同盟。如进行海洋渔业的联合开发，可加强海洋渔业区域间协作，在海洋捕捞、海水养殖等方面进行技术、设备与工作区间上的协调与配合，共同展开合作；强化区域海洋信息平台建设，实现海上信息交流、救援与补给信号共享以及海水养殖技术交流等；加强海洋环境保护、污染治理等方面合作。滨海旅游资源的联合开发要突出错位竞争或共同开发的特点，突出利用各自的地缘优势，深入挖掘自身旅游价值，避免同质化发展，逐步发展成为各有特点、相互补充的旅游目的地，摒弃原有的相争客源、互争市场的模式，使滨海旅游业走上健康良性发展轨道。

**（三）共筑海洋产业链**

共筑广西北部湾海洋产业链，各区域充分发挥自身产业优势，参与到广西北部湾海洋产业链建设当中，完善、拓展并延伸该链，组建多条规模较大、联系紧密、效益较高的跨区域海洋产业链，使区域合作发展的效益进一步加强。广西北部湾海洋产业链包括海产品加工链、海洋建筑工程链、海水综合开发与利用链等。

# 二、推进产业互补

北部湾经济区的建立为区域面向国际的商品流通提供了巨大商机和创业舞台，区域间产业合作为北部湾经济区带来资金、技术和国际化的管理经验，有利于推动华南、西南乃至东南亚市场的拓展，是实现互利共赢的绝佳途径。

**（一）金融业与海洋产业**

金融业的发展是海洋产业投融资的重要推动力量。通过与港澳台、粤桂琼区域在经济新常态下融资多元化发展模式的研究，各类基金和交易平台的创设，筹建投资开发银行和投融资公司，采用创新的基础设施投融资模式，扩大融资渠道，助力北部湾经济区海洋产业上市融资、发展壮大。

**（二）物流业与海洋产业**

港口作为西南进出口货物的重要通道，是区域合作的首站功能平台，是企业开拓国内和东盟市场的桥头堡。加强港口设施建设，基于海洋交通运输业，完善与港口相联系的交通网络建设，构建连接粤桂琼、港澳台的物流网络，搭建便捷的物流平台，促进海洋产业产品流通，是北部湾经济区海洋产业走出广西、沟通世界的重要渠道。

**（三）旅游业与海洋产业**

粤桂琼、港澳台区域旅游资源丰富，种类多样，旅游产业发展水平较高。广西北部湾具有独特的海洋旅游资源，是区域旅游资源中独特的一面。在旅游业快速发展的同时，借鉴其他地区发展经验，研究新兴发展模式，努力融入区域旅游体系，联合粤桂琼、港澳台，打造中国西南、南部旅游圈中特色的海洋旅游体验区。

# 第十二章

## 北部湾经济区海洋产业规划实施保障措施

### 第一节　加强组织保障

#### 一、建立联席会议制度

建立北部湾经济区海洋产业发展联席会议制度。在自治区、市和县三个层面，分别由海洋、国土、发展改革部门联合召集工业和信息化、财政、地税、国税、组织、人力资源和社会保障等相关部门参加，定期或不定期召开联席会议，组织制定北部湾经济区海洋产业发展的总体规划和政策措施，听取北部湾经济区海洋产业发展工作汇报，协调解决北部湾经济区海洋产业发展中的重大问题，形成目标明确、分工协作、整体联动的工作格局。

#### 二、设立行业协会

发挥行业协会作用。成立海洋产业行业协会，鼓励协会发挥桥梁、纽带和协调作用，做好政府与企业之间的沟通交流，制定并执行行规、行约和各类标准，协调本行业企业之间的经营行为，促进行业的健康有序向上发展；支持行业协会建设公共服务平台，参与海洋产业发展的政策研究、人才培养与交流、技术与产品推广等产业服务工作。

## 三、完善海洋统计工作

完善海洋统计工作，为科学决策提供依据。海洋局、统计局要抓紧完善海洋经济发展统计指标体系，切实加强统计工作，开展海洋经济发展运行监测与评估，为各级政府科学决策提供依据。通过数据的统计分析，指导相关部门制订专项规划，加快推进项目建设，有序推进海洋经济发展试点工作。

## 第二节　拓宽海洋产业发展投融资渠道

### 一、创新资本合作模式

推进投融资机制创新，拓宽发展投融资渠道。鼓励、支持和引导社会资本、民营资本和境外资本，投资海洋产业园区基础设施等重大项目，探索推进公共基础设施市场化运作，探索 BT、BOT、PPP 等融资方式，推进海洋产业园区开发主体多元化，加快双边或多边海洋产业园区开放合作，促进海洋产业园区管理服务市场化，加快推动海洋产业扩量提质增效。探索与"21 世纪海上丝绸之路"的对接建设，争取亚洲基础设施投资银行、丝路基金等投融资机构的支持，创新投融资机制，开展开发性金融，促进广西海洋经济发展试点工作。

## 二、设立海洋产业发展专项资金

充分发挥专项资金的引导促进作用。充分发挥北部湾经济区海洋产业发展专项资金作为财政资金的市场引导作用，集聚更多社会资金投向北部湾经济区海洋产业发展。利用专项资金，提高我区海洋科研和海洋管理水平。利用海洋产业发展专项资金，建设公共服务平台，主要围绕海洋产业战略需要，建立先进的产业技术研发、系统集成、工程化的装备条件和试验设施，建设功能完善的创新服务平台，支持有区域特色优势的工程研究中心等设施建设，支持服务于海洋观测试验的小型海上试验场，提高海洋科研能力。利用专项资金，扶持海洋高新产业发展，推进北部湾经济区海洋产业科技创新水平，促进海洋产业转型升级，扩展产业链条，绿色发展。

## 三、寻求海外金融支持

加快建设南宁区域性国际金融中心。深化与东盟为主的国际金融合作，打造区域性金融中心。充分挖掘广西北部湾自身要素优势，以自身优势寻求国际合作，吸引海外资金注入。大力发展银行、保险、证券、期货、信托等金融业，探索发展互联网金融，加快推进跨境金融合作、健全完善金融组织体系。加强征信合作，完善中国与东盟国家货币互换机制，推进建立中国—东盟征信信息交流共享机制、中国与东盟国家支付清算一体化机制。推动跨境人民币业务创新，加快中国—东盟跨境人民币结算步伐，提高贸易投资便利化程度。鼓励中国与东盟国家互设金融机构，鼓励东盟金融机构将境外人民币以贷款方式投资广西，支持符合条件的机构到东盟国家发行人民币债券，推动面向东盟国家的个人直接投资试点。

# 第三节　提高海洋开发综合管理能力

## 一、统筹海洋资源管理

落实科学发展观，统筹海洋资源管理，提高海洋开发综合管理能力。为适应涉海产业迅猛发展、海域开发逐步加快、资源需求不断增长的要求，应坚持科学开发、有序利用、保护环境、持续发展的指导思想，进一步完善海域使用和海洋产业发展规划，明确界定海域功能属性，科学划分海域不同用途，合理调整使用布局，优化资源配置，增强海域使用的前瞻性、计划性和科学性，集约开发利用海洋资源。加快建立科学的资源开发利用与保护机制。加强海域、海岛、岸线和海洋地质等基础调查与测绘工作。科学修编海洋功能区划，实行海岛、岸线等资源分类指导和管理，依法有序开展海洋工程项目，合理开发利用海洋资源。

## 二、严守海洋执法监察管理

强化海洋监察执法，打造依法兴海新局面。坚持开发与保护并重、规范与提高并举，加强海域使用监督管理，强化海洋资源保护。首先要创新工作方式，强化管理手段，加强海域环境监督检测，特别是重点施工海域的跟踪检测，不断改善海域环境质量。针对沿海岸带违法乱建现象，深入开展治理整顿工作，依法打击违规违法用海行为，维护海域使用秩序。坚持依法监督与群众性管护相结合，组建海洋专业化的监察执法队伍，完善执法装备配套，全方位推进海域使用监督管理。

## 三、提升海洋科技与调查管理

建立健全海洋科技管理运行机制，提升海洋科技管理水平。首先，应完善海洋科技工作部门之间协调机制，组建统一海洋科技领导机构，强化各涉海部门、科技机构和其他部门之间协调机制，收集海洋科技信息，检查海洋科技项目实施。其次，建立海洋科技专家咨询委员会，负责对北部湾经济区海洋科技创新工作的技术指导，协助制定海洋科技创新计划，评审海洋科技创新技术成果。最后，应加强宏观管理，把海洋科技创新纳入地区社会发展纲要，成立海洋科技创新协调组，组织各科研单位、高等院校与海洋开发相关专业，发挥专业联合优势，开展海洋科技创新联合攻关。

## 四、加强海洋环境监管

加强海洋环境保护，建立健全海洋监管处置机制，完善监测体系，推进生态文明建设。加强环境保护推进清洁生产，加大工业污染防治力度，加快开发区和工业集中区的清洁生产审核和环保基础设施建设，制定并实行重点行业资源消耗和排污强度标准，严格实施排污许可证和污染物总量控制制度。淘汰污染严重的落后生产能力，坚决关停排污不达标的企业。提高大中型港口、停港船舶和海上石油平台、海洋工程的废水、废油、垃圾回收与处置设施的配备率，确保达标排放。加强对近岸海域环境的监测与评价，建立健全海洋环境突发事件应急管理机制。建立重大环境污染事件通报制度，健全环境污染行为联合惩处机制，完善跨界污染防治的协调和处理机制。建立完善的减排指标体系和监测体系，落实污染减排考核和责任追究制度，实行环境保护一票否决和问责制。研究推进排污权交易和健全生态环境补偿机制。大力发展循环经济，开展资源综合利用，提高工业固体废物综合利用率。

# 第四节　培养高素质的海洋人才队伍

## 一、健全高素质海洋人才管理体制

优化海洋人才管理体制，建立健全吸引、留住、用好人才的机制。培育建立统一开放的海洋人才资源市场。创新人才引进机制，实施高端人才引进工程、高端智力柔性引进计划、科技创新人才集聚地构筑计划，启动紧缺型高技能人才引进计划。实行引进资金、项目与引进技术、人才相结合，充分利用外部人才资源。对引进的各类亟须人才，给予必要政策支持。尽可能为引进的人才提供舒适的生活空间，配备相应的设施，创造优良的生活工作环境，真正将"留住人才"落到实处。鼓励优秀海外学子自主创业。鼓励和支持设立不同层次、形式多样的海洋人才开发资金渠道。建立健全海洋科技人才培养、引进、使用、评价、激励机制，对有突出贡献的人才进行表彰奖励。优化海洋科技人才发展环境，增强对高端海洋科技人才的吸引力。

## 二、构建高素质海洋人才体系

构建高素质海洋人才体系，完善海洋人才队伍。加强高层次人才开发，大力培养高层次人才。重点培养德才兼备、具有战略眼光的党政领导干部，擅长经营、具有市场开拓能力的优秀企业家，勇于创新的高级科技人才。培育创新型人才，加大科技创新人才的培训、选拔和培养力度，实施人才联合培养工程，依托高等院校和科研机构，建立适应发展需要的高技术人才和高层次实用型人才培养基地，构建高素质创新领军人才培养体系。

## 三、推进高素质海洋人才培养基地建设

以高校为基础支撑，科研项目为载体，推进高素质海洋人才培养基地建设。加强广西大学、广西民族大学、钦州学院等高校的海洋、渔业等学科建设，积极推进北部湾大学筹建工作，建设中国—东盟合作学院，加强高层次海洋科技人才培养。以海洋关键技术和前沿领域为重点，引进、培养一批具有国际领先水平的创新型海洋学科带头人，鼓励企业引进和培养高端海洋科技人才、设立海洋科技研究机构和人才培养基地。依托高等院校、科研院所和大中型企业，以重大科研项目为载体，促进涉海学科建设，加快推进高素质海洋人才培养基地建设。

# 第三篇

北部湾经济区开放合作策略研究

# 第十三章

## 开放合作实践研究

### 第一节　黑龙江东北亚经贸开发区案例

#### 一、简介

"十二五"时期，黑龙江对外开放领域不断扩大，东北亚经济贸易开发区、哈牡绥东对俄贸易加工区建设步伐加快，国际经贸大通道和重点口岸设施建设成效显著。黑龙江利用外资质量和水平不断提高，多元化对外贸易格局初步形成。全省外贸进出口总额达到255亿美元，年均增长21.7%；五年累计实际利用外资113亿美元，年均增长11.2%。

预计未来5年，黑龙江以哈尔滨市为中心、内联相邻省区乃至沿海省份、东连日本海地区、西接俄罗斯腹地的国际经贸大通道基本形成，建成我国面向东北亚重要的产业聚集区和进出口贸易加工基地，成为我国开展东北亚经贸科技合作示范区。

## 二、建设举措

加强区域开放合作，推进对俄合作战略升级。黑龙江全力推进和落实《中国东北地区与俄罗斯联邦远东和东西伯利亚地区合作规划纲要》，充分发挥其对俄边境线长、辐射面广、资源禀赋相似的优势，积极参与俄远东及外贝加尔地区开发建设，推进对俄经贸科技合作向更高层次跨越。在区域合作方面，黑龙江发挥莫斯科中俄友谊科技园、哈尔滨国际科学城、黑龙江中俄科技合作及产业化中心、黑龙江对俄农业技术合作中心等机构的桥梁纽带作用，打造对俄科技合作平台，重点加强关键核心技术以及航空航天等高新技术领域合作。在交通体系上，黑龙江借助中俄原油管道正式开通的契机，加快实施"南联北开"战略，构建兴安沿边开放带，重点推进对俄经贸大通道建设，加快推进对俄森林开发、矿产开发和旅游开发，加快对俄经贸合作区和对俄综合保税区建设，实现优势互补，资源共享，互利互惠，合作双赢。

积极开展招商引资，提高利用外资水平。黑龙江坚持进口和出口、吸收外资和对外投资并重原则的同时，积极将引资、引商与引智、引技并举。注重引导和鼓励外资更多地投向十大重点产业，投向哈大齐工业走廊、东部煤电化基地等重点开发地区。鼓励和支持外省企业同跨国公司等战略投资者在黑龙江省设立总部以及研发中心、采购中心、培训中心、销售中心、结算中心等，开展多种形式的商业合作，引导和规范外商参与省内企业改组改造。此外，为提高利用外资水平，黑龙江逐步扩大利用国际金融组织和外国政府贷款规模，重点用于资源节约、节能减排、环境保护、生态建设、新农村建设、城乡统筹发展和基础设施建设，同时，积极合理使用国际商业贷款，有效利用境外资本市场，支持省内企业境外上市。

全面实施"引进来"和"走出去"战略。一方面，黑龙江注重巩固提升加工贸易，加快对国外生产技术的吸引和二次自主创新，重点引进生物工程、新型材料、高端装备等新型产业的加工贸易，积极打造加工贸易重点承接地；另一方面，黑龙江鼓励有实力的企业到境外承接大型工程建设项目、石油勘探、矿产资源开发等工程，并且积极争取银行优惠贷款、国外矿产资源风险勘探专项资金、大型合作项目贷款贴息、中小企业国际市场开拓资金等资金支持，为"走出去"化解资金难题。

建设国际经贸大通道，完善综合交通体系。黑龙江大力拓宽对外通道，推进牡丹江至图们铁路建设，打通黑龙江省对朝、对日、对韩新通道。加快黑瞎子岛航道主权恢复各项工程建设，加快绥芬河铁路口岸扩能和绥芬河至格罗捷克沃铁路套轨改造等工程实施，在符拉迪沃斯托克建立"陆海联运"中转节点。为保障口岸基础设施建设，黑龙江实施重点口岸改造工程，提升客货检验通过能力和综合服务水平。支持口岸建设保税储运仓库，建设物流集散地。加快电子口岸建设，实现口岸管理信息化、网络化。在构建"三区一岛"（东南部沿边开放区、三江沿边开放区、北部沿边开放区以及黑瞎子岛）沿江开放体系上，黑龙江依托第一欧亚大陆桥（境内绥满铁路，境外俄罗斯西伯利亚大铁路），打通关键节点，提升通过能力，发展陆海联运和江海联运，构筑国际经贸大通道。

## 三、经验借鉴

政府大力推行开放政策，为北部湾经济区营造良好外部条件。北部湾经济区开放合作的发展离不开政府的领导和支持，充分发挥政府职能作用，结合北部湾经济区交通便捷、口岸优良、资源丰富、产业集聚的优势，借助中国—东盟自由贸易区国际窗口，深化对东南亚国家的合作，形成以贸易为主体，以资源开发利用为纽带，以高新技术合作为平台的互利双赢模式，为北部湾经济区对外开放合作提供良好的契机和外部条件。

建设综合交通运输体系，促进北部湾经济区对东南亚经贸发展。北部湾经济区开放合作要实施"走出去"战略，需大力依托南宁作为航空门户城市，联结东南亚和北美地区。为实现国际江海联运，应加强建设北钦防港口至东南亚沿岸国家的航海通道，全力打造一体化通关格局，促进国际间开放合作。北部湾经济区内陆交通实施以中心城市带动周边城镇产业发展和集聚的战略，重点建设联结中越的沿边高速公路，全面推动对外贸易的经济增长。

加大北部湾经济区招商引资力度，扩大对外工程承包和劳务合作。发挥北部湾经济区内企业在大型工程项目建设、资源开发、海洋产业等方面的优势，鼓励有实力的企业到境外承接大型工程建设项目、石油勘探、矿产资源开发以及相关海洋产业等工程。积极争取银行优惠贷款、国外矿产资源风险勘探专项资金、大型合作项目贷款贴息、中小企业国际市场开拓资金等资金支持，为"走出去"化解资金难题。

## 第二节  天津自由贸易区案例

### 一、简  介

近年来，天津在构建开放合作新格局上，充分发挥海港优良、交通便捷、通关高效、服务到位、产业集聚的综合优势，以大型港口为基地，全面实施"引进来"和"走出去"相结合战略，不断调整和优化外贸发展结构，逐步提升天津对外开放门户功能。在完善高效通关模式的同时，实现了产品质量升级、服务质量升级，全方位、多层次、高水平地推进了天津对外开放合作发展，提升了天津的国际知名度和影响力。

### 二、建 设 举 措

以口岸合作为切入点，走"区域经济合作"的发展道路。天津口岸与腹地口岸加强合作，先后与西安、成都、兰州、郑州、乌鲁木齐、呼和浩特、包头、河北、太原等地签署了快速转关协议，启动了海陆运输。与内蒙古二连浩特和新疆乌鲁木齐、阿拉山口建立了以多式联运和陆桥运输为载体、以口岸直通为依托的跨区域合作关系。通过和周边港口合作，进一步强化了天津港作为环渤海集装箱中转港地位，初步形成了遍布腹地主要省市的内陆服务网，内陆地区丰富的矿产资源和多样的农副产品得以经天津港发往世界各地。同时吸引中亚国家大批量货物首次从西伯利亚大陆桥转道天津口岸出口。天津发挥港口优势，实施陆海联运，坚持走"合作双赢，互惠发展"的开放合作道路，总体上实现了区域经济贸易额的稳步增长。

加快转变外贸发展方式，提升天津对外门户功能。天津促进东疆保税港区向自由贸易港转型，发展国际转口贸易、国际旅游、离岸金融等业务，建设保税展示交易平台、保税期货交割库、免税商店等设施，增强综合保税功能和航运资源配置能力。鼓励企业并购跨国公司品牌、技术和研发能力，建立海外生产基地和销售网络，提高在全球范围配置资源的能力。完善大通关体系，加强天津口岸"一站式"通关服务中心建设，提升电子口岸功能，创新口岸监管机制和信息化应用模式，提高通关效率和口岸服务能力。完善区域合作机制，拓展"无水港"布局，推进港口功能、保税功能和口岸功能延伸，发展大陆桥运输。积极营造国际化的发展环境，提升滨海新区国际化水平，建设改革开放先行区。

优化高效通关模式，实现服务质量升级。在通关模式上，天津口岸相继推出了"风险管理、便捷通关""分类管理、快速验放""提前申报、货到放行""分批出区、集中报关""集中查验、分批放行""登记验放、集中审征"等一系列通关改革措施，特别是"异地申报、口岸直放"的通关新模式，将使口岸腹地的企业直接受益，大幅度提高天津口岸的通关效率。在通关服务方面，按照国家标准，天津建成了国际贸易与航运服务中心，开通了天津电子口岸，具有政府服务、国际贸易、市场运营、信息集散、社会监督和人才交流等六大功能的口岸服务载体，将为办理国际贸易、航运交易的企业提供全方位、高效率、低成本、规范化、高质量的服务。

## 三、经验借鉴

加强北部湾经济区口岸合作，发挥港口产业辐射带动作用。加强口岸合作是北部湾经济区全面提升口岸服务水平，提高通关效率，降低通关成本，改善投资环境的有利途径。北部湾经济区依托北钦防优良港口，对内辐射带动玉林、崇左、梧州等城市的产业集聚和发展，对外向越南、老挝延伸，借助"海上丝绸之路"，大力推进海洋产业、石油勘探、矿产资源的开发，形成多样化的开放格局。

充分发挥区位优势，优化北部湾经济区外贸发展结构。北部湾经济区背靠祖国腹地，面向南海，毗邻东南亚国家，得天独厚的区位优势让北部湾成为拉动广西经济快速增长的经贸圈。北部湾经济区可借助中国—东盟自由贸易区平台，建立海陆联运、江海联运的物流模式，积极引进外资，推动科研、教育、产业基地的建设和发展，同时鼓励区内大型企业并购国外品牌，支持中小型企业驻扎东南亚国家，建立跨国公司。加强北部湾经济区招商引资力度，提高其利用外资水平，推进北部湾经济区不断提高对内对外开放的层次和水平。

借力北部湾经济区周边省市，实现双赢发展。北部湾经济区在广西乃至整个南海区域发挥了重要的对外门户作用，其作用的动力之一就是来自周边广东、湖南等省份的支持。同时，北部湾经济区港口的建设和发展也将为周边省市外向型的经济的发展提供便捷的贸易通道。没有周边省市的支持，北部湾经济区无论如何建设，都是"无米之炊"，难有所为。因此，从总体布局来看，在国家对外开放政策的驱动下，腹地外向型经济发展，加上北部湾经济区港口的优势组合，以口岸为切入点，走"区域经济合作"的发展道路，是积极实践国家经济发展布局，迎接世界规模化竞争最有效和最具前瞻性的战略。

# 第三节　重庆"渝新欧"国际通道案例

## 一、简介

重庆市自"十二五"规划以来，在政府的大力支持和推动下，对外启动"渝新欧"国际铁路大通道，为重庆联结欧洲和沿边地区搭建桥梁，全面促进对外经贸稳定发展。重庆对内建立一小时经济圈，辐射带动周边地区的产业集聚和开放合作的同时，还促进东北翼和周边省市的竞合发展。在开放合作的新契机下，重庆市内陆开放高地快速崛起，两大保税（港）区正常启动运行，"引进来"和"走出去"开放合作战略性方针实现历史性大跨越。

## 二、建设举措

建设"渝新欧"国际通道，全面升级对外开放战略。重庆利用南线欧亚大陆桥国际铁路通道，从重庆出发，渝新欧线路途经西安、兰州、乌鲁木齐，向西过北疆铁路，到达边境口岸阿拉山口，进入哈萨克斯坦，再经俄罗斯、白俄罗斯、波兰，至德国的杜伊斯堡，全长 11 179 公里。这一条由沿途六个国家铁路、海关部门共同协调建立的铁路运输通道，是联结重庆和欧洲的国际经贸大通道。通道的成功营运，加强了重庆与中亚、东亚、欧洲的交流合作，辐射带动了我国西部地区产业沿交通干线集聚和发展，提高了对外贸易总值，同时也标志着重庆对外开放合作的成功。

建立一小时经济圈，联合内外力实现竞合发展。从大城市、大农村、大库区的特殊市情出发，重庆将距内环高速公路一小时车程范围内符合条件的区，纳入一小时经济圈，包括渝中区、大渡口区、江北区、沙坪坝区、九龙坡区、南岸区、北碚区、渝北区、巴南区、涪陵区、万盛区、双桥区、江津区、合川区、永川区、长寿区、南川区、綦江区、潼南区、铜梁区、大足区、荣昌区、璧山区 23 个区。重庆集中力量建设一小时经济圈，优化"一圈两翼"总体布局，由以往的板块内部相对封闭发展步入了立足全市大局谋求发展的新时期，为加强板块内部各区域联合协作，重庆联合区内东北翼和周边省市地区，加快建成西部地区的重要增长极、长江上游地区的经济中心、城乡统筹发展的直辖市。

突出建设内陆开放高地，增强区域性中心城市辐射带动能力。重庆统筹"走出去"战略，鼓励和支持企业通过对外投资办厂、兼并收购、资源开发等多种形式，参与境外稀缺资源和能源开发，收购境外优质企业、研发机构、营销网络和知名品牌，全方位参与国际竞争。重庆深入转变外贸发展方式，创新和完善加工贸易模式，按照"整机＋配套""制造＋研发""生产＋结算"模式，形成整机零部件垂直整合一体化，加快从组装加工向研发、设计、核心元器件制造、结算、物流等环节拓展，建成国家加工贸易示范基地。为构建区域协作新格局，重庆加强与长三角、珠三角、环渤海等地区的紧密联系，主动与沿海发达地区在优势产业、知名品牌等方面进行配套承接、协作联动、市场互通共享。与此同时，重庆加快建设万州、黔江、涪陵、江津、合川、永川等区域性中心城市，按 2020 年共同集聚 500 万城市总人口的标准规划区域性中心城市规模，努力形成产业实力强、城市功能全、要素集聚多、内外开放度高的较大经济体，充分发挥对区县经济的示范标杆作用、对周边地区的辐射带动作用、对全市经济社会发展的战略支撑作用。

积极建设保税（港）区，综合开放海陆空口岸。重庆通过加快建设两路寸滩保税港区和西永综合保税区，打造了内陆政策最优、功能最全、开放程度最高的开放门户，建成了国家重要的保税物流基地、加工贸易基地和服务贸易集聚区。两路寸滩保税港区依托长江水港和机场空港优势，突出口岸物流和中转贸易功能，重点发展国际中转、配送、保税仓储、商品展示、研发加工和制造业务。西永综合保税区重点引进 IT 类企业入驻，大力发展保税物流和保税加工。重庆充分发挥海关电子全程监管、全程保税功能，实现两路寸滩保税港区与西永综合保税区的无缝对接，并逐步向自由贸易港转型。开放万州机场航空口岸，开放东港、长寿、涪陵、万州等水运口岸和团结村铁路口岸，综合海陆空口岸优势，促进区域对外合作贸易高速增长。

## 三、经验借鉴

加快北部湾经济区产业集聚，构建开放合作新格局。重庆市在紧抓开放合作的契机下，善于统筹"引进来"和"走出去"开放合作原则，加大招商引资力度，鼓励大型企业驻扎国外建设研究基地。深入转变外贸发展方式的同时，加强建设国际贸易大通道和保税（港）区。经过全方位的努力，为区域开放合作打造全新的发展格局。

全面开放北部湾经济区沿岸港口，实现口岸发展和腹地经济共荣互促。万州机场航空口岸，东港、长寿、涪陵等水运口岸以及团结村铁路口岸属于重庆重点开放开发对象，海陆空口岸综合对外开放，有利于促进周边产业集聚，联动外资增长，提高境外出口贸易总和，进而推进腹地经济的全面发展。腹地经济产业集聚发展的同时也影响口岸开放合作的进程和程度，二者相辅相成，互相依赖。

启动一小时经济交通，推进北部湾经济区区内协作。北部湾经济区可利用南宁与北钦防建立的一小时经济圈，加强区域间经贸的交流和合作，辐射带动周边城镇产业沿铁路干线集聚发展。此外，在加快提升一小时经济圈的基础上，应更加突出桂东南地区的重要支撑作用，加快推进工业化、城镇化以及农业现代化，建成大中小城镇密集区、新型工业密集区、集约高效农业区。加快建设对外快速通道和换乘枢纽，完善高速公路网络体系，提速建设城际轨道交通。加快西部地区发展，积极推进北部湾经济区区域合作。

## 第四节　福建跨省区域合作案例

### 一、简介

　　"十二五"期间，福建省充分利用港口及邻近优势，深化闽台互动开放合作，加强两岸经济、文化、产业交流，形成了互利共赢的对外开放格局。特别是平潭综合实验区的开发开放，将福建打造成承接中国台湾海洋新兴产业的转移承接基地。加上能够充分发挥福建华侨华人众多、资金实力雄厚的优势，凝聚侨心、汇集侨智、发挥侨力、维护侨益，引导更多的华侨华人为推动福建省跨越发展服务。

### 二、建设措施

　　深化闽台互动开发合作，推动两岸经济对内对外开放。福建逐步加强与台湾的经贸合作，二者之间互动开放合作主要包括两个方面。一是海洋开发合作，着力于"四个建设"，即建设两岸高端临海产业和新兴产业深度合作基地、建设两岸港口物流业合作基地、建设两岸海洋服务业合作基地、建设两岸现代海洋渔业合作基地；二是高新技术及其产业合作，充分发挥国家级海峡两岸科技产业合作基地的作用，加强福建与台湾地区高新技术产业和现代服务业的融合。以两岸签署和实施经济合作框架协议（ECFA）为契机，着力先行先试，争取更多合作项目列入ECFA后续商谈及补充协议，共组研发机构，共建技术联盟，共制技术标准，共同发展、实现共赢。

　　加快平潭综合实验区开放开发，推动两岸关系和平发展。福建省充分发挥平潭特有优势，积极打造着四个"着力"，即着力探索两岸开放合作新模式，着力推动对外对内开放体制机制创新，着力推进平潭综合实验区全方位开放，着力实现区域经济、社会、生态协调发展。此外，福建还努力构建两岸同胞合作建设、先行先试、科学发展的共同家园。可见，建设平潭综合实验区是推动两岸关系和平发展的重大决策部署，也是福建省加快转变、跨越发展的重要抓手。

大力推动海外侨胞来闽投资兴业，着力加强海关联谊。福建充分利用各类大型经贸活动平台，加强"招商引资、招才引智、引侨促贸"力度，打造"海外侨商投资与贸易"工作品牌，吸引更多侨商来闽投资兴业，海外华侨华人专业人才、高新技术项目在闽落户。同时，福建积极扩大"世界福建同乡恳亲大会""世界闽商大会""世界福建青年联会""福建侨商投资企业协会"等影响，加强与海外华侨华人的联络与沟通，增强海外侨胞的凝聚力。

## 三、经验借鉴

加强北部湾经济区区域互动合作，联合开展技术攻关。充分利用台湾生物科技等新兴产业的基础研究工作，积极吸引台湾海洋生物医药、邮轮游艇等产业的大型企业来闽发展；搭建两岸对接交流平台，构建平潭海洋新兴产业合作示范区，力争将福建打造成承接台湾海洋新兴产业的转移承接基地；支持两岸科研机构在海洋生物医药等领域开展联合攻关，合作发展海洋生物、高端机械装备和清洁能源等产业，合力形成闽台两岸优势互补、良性互动的海洋新兴产业发展格局。

建设合作先行先试区，促进北部湾经济区经贸往来。建设两岸交流合作先行区是加快转变、跨越发展的战略要求。以两岸签署和实施经济合作框架协议（ECFA）为契机，着力先行先试，争取闽台更多合作项目列入ECFA后续商谈及补充协议，大力推进两岸经贸合作、文化交流和人员往来，努力构建吸引力更强、功能更完备的两岸交流合作前沿平台。

# 第五节  开放合作实践启示

建设综合交通运输体系，构建对外开放新格局。坚持实施"引进来"和"走出去"对外开放战略离不开综合交通运输体系的支撑。交通线是对外开放的"生命线"，北部湾为大力拓展对外开放，可充分利用临海优势，发展江海联运。借助"一小时经济圈"之力，辐射带动周边城镇发展，促进区域经贸进一步交流合作。北钦防作为对外开放的门户城市，除了需完善海路、陆路交通体系外，更要注重建立北钦防航空交通与境内、境外的联结，加强区内、区外经贸交流，从总体上提升北部湾航空门户的功能。

加快滨海新区开发开放，促进区域经济互动发展。滨海新区是促进北部湾经济区经济发展的核心区，充分发挥该区交通、功能、产业、科研、土地资源、经济发展强劲的优势，加大该区招商引资力度，加快境外大型企业、科研机构、产业基地驻扎北部湾经济区，鼓励区内产业对外联动发展，增加地区间经济、文化、科研往来，实现共同发展，构建双赢格局，全面推进北部湾经济区对外开放合作走向国际化高水平。

重视建设北部湾经济区开放高地，辐射带动周边产业发展。北部湾经济区在发挥临港优势的同时，需高度重视内陆开放高地的建设。以南宁为中心，加快建设崇左、百色、河池、来宾、贵港、玉林、钦州、防城港，努力形成实力强、功能全、集聚多、开放度高的大经济体，充分发挥中心城市经济示范标杆作用、增强其对周边地区辐射带动作用以及对北部湾经济区经济社会发展的战略支撑作用。

# 第十四章

# 北部湾经济区开放合作基础和环境分析

## 第一节　北部湾经济区开放合作"十二五"回顾

### 一、"十二五"发展情况

#### （一）经贸合作规模日益扩大

"十二五"期间，北部湾经济区围绕《国家海洋事业发展规划纲要》提出全面开放合作的主要任务，深化以东盟及粤港澳台为重点的对内对外开放，大力拓展国内外市场，形成了互利共赢新局面，体现为多个指标的快速增长。

对外贸易快速增长。2011～2014 年广西外贸进出口总额年均增长 23%，2014 年全区外贸进出口 405.5 亿美元，增长 23.5%，超全国平均增速 20.1 个百分点。其中北部湾经济区出口累计金额由 2010 年的 726 822 万美元增加至 2014 年的 972 178 万美元；进口累计金额由 2010 年的 461 000 万美元增加至 2014 年的 2 457 649 万美元；进出口累计金额由 2010 年的 1 187 822 万美元增加至 2014 年的 3 429 827 万美元，全区进出口总额在全国排第 17 位，在西部 12 省区市中排第 3 位，全区边境小额贸易进出口 147.3 亿美元，在全国各边境省区排第 1 位。

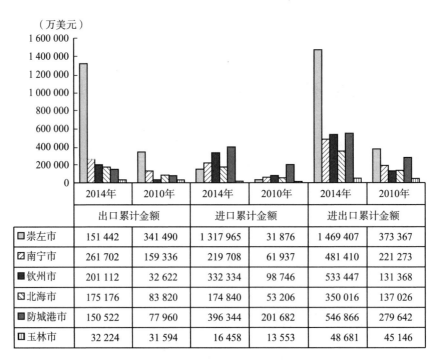

（万美元）

| | 2014年 | 2010年 | 2014年 | 2010年 | 2014年 | 2010年 |
|---|---|---|---|---|---|---|
| | 出口累计金额 | | 进口累计金额 | | 进出口累计金额 | |
| ▨崇左市 | 151 442 | 341 490 | 1 317 965 | 31 876 | 1 469 407 | 373 367 |
| ▧南宁市 | 261 702 | 159 336 | 219 708 | 61 937 | 481 410 | 221 273 |
| ■钦州市 | 201 112 | 32 622 | 332 334 | 98 746 | 533 447 | 131 368 |
| ▨北海市 | 175 176 | 83 820 | 174 840 | 53 206 | 350 016 | 137 026 |
| ▩防城港市 | 150 522 | 77 960 | 396 344 | 201 682 | 546 866 | 279 642 |
| ▥玉林市 | 32 224 | 31 594 | 16 458 | 13 553 | 48 681 | 45 146 |

**图 14 - 1　2014 年和 2010 年北部湾经济区各市进出口累计金额**

资料来源：①广西壮族自治区统计局 . 广西统计年鉴 2011 ［M］. 北京：中国统计局出版社，2011。

②广西壮族自治区统计局 . 广西统计年鉴 2015 ［M］. 北京：中国统计局出版社，2015。

北部湾经济区六市的对外贸易总额在"十二五"期间稳定攀升，为全区对外贸易总额的增长做出了突出的贡献。2014 年北部湾经济区合计出口 97.2 亿美元，同比增长 33.76%，占全区出口金额比重的 76.76%，进口 245.8 亿美元，同比增长 433.11%，占全区进口总值比重的 88.12%。其中，崇左市进出口额首次突破 145 亿美元大关，成为全区第一个突破 145 亿美元大关的地级市，外贸进出口总额占广西 1/3，出口总额占广西 1/2，稳居广西第一。而其边境贸易更是突破 1 000 亿美元大关，边境小额贸易贸易进出口 1 262 521 万美元，占广西小额贸易进出口总值的 90%，成为中国边境贸易第一大市。

表 14 – 1　　　　　　　　2014 年北部湾经济区进出口总值表

| 类别 | 出口 | | 进口 | | 进出口 | |
|---|---|---|---|---|---|---|
| | 累计金额（万美元） | 累计同比（±%） | 累计金额（万美元） | 累计同比（±%） | 累计金额（万美元） | 累计同比（±%） |
| 全区合计 | 2 433 004 | 30.2 | 1 622 301 | 14.8 | 182 813 | 23.5 |
| 崇左市 | 151 442 | 35.1 | 1 317 965 | 191.9 | 1 469 407 | 43 |
| 南宁市 | 261 702 | 11.3 | 219 708 | 6.4 | 481 410 | 9 |
| 钦州市 | 201 112 | 91.1 | 332 334 | 34.2 | 533 447 | 51.1 |
| 北海市 | 175 176 | 28.2 | 174 840 | 31.2 | 350 016 | 29.7 |
| 防城港市 | 150 522 | 39.6 | 396 344 | 23.1 | 546 866 | 27.3 |
| 玉林市 | 32 224 | 11.1 | 16 458 | 29.9 | 48 681 | 16.9 |
| 合计 | 2 138 701 | 34.5 | 1 291 126 | 32.5 | 3 429 827 | 33.7 |

资料来源：广西壮族自治区统计局. 广西统计年鉴 2015 ［M］. 北京：中国统计局出版社，2015。

对外投资强劲增长。2011 ～ 2014 年，广西核准境外投资中方协议投资额由 4 亿美元增加到 21.2 亿美元，年均增长 62.3%；截至 2014 年底，广西核准的境外投资企业 563 家（含增资和境外机构），双方协议投资额 54.01 亿美元，其中中方协议投资额 47.87 亿美元。2014 年全区境外投资中方协议投资额 21.2 亿美元，同比增长 173%，实际投资额 2.89 亿美元，同比增长 127.7%。投资目的地涉及中国香港地区和马来西亚、越南、泰国、柬埔寨、文莱等国家。行业主要涉及钢铁、矿产资源开发、投资服务、农产品种植与加工、日用品生产、运输和机械制造等。

对外承包工程大幅增长。2011 ～ 2014 年，对外承包工程完成营业额由 6.5 亿美元增加到 8.8 亿美元，年均增长 11.7%，保持了较快的增长速度。2014 年，全区对外承包工程签订合同 81 份，共计 8.77 亿美元，同比增长 5.7%。对外承包工程项目主要涉及住房建设、道路建设、电力安装、工业制造通信等行业。

口岸通关客货量快速增长。全区进出口货运值 578.8 亿美元，同比增长 33.9%；口岸出入境约 1 059.6 万人次，同比增长 25.7%。

### （二）多层次多平台合作共同推进

北部湾经济区地处中国—东盟自贸区、泛北部湾经济合作区、大湄公河次区域、中越"两廊一圈"、泛珠三角经济区、西南六省（区、市）协作等多个区域合作交汇点，这一特殊的区位优势使得北部湾经济区与东盟、与内地其他区域的合作层次不断增加，合作关系更加灵活务实。

泛北部湾经济合作取得较大突破。《泛北部湾经济合作路线图（战略框架)》制定完成，提出重点优先推进港口物流、金融领域发展，标志着泛北部湾经济合作向务实推进迈出了关键性的一步。

随着泛北部湾经济合作的提出，三大经济合作交流平台作用进一步突显。一是中国—东盟博览会、中国—东盟商务与投资峰会作为泛北部湾经济合作的平台和桥梁，逐步成为中国和东盟政治、外交及社会人文等各领域交往的重要场所。二是泛北部湾经济合作论坛，成为推动区域合作的重要平台。每年一届的泛北部湾经济合作论坛汇集各方智慧，成为推动泛北部湾经济合作的重要平台，由此构成中国—东盟"一轴两翼"区域经济合作的新格局。三是中国—东盟自贸区论坛，论坛规格高、成效实、影响大，成为促进中国与东盟合作、推进中国—东盟自贸区深入发展的新平台。

大湄公河次区域合作稳步发展。中越跨境经济合作区、中泰（崇左）产业园区等多个重点项目列入 GMS 区域投资框架优先项目。北部湾积极参与东盟东部增长区等东盟内部的次区域合作，进一步改善次区域内的基础设施建设，推进次区域内的贸易投资便利化，谋求务实合作与共同发展。南宁作为北部湾经济区的中心，率先主动融入大湄公河次区域合作。

南宁—新加坡经济走廊建设积极推动。2014 年，"首届中国—新加坡经济走廊智库峰会"和"节点城市市长圆桌会"在南宁举行，在交通基础设施规划等多个方面达成共识，在中国与东盟各国智库合作推动下，"南新走廊"从共识走向实践，从广西南宁出发南下，经越南、老挝、泰国、马来西亚直至新加坡的具体路线已经探明。目前，铁路方面，广西连接东盟的铁路运输主通道南宁—凭祥段扩能改造工程，通往越南的靖西—龙邦、防城—东兴铁路建设项目都已提上日程。公路方面，已建成通往越南河内方向的南宁至友谊关高速公路，通往越南芒街方向的防城—东兴、通往越南高平方向的靖西—龙邦高速公路已开工建设。2012 年 8 月，开行了南宁至河内、桂林至河内国际客货运输线路，实现了广西国际道路运输客车首次不需在口岸接驳即可直接进入越南境内的直达运输。民航方面，面向东盟门户枢纽机场重点项目——南宁吴圩国际机场新航站区已建设完工，南宁机场现已开通 14 条东盟国际航线。沿海港口方面，北部湾经济区港口开辟了至东盟国家主要港口的集装箱航线航班。

中越"两廊一圈"扎实推进。在"两廊一圈"的合作总体中，以"环北部湾经济圈"为重心，重点推进以广西钦北防为中心的"环北部湾经济圈"的建设。与越南对接的互联互通重点项目列入两国政府《联合声明》和《周边基础设施互联互通总体规划（2014～2035）》，跨境公路、铁路建设积极推进。2013 年 6 月 9 日，中国广西—越南谅山公务车辆及货运直达车辆开通，首次实现广西国际道路运输客车不需在口岸接驳即可直接进入越南境内的直达运输。

文莱—广西经济走廊务实合作已现雏形。2014 年，在第十一届中国—东盟博览会上，广西与文莱签署了《文莱—广西经济走廊经贸合作谅解备忘录》，促进了一批先期合作项目的加快启动。2015 年 4 月，时任广西壮族自治区党委书记彭清华在访文期间就文莱—广西经济走廊的建设提出了"一港、两园、三种养"的合作协议，代表团与文莱相关机构就中国（南宁）—文莱农业产业园，中国（玉林）—文莱中医药健康产业园、文莱海洋养殖和文莱水稻种植合作等 4 个项目签署了合作意向。

桂港澳台合作不断深化。北部湾经济区积极落实内地与港澳更紧密经贸关系安排及海峡两岸经济合作框架协议，与港澳台有关机构建立常态化合作机制，联手打造各类合作平台，务实推进各领域的交流与合作。2011 年，南宁市申报获批成为全国 CEPA 示范城市，钦州钦南台湾农民创业园获批设立。此外，海峡两岸（广西玉林）农业合作试验区稳步发展。据统计，2014 年桂台进出口总额达 13.75 亿美元，同比大幅增长 170.6%。其中出口 1.12 亿美元，同比增长 45.8%；进口 12.63 亿美元，同比增长 192.8%。2014 年广西与香港地区外贸总额 26.5 亿美元，同比增长 50.1%。截至 2014 年年底，香港地区已累计在广西投资设立企业 6 607 家，合同外资金额 173.4 亿美元，实际利用外资 69.6 亿美元，广西与港澳台进出口贸易呈现强劲增长势头。

**（三）产业合作日趋紧密**

产业平台初现成效。国际方面，中马钦州产业园已经正式开园建设，马中关丹产业园正在积极推进，开创了"两国双园"的园区国际合作新模式，成为北部湾经济区开放开发的新亮点。中泰（崇左）产业园已签约，标志着中泰（崇左）产业园合作建设有了良好的开端，目前正在开展产业园规划编制，完善基础设施、确定项目合作伙伴，并计划在泰国选择一个园区或者经济特区，与中泰（崇左）产业园互为"姊妹园"。国内方面，广西充分利用北部湾经济区这一核心区域，积极发展"飞地经济"，取得了良好的效果，分别与云南、四川签订了在经济区合作建设临海产业园的协议，并推动在云南、贵州、四川等地建设"无水港"，正逐步成为周边内陆省份出海出边的重要通道和对外窗口。

农业合作取得积极进展。随着农产品贸易规模不断扩大，农业投资合作规模不断升温，农业技术合作交流日趋活跃，特别是越来越多的广西企业赴东盟国家开展农业资源开发合作，成为双方农业合作的一大亮点。主要包括利用东盟国家土地资源开展木薯、甘蔗、剑麻等种植，建立境外原材料生产基地，满足国内企业生产的需要；发挥农产品深加工比较优势，投资木薯、大米等农产品加工业，其中广西农垦明阳生化集团股份有限公司的越南归仁年产 10 万吨木薯变性淀粉项目及其配套项目一期工程和广西国宏经济发展集团有限公司在柬埔寨投资建设的大米加工厂一期项目均已竣工投产；此外，通过输出先进农业技术、名优新品种，推动东盟农业升级，其中广西玉林市与文莱合作开发的"文莱水稻高产栽培示范"项目水稻试种取得成功。由广西富沃得农业技术国际合作公司承建的中柬农业促进中心进展顺利。

**（四）口岸通关化繁为简**

"十二五"期间，广西口岸施行多口管理、手续繁杂，口岸通关的效率低下成为制约进出口货运效率的主要原因。如从越南经中国浦寨卡口进口货物通关要经过 6 个卡口，在越卡申报入境后，要依次到各个卡口再进行申报、查验、录入、过磅等手续，手续重复，程序复杂，就会造成销量低下，物流不畅。

针对这一问题，2014 年 12 月起，广西口岸通关推行"三个一"工作模式，即"一次申报，一次查验，一次放行"。在实行"三个一"模式之前，企业需向海关及检验检疫部门申报项目录入项多达 169 项；"三个一"模式启用后，录入项目减至 92 项，录入效率提高 30% 以上，报检、报关的速度和质量大大提高。对共同查验的货物，海关、检验检疫人员同时到场开箱查验，查验的时间可以减少 50%。

新的通关模式既避免企业反复调运集装箱、拆卸、搬运货物，可为企业缩减过近 30% 的过关时间，又为每个标准集装箱平均省下 300～400 元的通关成本，大大提高了通关效率，缩减了通关成本，实现了通关手续的化繁为简。

**（五）互联互通体系初步形成**

东兴国家重点开发开放试验区进入全面实施阶段。编制的《东兴国家重点开发开放试验区建设实施方案》获得国务院批准后，试验区 17

项相关规划相继启动编制，东兴国门口岸改造、国际旅游集散中心等项目建成投入使用，北仑河国际商贸城等一批重点项目开工建设。区内边境旅游办证业务等8项先行先试政策全面实施。试验区正大力加速自身发展，努力建设成东兴边民互市贸易区、深化我国与东盟战略合作的重要平台、沿边地区重要的经济增长极、通往东南亚国际通道重要枢纽和睦邻安邻富邻示范区。

中国（凭祥）边境自由贸易示范区建设正在加快推进。广西力争把中国（凭祥）边境自由贸易示范区建设成为中国—东盟自由贸易区先行先试的示范区，扩大广西对外开放合作，提升中国—东盟自由贸易区建设水平的重要平台。广西与越南边境谅山、广宁、高平三省积极推进凭祥—同登、东兴—芒街、茶岭—龙邦跨境经济合作区建设，着力打造"一区两国"先行先试合作示范区。

出省出边出海国际大通道初步拉开。钦州港开通首条直航东盟的"中国钦州港—韩国—印度尼西亚—泰国—越南"外贸集装箱定期班轮航线，北部湾港定期集装箱班轮航线达到35条；与东盟地区的文莱、印度尼西亚、马来西亚等7个国家建立了海上运输往来，初步形成面向东盟的物流集散基地。钦州港、北海港也已先后开通至台湾高雄航线，这条航线不仅是西南地区对台贸易的新平台，更是广西对台两岸直航集装箱班轮航线的首个航线。随着玉铁铁路（玉林至铁山港）的开通，北部湾防城港、北海港、钦州港、铁山港四大港口实现与广西铁路网全网互通。借此，广西南昆铁路、益湛铁路、湘桂铁路、黔桂铁路、玉铁铁路形成了"五龙出海"之势，为广西服务"一带一路"建设提供坚实的交通基础保障，顺利实现了陆路与海上通道的顺利对接。

保税物流体系初步建立。"十二五"期间，国家先后批准设立广西钦州保税港区、凭祥综合保税区、南宁保税物流中心。北海出口加工区拓展保税物流功能并扩区建设，初步构建了功能齐备的保税物流体系，2012年实现贸易量约617亿元。自2008年以来，先后投入约

287 亿元资金，确保钦州保税港区、凭祥综合保税区、南宁保税物流中心通过国家验收封关运营。钦州保税港区内批准设立了全国第五个沿海汽车整车进口口岸，北海出口加工 B 区正在加快建设。南宁保税物流中心和广西钦州保税港区、广西凭祥综合保税区、北海出口加工区拓展的保税物流功能叠加在一起，构成较为完善的北部湾经济区保税物流体系。

## 二、存在问题

### （一）对外贸易发展有限，对内开放水平低

对外贸易规模小。就纵向比较来说，近几年来北部湾经济区的对外贸易发展迅猛，而横向比较，北部湾经济区对外贸易规模非常小。2014年广州市进出口贸易额达到 1 292.57 亿美元，是北部湾经济区六市进出口贸易总额的近 4 倍。规模效应是经济发展和对外贸易中的一个非常重要的效应，北部湾经济区对外贸易规模小是其基本问题所在。

一直采用依赖资源禀赋优势并依托于大西南地区的区域发展战略，导致广西对内开放水平低下。过分依赖自然资源的禀赋优势，而未能很好地承接东部沿海地区的产业转移和外溢资金；过于强调大西南地区的区域发展战略，而忽视了与东部发达地区的经济合作与交流。而我国东部沿海经济发达地区积累了大量的资金、技术和管理经验等关键的生产要素，并进入到经济转型阶段，这一经济转型包括产业转移、资金外溢以及技术转让和升级等各个方面。在我国现阶段东部发达地区资金不断外移的背景下，北部湾经济区未能充分利用吸收东部地区的资金、技术和管理经验等关键性的生产要素，对内开放水平进一步提高是北部湾经济区对外开放中亟待解决的问题。

### （二）利用外资和对外投资效益低

虽然近年来北部湾经济区积极打造了多渠道的合作平台，利用外资和对外投资总额都有大幅度的提高，但是与全国平均水平相比，无论从

引资规模还是外资所占比重，实际利用外资水平方面都远低于东部地区
的水平，仍处于全国中下游。利用外资引进的世界 500 强企业以及投资
规模大、带动能力强的大项目不多。港澳台商及外商投资规模以上企业
占全区规模以上企业主营业务收入的 17.9%，比全国低 6 个百分点。

利用外资的情况极不稳定，波动性较大，各地区的增长比例也高低
不一（见表 14 - 2）。北部湾经济区六市利用外资总值较多的是南宁和
钦州两市，2014 年北海市利用外资总额甚至出现了负增长，这与招商引
资的产业结构单一有很大的关系。

表 14 - 2　　　　　2014 年北部湾经济区各市直接利用外资增长比率

| 统计部门 | 项目数 | | | 合同外资额 | | | 实际外资额 | | |
|---|---|---|---|---|---|---|---|---|---|
| | 2014 年（个） | 2013 年（个） | 同比（%） | 2014 年（万美元） | 2013 年（万美元） | 同比（%） | 2014 年（万美元） | 2013 年（万美元） | 同比（%） |
| 广西壮族自治区 | 138 | 109 | 26.61 | 191 691 | 215 771 | - 11.16 | 100 119 | 70 008 | 43.01 |
| 南宁市 | 59 | 49 | 20.41 | 77 629 | 23 053 | 236.74 | 25 187 | 15 608 | 61.37 |
| 北海市 | 9 | 6 | 50 | 2 502 | 93 666 | - 97.33 | 14 901 | 8 515 | 75.00 |
| 防城港市 | 2 | 1 | 100 | 1 239 | 6 953 | - 82.18 | 2 331 | 2 220 | 5 |
| 钦州市 | 10 | 11 | - 9.09 | 34 886 | 28 415 | 22.77 | 16 437 | 16 114 | 2 |
| 崇左市 | 5 | 1 | 400 | 2 723 | 4 337 | - 37.21 | 6 329 | 4 577 | 38.28 |
| 玉林市 | 7 | 6 | 16.67 | 5 542 | 2 457 | 125.56 | 2 970 | 2 702 | 9.92 |

资料来源：广西壮族自治区商务厅。

外商投资的产业分布结构不够合理。由表 14 - 3 可见，2014 年，第
一产业的外商投资较少，制造业、房地产业等第二产业占了较大比重。
而且除了第二产业有部分高新技术引进开发外，其他行业的高新技术开
发方面外商投资相对较少。长此以往，对农业和第三产业的忽视容易造
成地区发展不平衡，而且缺乏相关的配套产业也不利于第二产业持续
发展。

表 14 – 3 2014 年广西直接利用外资分行业汇总

| 行业 | 项目数（个） | 比重（%） | 合同外资（万美元） | 比重（%） | 实际利用（万美元） | 比重（%） |
|---|---|---|---|---|---|---|
| 合计 | 138 | 100 | 191 691 | 100 | 100 119 | 100 |
| 农、林、牧、渔业 | 6 | 4.35 | 3 518 | 1.84 | 310 | 0.31 |
| 采矿业 | 3 | 2.17 | 3 469 | 1.81 | 6 895 | 6.89 |
| 制造业 | 24 | 17.39 | 58 094 | 30.31 | 37 657 | 37.61 |
| 电力、燃气及水的生产和供应业 | 4 | 2.9 | 5 751 | 3 | 2 226 | 2.22 |
| 建筑业 | 1 | 0.72 | 20 | 0.01 | 0 | 0 |
| 交通运输、仓储和邮政业 | 1 | 0.72 | 853 | 0.44 | 2 263 | 2.26 |
| 信息传输、计算机服务和软件业 | 5 | 3.62 | 771 | 0.4 | 64 | 0.06 |
| 批发和零售业 | 36 | 26.09 | 9 893 | 5.16 | 2 325 | 2.32 |
| 住宿和餐饮业 | 7 | 5.07 | 107 | 0.06 | 376 | 0.38 |
| 金融业 | 2 | 1.45 | 11 993 | 6.26 | 480 | 0.48 |
| 房地产业 | 10 | 7.25 | 76 655 | 39.99 | 40 673 | 40.62 |
| 租赁和商务服务业 | 21 | 15.22 | 4 133 | 2.16 | 335 | 0.33 |
| 科学研究、技术服务和地质勘查业 | 4 | 2.9 | 4 987 | 2.6 | 5 | 0 |
| 水利、环境和公共设施管理业 | 5 | 3.62 | 10 061 | 5.25 | 2 500 | 2.5 |
| 居民服务和其他服务业 | 5 | 3.62 | 1 325 | 0.69 | 2 334 | 2.33 |
| 卫生、社会保障和社会福利业 | 0 | 0 | 0 | 0 | 250 | 0.25 |
| 文化、体育和娱乐业 | 4 | 2.9 | 61 | 0.03 | 1 426 | 1.42 |

资料来源：广西壮族自治区商务厅。

北部湾经济区的对外投资水平不高。一是投资水平低。近年来北部湾经济区企业的对外投资数量和投资总额都呈显著提高的趋势，但与全国其他地区对外投资水平相比明显较低，占我国对外投资总量的比重很小，利用国外市场和资源的水平不高。二是北部湾经济区的企业在对外投资上，很多都是被动地满足国外厂商和消费者的需求，并未积极主动地开拓国外市场，且在所投资的行业中，附加值较高的高新技术行业很少，没有形成难以模仿的核心竞争力，盈利空间有限。三是项目过于集中。北部湾经济区企业的对外投资主要集中在少数大项目上，资金相对集中，不利于分散投资风险。四是对外投资经营主体多为中小企业，经济实力较弱，抗风险能力不强。

### （三）科技教育支撑不足，合作依存度不高

2012 年，全区科技部门所属科研机构数、研究与发展内部经费支出、大中型工业企业新产品开发经费、拥有专利发明数、技术改造经费支出等水平均较低，高水平科研平台少、科技人才不足、科研经费投入少、企业创新能力弱、科技成果转化为现实生产力渠道不畅等问题仍较突出（见表 14-4）。北部湾经济区建设需要大量各方面各类型的人才，广西在这方面有较大差距。目前，广西大专以上学历人口占总人口的比例仅为 3.48%，与上海的 15.07% 和北京的 20.49% 相比，差距很大。

表 14-4　　　　　　　　　2012 年广西科技教育支撑列表

| 项目 | 数量 | 占全国比重 |
| --- | --- | --- |
| 科研机构数（个） | 123 | 3.3% |
| 科研与发展内部支出经费（亿元） | 97.15 | 9.4% |
| 大中型工业企业新产品开发经费支出（亿元） | 77.1 | 0.96% |
| 专利发明数（项） | 1 499 | 0.52% |
| 技术改造经费支出（万元） | 2 619 | 0.07% |

资料来源：广西壮族自治区统计局. 广西统计年鉴 2013 [M]. 北京：中国统计局出版社，2013。

### （四）基础设施建设分散，国际通道"通而不畅"

跨境运输、通关等体制政策和标准方面缺乏协调一致，导致运输效率低下。比如由于中国和东盟汽车载重标准不同，昆曼公路通而不畅，跨界贸易存在着边界卸货再装车问题，既耽误时间，又影响效果；由于多边运输协定尚未完全建立和落实、物流公司实力弱小等原因，目前并

没有搭建起顺畅的物流通道，泰国或老挝的货物要运输到中国，须经过多次转运，效率不高。

目前的通道建设以纵向为主，横向通道、支线通道不健全，通道网络尚未成型。目前泛北区域陆路通道存在南北走廊、东西走廊，但主要还是以南北走廊为主，东西走廊主要节点包括越南的岘港，以及缅甸和老挝的一些城市，但事实上它并不是最重要的通道。此外，这些经济走廊的子网络更不健全，这制约了整个陆路通道经济带的形成，也降低了很多贫困地区从陆路通道建设中受益的机会。

经济区口岸建设资金投入不足，口岸基础设施有待改善；口岸开放涉及部门多，审批环节多、周期长，口岸基础设施建设和对外开放还不能适应开放合作形势发展的需要。中越凭祥—同登等跨境经济合作区建设主要停留在地方政府层面，尚未上升到国家层面，推进面临不少困难。东兴、凭祥两个边境经济合作区国家原核定的面积小，发展建设可用土地十分有限，成为制约发展的重要因素。

物流成本高于别处，港口后方通道不畅。北部湾经济区是西南地区出海大通道运距最短的港口，广西和西南地区也初步形成了黔桂、湘桂、焦柳、南昆铁路以及贵昆、成昆、内昆、渝怀等为主骨架的铁路干线网。但西南各省市反映，物流成本普遍高于其他地区，根本原因就在于该地区基础设施薄弱，港口后方通道不畅。各地区至北部湾经济区港口普遍存在"通道不畅、通道太窄、通道太贵"的问题，目前各地利用这条出海通道的频率并不高。

**（五）投资软环境发展滞后**

国际政治形势复杂的大背景下，广西与东盟的合作面临不少困难和挑战。泛北部湾经济合作构想虽然得到了相关国家的认可，但至今尚未建立各国政府部门间的合作机制和相应的工作机构，影响了区域合作的总体推进步伐。

投资软环境的优化，是招商引资的重要基础。泛北部湾经济合作构想虽然得到了相关国家的认可并取得很大进展，但还缺乏具体有效的合作机制和机构，致使合作各方难以对泛北部湾经济合作的重大事项进行交流，难以对优先领域、行动计划和标志性项目进行系统性规划和磋商；开放创新不足，离重要国际区域经济合作区的定位仍存很大差距。西南出海出边大通道建设没有形成与周边省份开展长效合作的常设协调机制，跨境经济合作区和合作园区缺乏国家层面有关支持政策。

## 第二节　北部湾经济区开放合作环境现状分析

### 一、开放合作平台及载体建设现状

#### （一）国际开放合作平台及载体建设现状

平台多，涵盖地域广。现国际开放合作平台主要有中国—东盟自贸区、大湄公河次区域、中新经济走廊、泛北部湾经济区等，开放合作载体主要有中国—东盟博览会和中国—东盟商务与投资峰会、广西中泰（崇左）产业园、中国—马来西亚钦州产业园区、广西中国—东盟青年产业园、中国—东盟跨境电子商务产业园、广西边境经济合作区、保税港区等。开放合作平台或涵盖整个自贸区，或涵盖其中某几个国家，虽存在重叠但总体呈现合作范围全覆盖局面。

合作内容丰富，产业、贸易及基础设施是主攻方向。开放合作平台主要关注基础设施建设、跨境贸易与投资、私营部门参与、人力资源开发、环境保护和自然资源可持续利用等诸多方面，其中以经济交流的产业合作、贸易合作及基础设施合作为主攻方向，与此同时合作载体以产业园为主，以期推动合作双方人员、资金及技术交流合作。

主要载体及平台主导能力较强。中国—东盟自由贸易区、中国—东盟博览会、大湄公河次区域等主要载体及平台涉及合作领域广、发挥作用巨大，是目前对外开放成果较集中的密集区，同时也是目前对外开放合作的主要推手（见表14-5）。

表 14-5　　　　　　　　　主要开放合作平台及载体建设成效

| 平台或载体 | 成效 |
|---|---|
| 中国—东盟自由贸易区 | 顺利实施《早期收获计划》；签署自贸区《货物贸易协定》；签署自贸区《服务贸易协议》；签署《投资协议》；中国—东盟自由贸易区如期全面建成，中国对东盟关税从 9.8% 降低到 0.1%，东盟 6 个国家对中国的平均关税从 12.8% 降到 0.6% |
| 中国—东盟博览会 | 连续举办中国—东盟博览会，并同期举办中国—东盟商务与投资峰会；共有 50 余位中国和东盟国家领导人、1 800 位部长级贵宾出息会议；共举办了近 300 个高层次会展和论坛及相关活动；共提供 3.8 万个展位，42.1 万名商户参会，贸易成交额 154.9 亿美元，签约国际合作项目投资额 659.76 亿美元，签约国内合作项目投资额 6 242.14 亿元人民币 |
| 大湄公河次区域 | 召开四次 GMS 领导人会议，批准与发布《超越 2012：面向新 10 年的战略发展伙伴关系》等战略性文件；GMS 经济走廊论坛首届会议举行，并且举办大湄公河次区域经济走廊周记项目洽谈会；陆地交通互联互通取得重大进展，南北经济走廊中线中国段高速建成或改造成功；推动制订 GMS 电力发展总体规划；在北京举办大湄公河次区域国家高级官员环境管理研修班；中国政府发布《中国参与湄公河次区域经济合作国家报告》 |

### （二）国内开放合作平台及载体建设现状

　　跨省合作载体及平台基本处于起步阶段。除泛珠三角经济区始设于 2003 年，其他如粤桂黔高铁经济带、粤桂琼海洋经济圈等均始于 2012 年及其以后；广西—云南临海产业园、北海贵阳港等载体基本处于探索阶段或开发建设初期，尚未完全步入正轨。开放合作平台及载体起步虽然较晚，但发展势头强劲（见表14-6）。

表 14-6　　　　　　　　　开放合作平台及载体建设情况

| 平台及载体名称 | 始建（提）时间 | 最新进展 |
|---|---|---|
| 泛珠三角经济区 | 2003 年 | 泛珠三角区域合作与发展论坛暨经贸合作洽谈会如期推进，各项工作均取得较大进展 |

续表

| 平台及载体名称 | 始建(提)时间 | 最新进展 |
|---|---|---|
| 粤桂黔高铁经济带 | 2014 年 | 开展前期研究,编制《贵广高铁经济带发展规划》,《南广高铁经济带发展规划》作为泛珠区域合作的重要内容,争取纳入国家"十三五"规划 |
| 粤桂琼海洋经济圈 | 2012 年 | 正在积极推进快速通道建设,并加快临海重化工业基地建设,谋求重大项目互动 |
| 广西—云南临海产业园 | 2011 年 | 2011 年两省政府签署框架协议;2013 年临海产业园建设正式启动,完成了北海园区概念规划编制、初步确定北海园区配套码头BT 合作建设模式,已启动北海园区和配套码头项目可研、立项、初步设计、岸线使用审批等前期工作,园区选址、优惠政策及配套码头合作建设等方面取得了阶段性成果 |
| 北海贵阳港 | 2014 年 | 签订合作框架协议,成立工作领导小组,建立日常工作联络和沟通机制,建立联席会议制度;"北海贵阳港"成功揭牌,正在完善及探索港区规划、优惠政策等 |

资源共享及产业合作是焦点。开放合作平台主要领域聚焦于产业链的延伸、资源的合理流动等方面;合作载体主要利用北部湾经济区"沿海、沿边、沿江"区位优势等,设立相关产业园区、合作平台等弥补其区位优势不明显短板。

## 二、开放合作平台及载体建设成就

### (一)国际开放合作平台及载体建设成就

成果巨大,其中经贸合作发展快、效益显著。通过开放合作平台及载体,北部湾经济区在经济贸易合作、交通合作、信息通信合作、科技环保与知识产权合作、农业产业化扶贫减贫合作、文化教育及旅游合作等方面均取得较大成效(具体见表14-7),其中经济贸易合作效果最为明显,使得广西—东盟贸易规模跻身中国前十,并且使得东盟成为广西第二大投资来源地。2013 年北部湾经济区进出口总额占广西区的

78.1%，达到 2 564 414 万美元。

表 14 – 7　　　　　　　　北部湾经济区开放合作建设成果

| 合作领域 | 主要成就 |
|---|---|
| 经济贸易合作 | 东盟连续 14 年成为广西第一大贸易合作伙伴，占广西进出口总值比例大 41%；广西—东盟贸易规模跻身中国前十；东盟成为广西第二大投资来源地；创办中国—马来西亚"两国双园"合作模式 |
| 交通合作 | 承办中国—东盟互联互通交通部长特别会议；承办中国—东盟交通合作发展战略规划研讨会；承办 GMS 交通论坛第十四次会议；举办中国—东盟港口发展与合作论坛；举办中国—东盟港口城市合作网络论坛；初步形成与东盟连接的铁路通道格局；开题及正在建设 12 条通往越南及 GMS 国家的公路通道；开通联系 8 个东盟国家的 12 条航线 |
| 信息通信合作 | 举办中国—东盟信息通讯部长论坛；举办中国—东盟信息通讯工商论坛；举办中国—东盟电信周 |
| 科技环保与知识产权合作 | 构建中、英、越三种语言版本的中国—东盟科技合作与记住转移信息服务网；首席中国—东盟科技部长会在南宁召开，成功促成中国—东盟科技伙伴计划启动仪式；中国—东盟技术转移中心落户南宁；召开中国—东盟环境合作论坛，建立中国—东盟环境保护平台 |
| 农业扶贫减贫合作 | 建立袁隆平东盟农业科技博览园和国家杂交水稻工程研究中心东盟分中心；为东盟国家举办 20 多期农业技术培训项目；承办第三届东盟与中日韩粮食安全合作战略圆桌会；举办多届中国—东盟农业合作论坛 |
| 文化教育及旅游合作 | 成立中国—东盟文化交流培训中心；设立广西政府东盟国家留学生奖学金；建立孔子学院；四个面向东盟国家的培训中心落户广西；设立东盟研究学院及东盟国别研究中心等机构；广西十大客源国中，东盟国家有 5 个 |

　　兼容并蓄，充分发挥政府主导作用。目前各合作平台并无严格涵盖范围并且不断扩大，其中成员国由最初的六国扩大到"10 + 1"模式。近期由于日本、韩国等加强了与东盟国家的合作，导致中国—东盟自由贸易区界限更加模糊，开放合作平台及载体兼容并蓄趋势凸显。合作领域在政府高层相关共识及倡议下发挥巨大作用，不仅覆盖交通、农林、金融、城市建设、工商业、文化教育、制造业、海关、新闻、社会等诸多方面，而且促使"政府主导、企业主体"模式得到推广并日益发挥其经济效应。

表 14 - 8 广西与东盟合作领域及其主要协议成果

| 合作领域 | 文件 |
|---|---|
| 交通 | 中国—东盟港口发展与合作联合南宁共识（2007 年） |
| 农林 | 中国—东盟林业合作南宁倡议（2007 年）<br>中国—东盟农业林业发展南宁共识（2009 年）<br>中国—东盟城市森林论坛南宁宣言（2011 年） |
| 金融 | 中国—东盟金融合作与发展领袖论坛南宁共同宣言（2009 年） |
| 城市建设 | 广西国际友好城市交流南宁倡议（2012 年） |
| 工商业 | 南宁—东盟城市商会经济合作与发展南宁共识（2007 年） |
| 大湄公河区域 | 大湄公河次区域物流合作南宁共识（2010 年） |
| 文化教育 | 亚洲及大洋洲地区大众体育合作发展南宁宣言（2011 年） |
| 制造业 | 中国—东盟加强先进制造业合作南宁倡议（2012 年） |
| 海关 | 中国—东盟产品质量安全合作南宁联合宣言（2011 年） |
| 新闻 | 中国与东盟图书出版界交流合作南宁共识（2011 年） |
| 社会 | 中国—东盟青年企业家论坛南宁宣言（2008 年） |

### （二）国内开放合作平台及载体建设成就

发展态势东盟化。近年来，北部湾经济区的每一重大发展战略举措几乎都与东盟合作密不可分，更为重要的是，随着开放合作平台与东盟关联度较大，战略行动的深入实施，北部湾经济区发展的战略态势逐渐东盟化，且呈现出难以逆转的战略惯性趋势。

合作平台持续优化。至 2014 年，南宁连续成功承办了 11 届中国—东盟博览会，不仅为中国—东盟博览会常办常新持续化发展奠定了经验与机制基础，推动了中国—东盟博览会这一开放平台走向规范化、有序化，同时为相关平台提供经验借鉴，推动合作平台的持续优化。

后发开放示范化。相关开放合作平台积极融入与推进中国—东盟自由贸易区建设进程，推陈出新、创造性提出"一轴两翼"型开放战略，创办中国—马来西亚"两国双园"开放合作新模式，从而形成了广西区内、国内华南与西南、东盟国际三个层面相协同的主动开放战略格局，促使广西北部经济区一跃成为中国对东盟开放合作的前沿和窗口、国际大通道、交流大渠道与合作大平台，走出了一条全方位开放推动后发跨越发展的道路，正在向开放合作示范区迈近。

## 三、开放合作平台及载体建设不足

### （一）国际开放合作平台及载体建设不足

分工不明确，削弱平台合作效能。现有诸多合作平台的主要合作领域出现内部交叉重叠现象，其中重叠现象最突出的是经济合作及基础设施两大合作领域（如大湄公河次区域与中新经济走廊都将基础设施建设作为各自的主要合作方向），贸易及基础设施诚然是开放合作平台及载体的主攻方向，各平台及载体对其进行重点强调本无可厚非，但是内部之间需要进一步协调以发挥各自对经济及基础设施等合作领域的最大效能。

表 14 – 9 　　　北部湾经济区国际开放合作载体及主要内容简介

| 开放合作平台及载体 | 主要合作方面内容 |
| --- | --- |
| 中国—东盟自贸区 | 贸易投资等经济合作 |
| 大湄公河次区域 | 基础设施建设、跨境贸易与投资、私营部门参与、人力资源开发、环境保护和自然资源可持续利用 |
| 中新经济走廊 | 基础设施、产业、投资融资 |
| 泛北部湾经济区 | 企业对话与合作；国际贸易与投资联系 |
| 开放合作平台及载体 | 主要合作方面内容 |
| 中国—东盟博览会 | 商品贸易、投资合作和服务贸易、技术合作 |

续表

| 开放合作平台及载体 | 主要合作方面内容 |
|---|---|
| 广西中泰（崇左）产业园、中国—马来西亚钦州产业园区、广西中国—东盟青年产业园、中国—东盟跨境电子商务产业园、广西边境经济合作区、保税港区 | 产业合作、资金合作及技术合作 |

合作载体效能较低，体制机制有待完善。截至 2014 年，中国—马来西亚产业园尚未投产并获取相应经济收入，使得经济效益与其高平台、高起点不相匹配。研究发现，其起点虽高，但园区经济效益没有得到及时有效发挥，究其原因主要是开放合作合作模式有待进一步探索是否符合区域发展实际、开放合作载体的组织管理模式有待进一步优化以适应市场经济体制。

**（二）国内开放合作平台及载体建设不足**

战略协同有待提高。载体及平台战略协同有待提高，主要表现为三方面，即合作组织的战略协同、合作领域的战略协同及合作规划的战略协同。围绕与东盟开放合作平台这一主题，国内开放合作平台并没有统一的横向组织机构进行引导，不利于开放合作平台及载体资源优势的发挥；开放合作平台及载体涉及农业、金融、环境、教育、旅游、经贸、能源、交通、卫生、人力资源、文化等诸多领域，但各领域之间内部协同能力差，需要对合作领域进行整合，以提高平台及载体在合作领域的相互协同能力；现有合作平台及载体各自为政、一盘散沙现象明显，需要从全局着眼、大局出发，制定一体化规划，对开放合作平台及载体进行科学有效指导。

合作创新有待升级。北部湾经济区目前主要依据《落实中国—东盟面向和平与繁荣的战略伙伴关系联合宣言的行动计划（2005~2010）》《落实中国—东盟面向和平与繁荣的战略伙伴关系联合宣言的行动计划（2011~2015）》以及国家领导人与东盟国家达成的新认识来参与东盟合作平台及载体建设，尚未主动健全、创新合作平台相关领域，在合作模式创新、合作平台与载体的探索完善等方面表现出明显不足。

# 第三节　北部湾经济区开放合作条件分析

## 一、开放合作优势

### （一）得天独厚的区位优势

沿海区位优势。北部湾经济区位于我国沿海西南端，是广西区对外开放的最前沿，是大西南出海大通道的必经之地及最重要港口所在地，是西部大开发唯一的沿海区域，是中国唯一一个与东盟海陆相连的省份。经济区内分布有铁山港、廉州港、三娘港、钦州港、防城港、珍珠港等港湾，具备将沿海优势转化为开放合作中交通优势、资源优势的潜力。

沿边区位优势。北部湾经济区有 8 个县（市）与越南接壤，现有边境口岸 12 个，其中东兴、凭祥、友谊关、水口、龙邦等 5 个口岸为国家一类口岸，另外还有 25 个边民互市贸易点。北部湾经济区具有中国至越南陆路最近通道，从凭祥市友谊关至越南谅山市仅 18 公里，到越南首都河内市 180 公里，境内有火车可直达越南的河内市。得天独厚的沿边优势对北部湾经济区与东盟发展直接、双边、多边或转口贸易，以及出口加工等带来优越条件。

沿江区位优势。北部湾经济区内部河流众多，有邕江、南流江、钦江、防城河等流经，境内河网密布，沿江优势虽不如西江流域明显，但实力依旧不容小觑；利用内河密布优势，大力发展沿江港口及水运，将经济区内城市紧密联系，并为北部湾经济区城市抱团发展及与港澳、广东等地的交流提供便利。

## （二）资源丰富优势

北部湾经济区具有丰富的海岸线资源、港口资源、土地资源、水资源、旅游资源、生物资源、矿产资源等，生态系统优良，环境容量大，开发程度较低，承载力高，发展潜力大。

海岸线长，优良港口多。北部湾经济区海岸线曲折，海岸线东起粤桂交界处的洗米河口，西至中越边境的北仑河口，长 1 628.6 公里，海岸迂回曲折，多溺谷、港湾；港口资源十分丰富（见表 14 - 10），其中防城港、钦州港、北海港、铁山港、珍珠港等具有良港条件，具备避风隐蔽、不冻不淤等优势，可开发建成 120 个以上的万吨级深水泊位，开发后年吞吐能力可达 1.4 亿吨，沿海港口最终开发潜力达年吞吐能力 2 亿吨以上，能够满足海洋运输业向大发展的需求，具备与世界各大港口直接往来的条件，以及打造面向东盟的区域性国际航运中心和交通大枢纽的潜力。

表 14 - 10　　　2012 年北部湾港及其周边规模以上港口生产用码头泊位

| 地区 | 港口 | 码头长度（米） | 泊位总数（个） | 万吨级泊位数（个） |
|---|---|---|---|---|
| 广东 | 阳江 | 2 232 | 10 | 9 |
| | 茂名 | 2 428 | 18 | 9 |
| | 湛江 | 15 757 | 153 | 31 |
| 广西 | 北部湾港 | 30 624 | 240 | 65 |
| 海南 | 海口 | 4 884 | 36 | 10 |
| | 洋浦 | 5 197 | 29 | 14 |
| | 八所 | 1 754 | 10 | 8 |

资料来源：笔者根据《广东统计年鉴》（2013 年）、《广西海洋经济公报》（2013）、《海南统计年鉴》（2013）整理。

土地资源总量丰富，后备土地资源充足。北部湾经济区可用于城市建设和工业开发的土地面积占经济区总面积的 9%，截至 2013 年只开发了 2.18%，尚有 2 906 平方公里可供开发，工业用地较为丰富、地价较低等优势，成为经济区建立中国—东盟相关产业园区、培育主导产业、构筑现代产业体系、加快区域跨越和转型发展的关键性保障与支撑条件。

河网密布，水质量好。经济区主要河流有西江水系的郁江流域、红水河流域以及桂沿海诸河水系，总流域面积为 4.22 万平方公里。多年平均水资源总量为 349.6 亿立方米，占广西水资源总量的 18.5%，人均水资源量为 2 943 立方米，总体水质良好。

海洋旅游资源种类多，基数大。北部湾经济区资源丰富，主要拥有滨海类、人文类、古迹类及风光类旅游资源，可满足游客的民族风情体验、滨海风光及边境旅游等旅游需求。现有 2A 级以上景区有 81 个，占全区 2A 级以上旅游资源总数的 33.4%，其中国家 4A 级景区 37 个（见表 4–11），主要有北海银滩、涠洲岛、山口国家级红树林生态自然保护区、北仑河口国家级红树林自然保护区、三娘湾旅游区、"七十二泾"以及京岛景区（与越南相邻的）等特色旅游资源，具备发展环北部湾滨海旅游圈、打造国际旅游度假区的资源条件。

**表 14–11**            **北部湾经济区各市旅游资源分布**

| 地区等级 | 5A | 4A | 3A | 2A | 合计 | 占全区总量（%） |
|---|---|---|---|---|---|---|
| 南宁市 | 1 | 16 | 12 | 0 | 29 | 12.1 |
| 玉林市 | 0 | 3 | 6 | 3 | 12 | 4.6 |
| 北海市 | 0 | 6 | 4 | 1 | 11 | 4.6 |
| 防城港 | 0 | 5 | 4 | 2 | 11 | 4.6 |
| 钦州市 | 0 | 4 | 5 | 2 | 11 | 4.6 |
| 崇左市 | 0 | 3 | 2 | 2 | 7 | 2.9 |

资料来源：作者根据《广西统计年鉴》（2013 年）整理，见广西国家 A 级旅游景区一览表。

### （三）区域经济互补性

与东盟贸易结构互补性较强。与东盟国家的贸易互补性主要体现在资源互补性上，其中机械产品、运输工具和设备、建筑材料、林产品、矿产品和农、牧、渔产品等方面互补性最强。首先，北部湾经济区的农业机械、化工原料、建筑材料、纺织服装等在东盟市场有较大的发展空间；东盟国家的资源性产品、电子电器及特色热带水果在广西及国内有很大市场。此外，在国家政策倾斜下，石化、钢铁、林浆纸、电子、核电、轻工食品等重大项目落户北部湾经济区，为扩大与东盟的贸易规模注入了强大动力。

与泛珠三角经济区产业互补性较强。与泛珠三角经济区经济互补性主要体现在经济发展阶段的互补性。首先，以广东为代表的泛珠三角地区、相对广西而言，产业结构相对高级，具有转移产业链下游产业的需求，与此同时，广西区劳动力资源丰富，矿产及相关能源资源、以交通为代表的基础设施能满足产业大规模发展需求，产业转移具备现实基础；其次，泛珠三角经济区的高科技和知识密集型产业是广西以开放合作为手段实现经济发展的必要载体，也是北部湾经济区提高开放合作水平、拓展开放合作领域的重要方面。

北部湾经济区内部抱团发展拓展产业链。南宁作为北部湾经济区的核心城市，其优势在于商贸、金融、物流、信息和人才，是先进铝工业、石化、制糖、医药四大工业基地；北海、钦州和防城港优势是旅游业、港口运输、临海工业和海洋产业；玉林市优势是以玉柴为核心的机械产业；崇左市锰业、制糖业等特色优势产业发展迅速。北部湾经济区六市抱团发展，延伸产业链。

### （四）历史文化联系紧密

骆越文化促使北部湾经济区与东盟国家文化认同加深。桂、粤、琼与东南亚中南半岛北部同为骆越文化区，壮族、傣族、布依族和越南侬族、老挝佬龙族、缅甸缅族等东南亚民族具有人种学意义上的胞亲关系，远古时代生活在南宁武鸣的骆越人是这些民族的共同祖先。表现最为突出的是"那"文化，"那"（或"纳"）在这些民族的语言中为"水田"之意，他们以水田耕种水稻为生，由此形成了"那"文化，又称稻作文化，是骆越文化的组成部分。由于北部湾经济区与东盟国家具有共同的民族起源及历史文化传承，因而具有较大的文化认同及文化交流，有利于打造共同的文化产业，构建跨国民族文化旅游圈，扩大文化影响力和吸引力。

岭南文化和疍家文化促使北部湾经济区与港澳粤琼文化认同加深。岭南文化由广东文化、桂系文化和海南文化组成，以农业文化和海洋文化为源头，在其发展过程中不断吸取和融汇中原文化和海外文化，逐渐形成独有的特点，具有开放、兼容、进取、重商的文化特质。疍家是我国粤、桂、闽、琼、浙等东南沿海地区水上居民的统称，在饮食、禁忌等方面独具特色。北部湾经济区与港澳粤因同属岭南文化和疍家文化地区，长期以来，语言、饮食及禁忌等相通或相同，文化认同进程持续推进。

## 二、面临的机遇

### （一）全球及国内产业转移

东盟成为全球产业转移承接地，带来产业集聚发展机遇。受经济全球化生产分工细化的影响，企业出于追逐利润最大化的需要，将对人力和技术要求不高的低端制造业转移到新兴的发展中国家，以利用该地区的廉价资源并抢占市场。近年来，东盟国家由于劳动力及原材料等资源的比较优势，成为全球产业转移的集中转移地及受益者，这种产业转移趋势近期内还有可能持续，产业转移规模也会不断壮大。基于北部湾经济区与东盟国家的交通及区位优势，全球产业链转移将作为产业转移承接地的北部湾经济区带来产业集聚发展机遇。

承接泛珠三角产业转移，助力北部湾经济区开放合作。随着东部沿海地区经济发展模式转型，中国沿海地区大量制造业、服务业企业正在或已经向中国中西部地区转移。北部湾经济区在吸收劳动密集型、技术密集型和资本密集型产业的同时，积极向生产性服务业延伸，由产业转移带来的人流、信息流及资金流推动了北部湾经济区对外开放的广度及深度，带来新的发展机遇。

### （二）中国—东盟自贸区升级版建设

中国—东盟自由贸易区升级版建设全面启动，推动北部湾经济区生产要素合理流动。自2002年中国—东盟自由贸易区正式启动以来，中国与东盟国家贸易关税逐渐下降，双边贸易量不断增长，至2015年，中国连续5年是东盟最大贸易伙伴，东盟已成为中国第三大贸易伙伴。自2008年全球金融危机之后，我国以开放促改革的要求更加迫切，对此，李克强总理提出要打造中国—东盟自由贸易区升级版，提高贸易和投资自由化、便利化水平。中国—东盟自由贸易区升级版使生产要素流动自由度提高，给北部湾经济区与东盟基础设施等的互联互通建设、资金、技术及人才交流带来更大的发展机遇。

中国—东盟自由贸易区升级版建设推动金融、电商等领域跨国合作。随着生产要素高效流动、贸易自由化程度加深，优化金融、通信及贸易手段成为亟须进一步优化的领域，基于此，跨国人民币业务等金融合作、跨境电子商务等领域将在中国—东盟自由贸易区升级版中得到巨大推动。

### （三）中国—东盟"一轴两翼"合作建设

"一轴两翼"为北部湾经济区产业合作及通道格局优化提供契机。随着中国—东盟自由贸易区的建立和发展"一轴两翼"战略设想逐步形成，是在中国—东盟自由贸易区框架下的发展战略。首先，"一轴两翼"建设促进经济区产业结构调整，对于北部湾经济区来说，中国—东盟"一轴两翼"区域经济合作新格局的构建，符合广西与东盟区域经济、主导产业或支柱产业结构调整优化的前进方向，有利于北部湾经济区的生产资源在世界范围内进行重新配置和组合，推进经济区区域经济体系的形成，强化区域产业互补性整合，进而扩张北部湾经济区融入全球经济一体化进程的经济规模。其次，"一轴两翼"建设凸显北部湾经济区区位优势。这一格局的构建，可以突破原有区域合作思路的局限和盲点，进一步凸显北部湾经济区在建设中国—东盟自由贸易区的通道价值和枢纽价值，使北部湾经济区从中国—东盟的地理中心转变为经济中心和区域枢纽。

### （四）泛珠三角合作

泛珠三角合作为北部湾经济区与周边省区实现全方位优势互补提供机遇。根据《泛珠三角区域合作框架协议》，泛珠三角区域合作着重在基础设施、产业与投资、商务与贸易、旅游、农业、劳务、科教文化、信息化建设、环境保护、卫生防疫等十个领域推进。基于自身的资源优势、区位优势和政策优势，北部湾经济区将在优先承接广东产业转移、劳务输出与农产品输出、与泛珠三角地区共同打造旅游圈等方面获得难得的机遇。

## 三、面 对 的 挑 战

### （一）区域经济发展不平衡

区域内部各市地区生产总值总量及人均地区生产总值差距大。2014年，经济区各市年均地区生产总值为 12.4 百亿元，其中北海、钦州、防城港、崇左四市地区生产总值总量远低于经济区平均值，南宁市年地区生产总值总量最高，防城港市最低，分别为 3 148 亿元和 589 亿元，南宁市约是防城港市的 5.35 倍。经济区年人均地区生产总值为 4.14 万元，其中玉林、钦州、崇左三市低于经济区平均值，防城港市最高，玉林市最低，分别为 6.55 万元、2.39 万元，防城港市约是玉林市人均地区生产总值的 2.74 倍，人均地区生产总值年增速最大值与最小值相差 6.7 个百分点（见图 14 - 2）。

工业化水平内部差距较大。工业化水平很大程度上反映一个地区的经济发展水平，工业化率在 20% 以下为农业社会，20% ~ 40% 为工业化初期，40% ~ 50% 为工业化中期，50% 以上为工业化后期，北部湾经济区各市虽都处于工业化初期，但 6 市之间工业化率差异较大（见表 14 - 12），工业化率最高的防城港市与工业化率最低的南宁市相差约 19 个百分点，工业对各市经济贡献大小不一。

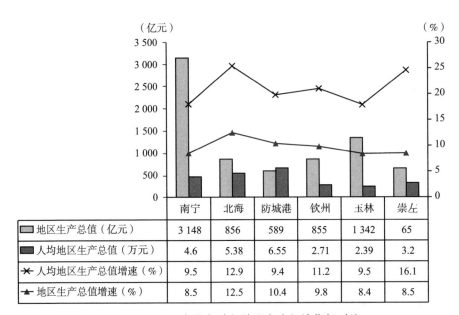

| | 南宁 | 北海 | 防城港 | 钦州 | 玉林 | 崇左 |
|---|---|---|---|---|---|---|
| ■ 地区生产总值（亿元） | 3 148 | 856 | 589 | 855 | 1 342 | 65 |
| ■ 人均地区生产总值（万元） | 4.6 | 5.38 | 6.55 | 2.71 | 2.39 | 3.2 |
| ✕ 人均地区生产总值增速（%） | 9.5 | 12.9 | 9.4 | 11.2 | 9.5 | 16.1 |
| ▲ 地区生产总值增速（%） | 8.5 | 12.5 | 10.4 | 9.8 | 8.4 | 8.5 |

**图 14 – 2　2014 年北部湾经济区各市经济指标对比**

资料来源：广西壮族自治区统计局. 广西统计年鉴 2015［M］. 北京：中国统计局出版社，2015。

表 14 – 12　　　　　2013 年北部湾经济区各市工业化率表

| 地区 | 地区生产总值（亿元） | 工业生产总值（亿元） | 工业化率（%） |
|---|---|---|---|
| 南宁 | 2 803.5 | 820.6 | 29.27 |
| 北海 | 735 | 332.78 | 45.28 |
| 防城港 | 525.15 | 257.02 | 48.94 |
| 钦州 | 753.74 | 250.12 | 33.18 |
| 玉林 | 1 198.46 | 434.06 | 36.22 |
| 崇左 | 584.63 | 210.62 | 36.03 |

资料来源：广西壮族自治区统计局. 广西统计年鉴 2014［M］. 北京：中国统计局出版社，2014。

城乡经济差距较大。北部湾经济区六市城市居民人均可支配收入基本在 24 000 元左右，北海市、钦州市和崇左市相对较低，农村居民纯收入基本在 8 000 元上下，崇左市最低为 7 077 元（见表 14 – 13），城市居民人均可支配收入基本为农村居民纯收入的 3 倍，区域之间城乡居民收入差距较大，制约了区域经济协调发展。

表 14 – 13　　　　　　　2013 年北部湾经济区各市城乡居民收入

| 地区 | 城市居民人均可支配收入（元） | 农村居民人均纯收入（元） |
|---|---|---|
| 南宁市 | 24 817 | 7 685 |
| 北海市 | 23 407 | 8 239 |
| 防城港市 | 24 423 | 8 557 |
| 钦州市 | 23 695 | 8 054 |
| 玉林市 | 24 366 | 8 272 |
| 崇左市 | 21 289 | 7 077 |
| 全国 | 26 855 | 8 896 |

资料来源：广西壮族自治区统计局. 广西统计年鉴 2014 ［M］. 北京：中国统计局出版社，2014。

### （二）地区利益协调难度大

北部湾经济区内部各城市区位优势、自然资源趋同，尤其是沿海三市在港口、海洋生物、矿产、旅游资源等方面类似或相同，使各市依托资源扩大地区利益基础建立的产业结构趋于同化，产业同构化激化区域内部利益竞争，各市间各自为政、协调难度较大。

港口地位之争使得政府层面难以协调。港口地位之争主要表现为沿海三市。国家大政策支持下区域发展带来发展机遇，三市都具备沿海发展优势，各市为促成本区地区生产总值增长，于是出现了防城港、北海港、钦州港都提出要打造大西南面向东盟市场最便捷的出海口的现象，为了争得该头衔，各市投入巨大的人力、物力，导致重复建设及恶性竞争，缺乏强有力的手段协调政府层面的过度竞争。

临海重工业和能源项目竞争使产业层面难以协调。钦州、防城港、北海三市纷纷设立临海重工业区，力争能源项目的落户，如北海市的铁山港工业园规划有临海重工业区，防城港企沙半岛引进由武钢和柳钢联合建设的特大型钢铁项目，布局石油化工、钢铁、电力、机械和修造船等大型临海重工业项目。市场条件下争夺有限的投资额及项目，并且热衷建设深水航道，扩大港口经营项目，使得临海重工业等相关产业趋于无度及重复建设，不仅不能实现产业集聚正效益，而且不能有效完善产业链条，实现产业升级及结构优化。

招商引资之争使得重大项目层面难以协调。归因于区位优势及招商条件的相似性，北部湾经济区各市并不是通过科学、合理的手段解决招商引资问题，而是以简单的"让利竞赛"决胜负，造成严重内耗及低水平恶性竞争，一定程度削弱了重大项目对区域发展的推动效应，使得区域利益更加难以协调。

**（三）区域合作制度推进慢**

与东盟区域合作制度推进较慢。中国—东盟合作、泛北部湾经济合作虽然得到相关国家的认可，但尚未建立各国政府部门间开放合作机制和相应的工作机构，导致合作各方难以对合作的重大事项进行交流，难以对优先领域、行动计划和标志性项目进行系统性规划和磋商，能源资源合作、服务领域合作、互联互通合作、社会人文交流合作、金融合作、口岸通关合作等方面合作制度仍有待提升。

与泛珠三角经济区及大西南地区合作制度推进较慢。相较于重庆渝新欧模式，北部湾经济区西南出海大通道建设不仅进度较慢，而且没有形成与周边省份开展长效合作的常设协调机制，使得合作机制的广度及深度受到制约，产业分工协作难以形成，联动发展格局难度大。

# 第十五章

## 北部湾经济区开放合作战略与目标

### 第一节　开放合作原则

#### 一、独立自主，维护权益

在推动区域深入发展开放合作的过程中，致力于深化同周边国家、地区友好关系的同时，必须坚持独立自主、维护权益的原则。针对部分地区受到其他国家和地区集团干涉的问题，如南海问题，通过调整对外开放合作战略格局，灵活进行战略控制尝试予以解决。通过开放合作，发展我国与东盟的经济贸易，加强各相关国在我国的利益保障，增强其对中国的经济依赖，以此约束相关国家在争端问题上做出的冒进举措。积极参与周边合作机制，拓展合作领域，推进开放合作关系长期稳定健康发展。

## 二、平等互利，共同发展

不同民族不同国家在经济发展水平、宗教信仰、政治制度上存在较大差异，在北部湾经济区开放合作过程中，各国家、省区、民族需要相互尊重彼此文化的差异，相互借鉴，深化互信合作，以理解促进和谐发展。如省与省之间合作，需要建立在平等互信的基础上，在合作中有竞争，在竞争中有合作。广西是我国对东盟国家开发开放的桥头堡，在开展与东盟国家合作时，要在与东盟国家交通、电力、航线等基础设施对接的规划合作中加强对外开放战略合作，主动"走出去"，在与东盟国家投资合作中进行分工合作、在举办各类涉及东盟国家的博览会中相互支持，实现共同发展。

## 三、优势互补，合作共赢

在区域经济合作发展中，要充分利用各区域的优势，与周边地区进行优势互补，实现共同发展。对国内主要是向华南、西南、中南及港澳地区开放，根据产业结构特点调整方向，借鉴华南向内地、大西南逐步扩散产业的特点，充分利用沿海地区区位优势，与各区域联合开发优势产业。对国外主要向东盟各国开放，加快推动形成以大湄公河次区域经济合作和泛北部湾经济合作为两翼、以南宁—新加坡经济走廊为中轴的中国东盟"一轴两翼"区域经济合作新格局。积极创造发展条件，全面参与多区域合作，加强区域产业对接，促进优势互补，推动区域协调发展，提升区域经济竞争力，实现合作共赢。

## 四、先易后难，全面突破

北部湾经济区推进对外对内的开放合作，要遵循循序渐进、先易后难的规律，推进在更宽领域、更大范围的区域经济一体化进程。以构建中国—东盟国际大通道为重点，首先加快泛北部湾地区国家互联互通步伐，加快推进泛北部湾区域互通互连基础设施建设，加快泛北部湾经济合作路线图和专项合作规划的完善和实施；其次务实推进重点领域合作，加快金融合作步伐，加强园区、物流、金融等方面的合作，推进港口合作，积极推动投资合作平台建设，加快构建泛北部湾合作的支撑体系；最后进一步完善合作机制，形成有效的合作交流通道，推动合作项目，推动泛北部湾区域和次区域合作。

## 第二节　开放合作战略

### 一、双向开放战略，构筑开放合作新前沿

通过实施外引东盟、内联中国大陆的双向开放战略，促进区域全方位开放。国内经济合作中积极参与泛珠三角区域经济合作，主动承接粤港澳产业、资金、技术转移和辐射；加强与粤湘黔滇周边省交通、物流、旅游、能源资源开发和环境保护合作；扩大与西南地区的经济协作，加强与长三角、环渤海经济区的合作，吸引资金、技术和人才；深化桂台经贸合作，建设海峡两岸合作试验区。国际经济合作中加快国际大通道建设，全方位多领域扩大与东盟成员国的经济合作，加快推动大湄公河次区域经济合作、泛北部湾经济合作和南宁—新加坡经济走廊建设，积极拓展与日韩、欧美及其他国家和地区的经济合作。不断扩大对外对内交流口径，积极开拓东南亚市场，构筑开放合作新前沿，推动本地产业发展。

## 二、"四沿"互动战略，打造开放合作新格局

"四沿"互动战略是指沿海、沿江、沿边、沿国际大通道互动战略，主要包括环北部湾经济区、西江黄金水道和沿江经济带、广西西南部与越南东北部山水相连的区域，以及中国与东南亚各国联系的海、陆、空交通的建设与开发。选择江海沿岸和边境地区作为重点投资建设的地区，形成经济发展的增长极和增长轴，建设西江流域，使其成为广西内河连接珠三角经济圈和北部湾经济区的水上主推力，加快区域互联互通建设，促进沿边相关产业的繁荣发展，使我国与东南亚各国的联系更紧密。区域之间相互融通、相互促进，通过增长极的极化和扩散效应，带动整个经济区发展。

## 三、提质增效战略，构建开放合作新常态

提质增效战略主要把立足点转移到提高经济发展的质量和效益上，把精力主要放在结构调整、产业升级、创新驱动、环境保护等方面。在开放合作过程中，从节能、环保、安全、资源利用率以及技术方面制定明确的标准，在公平的市场竞争中不断使新的有竞争力的产业成长，淘汰相对落后的、节能效果差的、能耗高的、不利于环保的产业，提高市场准入标准，不断促进产业的转型升级。不断深化体制机制改革，提高产业生产质量和增加效益，加快开发开放步伐，构建开放合作新常态，推动全区经济向中高端迈进。

## 四、科技文化共促战略，提升开放合作新高度

在区域经济发展中充分发挥科技进步的驱动力量，文化潜移默化地作用于事物的内在力量，将文化与科技融合起来，共同促进区域经济创

新发展。北部湾经济区可在实施开放合作过程中，努力攻克重点文化科技创新领域，搭建文化与科技融合服务平台，实现文化软实力与科技硬实力的融合发展。依托当地浓厚的文化底蕴，通过技术的集成应用，主动构建文化产品形式，积极探索文化传播服务模式，探讨技术进步促进经济增长的模式、机制和途径。通过科技文化共促战略，提升开放合作新高度，加速北部湾经济区发展成新的区域增长极，带动周边地区发展。

# 第三节　开放合作目标

## 一、开放合作总体目标

到 2020 年，北部湾经济区开放型经济体系进一步完善，开放型经济在全国沿边地区处于领先水平，基本建成"一带一路"有机衔接的重要门户核心区、中南西南开放发展新的战略支点及面向东盟的国际大通道。

展望 2030 年，"一带一路"有机衔接的重要门户核心区、中南西南开放发展新的战略支点及面向东盟的国际大通道得以进一步优化巩固，发展成为广西地区经济增长核心、中国南部沿海经济增长极、中国沿边开放型经济示范区。

——"一带一路"有机衔接的重要门户核心区目标。到 2020 年，金融综合改革得以加快，开放合作平台建设得以加深，自由贸易区发展内容得以扩充，开放型产业体系基本形成，外资利用方式日趋多样化，"一带一路"有机衔接的门户重要核心区基本建成。

——中南西南开放发展新的战略支点目标。到 2020 年，港口资源得以优化配置，港口服务功能得以提升，港口战略同盟得以构建，无缝衔接运输体系基本形成、节点全面盘活、中南西南开放发展新的战略支点局面基本建成。

——面向东盟的国际大通道目标。到 2020 年，国际高层交往与对话得以深化，专门领域对口磋商机制得以形成，包括政策互通、跨境大通道、贸易畅通、货币自由流通及民心相通在内的"5 通"格局基本形成，面向东盟的国际大通道基本建成。

## 二、开放合作分目标

### （一）开放合作分目标构建原则

系统性与独立性的统一。目标指标选择应全面反映北部湾经济区产业、园区、口岸、金融、生态等开放合作的内容，使其构成开放型经济可持续发展水平的有机整体，同时，指标体系中的每个指标能独立反映某一方面的内容，保持严密的内部逻辑统一性，形成有序、有机的联系。

科学性与可行性的统一。尊重北部湾经济区开放合作基础，借鉴既有相关成果，使指标设置力求科学准确，计算公式具有逻辑性，能客观真实地反映开放型经济诸多方面。在此基础上要考虑到指标所需数据的可获得性，能从各种统计数据中直接获得或者通过计算求得，指标内容应简单明了，容易理解，通常以人均、百分比、增长率等表示，并具有较强的可比性。

现实性与前瞻性的统一。北部湾经济区开放合作目标体系应客观反映开放型经济可持续发展水平的现状，应该具有横向可比性，以利于对同一时期，不同地区发展情况进行比较分析，同时考虑其设置的指导性和前瞻性，以期更好地刻画与度量区域开放型经济可持续发展水平的未来趋势。

### （二）开放合作分目标说明

遵循指标体系构建原则，立足数据获取及可操作性，从开放合作内涵剖析其表现形式，重点关注经济领域开放合作成果，构建由开放基础、开放规模及开放效益三大一级指标、十四个二级指标组成的分目标体系。其中，FDI 依存度 = 外商直接投资额/地区生产总值；外贸依存度＝对外贸易额/地区生产总值；外贸经济贡献度＝净出口增量/地区生产总值增量；高新技术产业产值比重＝高新技术产业产值/规模以上工业企业产值；高新技术产品出口比重＝高新技术产品出口额/工业制成品出口额。

表 15-1 北部湾经济区开放合作目标体系表

| 一级指标 | 二级指标 | 2014 年 | 2020 年 | |
|---|---|---|---|---|
| | | | 绝对值 | 年均增长（%） |
| 开放基础 | 人均地区生产总值（元） | 43 578 | ＞70 000 | 9 |
| | 城镇化率（%） | 47.7 | 60 | — |
| | 第三产业比重（%） | 39.27 | 45 | |
| 开放规模 | 港口货物吞吐量（亿吨） | 2.02 | ＞5 | — |
| | 外贸进出口总额（亿美元） | 342.98 | ＞1 655 | 30 |
| | 外商直接投资额（万美元） | 49 736 | ＞300 000 | 35 |
| | FDI 依存度（%） | 0.41 | ＞1.5 | — |
| | 外贸依存度（%） | 28.32 | 50 左右 | — |
| | 实际利用外资额（万美元） | 68 155 | ＞200 000 | 20 |
| | 项目数（个） | 92 | ＞270 | 20 |
| 开放效益 | 外贸经济贡献度（%） | 27.77（2013 年） | 50 左右 | — |
| | 高新技术产业产值比重（%） | — | ＞40 | |
| | 高新技术产品出口比重（%） | — | ＞60 | |
| | 劳务合作营业额 | — | — | 50 |

资料来源：广西壮族自治区统计局．广西统计年鉴 2015［M］．北京：中国统计局出版社，2015。广西壮族自治区商务厅等。

# 第十六章

## 北部湾经济区开放合作
## 发展思路与平台构建

### 第一节　构建"一带一路"有机
### 衔接的重要门户核心区

## 一、发展思路

### (一) 加快升级版自贸区建设

北部湾经济区作为我国"一带一路"对外开放新格局中有机衔接的重要门户的核心区，首要任务是加快东盟自贸区升级版建设，推进北部湾经济区与东南亚区域经济一体化进程，使其成为我国与东盟地区沟通最密切、往来最顺畅、形式最丰富的地区。为西南、中南等内陆地区开拓东盟市场提供良好条件，成为连接"陆上丝绸之路"和"21世纪海上丝绸之路"的关键节点。

北部湾经济区应积极依托中国—东盟自贸区的发展契机，充分发挥区位优势，加快推进自贸区升级版建设。促进北部湾经济区与东盟国家间经济的深度融合，加快推进人民币国际化，深化港口与口岸合作，提升产业合作高度，推动服务贸易自由化，构建新一轮合作体制。加快构建北部湾经济区对外开放新格局，提升对外开放水平，建设成为开放型经济"新高地"。这既是北部湾经济区对国家战略部署应尽的责任，也是自身发展的强力支撑。

### （二）开放发展层次和水平

要承担起"一带一路"有机衔接的重要门户职能，不仅要有扎实的经济实力支撑，而且要求成为引领区域开放合作的示范区，实现由点到面、全面盘活的全方位开放新格局。

通过主动搭建开放合作新平台、扩大开放合作范围和领域、培育稳定营商环境、改革创新合作机制等措施和手段，着力培育开放型经济发展新优势。推动北部湾经济区开放型经济朝着优结构、高效益、深层次的方向发展，在区域经济竞争中率先突围，推动北部湾经济区实现高水平崛起。

### （三）着力构建内联外通经济走廊

依托北部湾经济区沿海沿边的区位优势，一方面加快重要交通通道建设，打通经济要素流通节点；另一方面深化区域经济政策协调，消除要素流通壁垒，致力于打造中国与东盟国家全方位、多层次、复合型的互联互通网络，建设成为中国内陆与东南亚地区经济、政策、信息等对接与联合的输送地和汇集区。为发挥各方市场潜力、协调生产要素流动、促进区域投资和消费、深化市场融合等提供必要的基础条件和平台。推动在更大范围、更高水平、更深层次实现区域的经济合作。

## 二、重点任务

### （一）更新扩充自贸区发展内容

1. 拓展"两国双园"模式，打造"多国共建区"

"两国双园"模式是北部湾经济区与东盟国家推进相互投资和产业

合作的创新，但由于与当地园区市场竞争激烈，存在产业不集聚、经济效益低、土地利用粗放等问题，亟须转变现有产业合作模式，寻求更适合市场发展需求的新模式。

首先，扩大"两国双园"范围，拟定"中国—东盟产业合作共建区"范围。"共建区"范围不仅限于工业园区，可进一步扩大合作区域，囊括港口、生活区等多功能区域。其次，积极整合土地资源，对零散、闲置土地进行回收重置，重新制订用地供应总量、布局和结构，根据合作国家的投资水平和企业实力划定土地使用范围。最后，创新投资合作形式。在"共建区"内，东盟国家不仅能够设厂生产，也可参与基础设施建设、开展商务合作、金融投资、物流运输等多方面、多层次的产业合作。同时秉持"园区共建、品牌共营、产品共销"的发展策略，对合资项目实施品牌立市、品牌营销、品牌推广战略，共建活力型高品质"共建区"。

2. 打造劳务培训示范基地

培育专业对外劳务培训合作机构。制定地方性法规，明确规定从事对外劳务培训合作机构的基本要求和标准，对劳务合作机构实行资格评定和考核评定，从培训人数、基础硬件、软件配套、服务质量等多方面进行综合考核评定，能升能降，建立公开透明的竞争机制，政府根据评定结果进行有区别有重点的扶持。鼓励劳务培训机构与东盟国家、外经公司或国外劳务基地建立合作关系，实现常态化、定向化劳务培训，从而提高对外劳务培训质量。通过认证的培训机构，对有能力和条件完成培训的人员颁发东盟国家认可的出国培训合格证和专业技能资格认证。

搭建劳务合作信息平台。通过网络平台，对外将政府相关部门、境外驻派机构、对外劳务合作企业等机构收集的信息进行整理汇总，并及时准确地进行发布，为劳务培训机构提供国际劳务市场最新动态。对内与各就业服务机构进行互联，以便劳务机构能够根据市场需求及时更新培训内容和方向，以培养更多市场紧缺型人才。

### 3. 建成中国—东盟"免签"大区

目前，东盟部分成员国对中国公民的旅游签证还比较复杂，应参考欧盟的"申根协定"模式，逐步建立一个具有共同外部边界而没有内部边境检查的区域。第一，构建统一的边境检查执行标准和共同的信息系统。各国均按照统一的检查标准执行，且所有的参与国必须信赖其他国家进行边境检查的能力。共同的信息系统保证参与国之间能够发布同级罪犯、失踪人员等警告信息，并建立有关各类非法活动分子情况的共用档案库，确保各国出入境人员的合法性。第二，颁发统一格式的签证。统一签证获得各参与国的认可，申请人一旦获得某个国家的签证，在全部参与国内同样有效，可在签证有效期和停留期内在所有成员国内自由旅行。第三，推动成立中国—东盟出入境管理委员会。委员会负责对各国出入境执行进行管理监控，对特殊事件进行评估决策等。如对造成国际通缉犯人偷越境成员国进行追责；在举办国际体育赛事、重大文化政治活动时，某一成员国需要实行单边边检，需提前提出申请，经来自成员国的专家团表决等，确保各国协定的有序执行。

### 4. 创新实践"地主港"运营模式

"地主港"模式是指政府委托特许经营机构代表国家拥有港区及后方一定范围的土地、岸线及基础设施的产权，对该范围内的土地、岸线、航道等进行统一开发，并以租赁方式把港口码头租给国内外港口经营企业或船公司经营，实行产权和经营权分离，特许经营机构收取一定租金，用于港口建设的滚动发展。北部湾经济区可以铁山港为试点，试行"地主港"运营模式，最终实现由点带面的推广模式。

建设—运营—移交（BOT）模式或转让—经营—转让（TOT）模式。政府通过投标评估，选定特许权所有人，将一定期限内港口的所有权转交特许所有人，所有人要负责提供港口所有的运营设备，包括运输装卸工具、房屋建设和码头，特许权期限内所有人拥有港口的经营和使用权力。期满之后，港口产权移交当地政府。在特许权期间，港口管理机构仍然享有对港口活动的管理权，港口当局的核心任务是制定运用标准、价格政策、保障运营安全等。

合资模式。包括控股合作和持股合作。通过将资产、资金或经营权进行折股投入，吸引国内外企业或民营企业对港口进行投资建设，港口管理机构可在关键码头设施、物流领域、临港工业项目上实行绝对控股或相对控股。其中资本合作形态，优先考虑码头租赁方式。即将码头租给合资公司，只进行码头经营权的合资，港口管理机构可获得股份分红和资金收入。

**（二）着力扩大开放型经济发展规模**

1. 实施加工贸易倍增计划

（1）转变加工贸易发展方式

充分把握东部加工贸易转移升级机遇，加快经济区加工贸易发展。随着东部沿海地区加工贸易向内陆地区推进，北部湾经济区在承接东部加工贸易转移过程中，在承接发展劳动密集、低附加值产业的方面，应注意把握加工贸易比较优势，选择具有相对优势、能够积累资金、解决就业和盘活资产生产能力的产业；优先选择周边尤其是东盟国际市场需求大的产业，与东盟发达地区保持差异，体现地区特色。

实施"基于高级要素的加工贸易发展战略"。随着全球经济的快速发展，全球加工贸易开始步入一个更高发展阶段，北部湾经济区作为广西乃至全国面向世界发展的一个窗口，加工贸易不能停留在简单的制造、装配环节，还应积极抢占高端领域，推动加工贸易转型升级和跨越发展。重点延长加工贸易产业链，促进加工贸易由水平分工变为垂直整合。在提升企业从事委托制造的配套能力同时，鼓励企业向加工贸易上游的委托设计制造、自主品牌加工制造和研发设计发展；鼓励发展深加工、精加工，提高加工贸易产品的加工程度，释放加工贸易产业辐射能力，改变目标产业链残缺的加工贸易现状，向产业链部分完整的加工贸易过度。

（2）优化贸易商品结构

面对北部湾经济区贸易商品竞争力整体较弱的现实，在未来一定时期内，北部湾经济区应进一步提高机电产品的质量和竞争优势。在北部湾经济区对东盟国家的出口贸易商品中，家电、电子、通信等领域具备明显的优势。应加大对机电产品、电子信息产品的技术改造投入，促进机电产品、电子信息产品的成套设备等高科技产品的成套出口。引导和督促企业参与国际质量认证，培育质量品牌产品，提高产品的国际认可度和市场竞争力。同时，加大对新能源、新材料等新兴产业研发的投入，给予一定的税收优惠，以刺激和扩大新兴产业产品的出口，加快促进对东盟国家贸易商品结构的调整。

2. 构建开放型产业体系

（1）加快农业开放建设步伐

积极推进农业现代化进程。北部湾经济区农业基础扎实，应依靠科技进步加快传统农业的改造升级，逐步改变农业粗放型的增长方式。大力发展特色农副产品的精深加工，提高农副产品的附加值。通过贸工农结合，发展以农业为依托的食品、烟草、医药等特色优势产业；重点发展便于运输的脱水食品，如各种鱼干、肉干等；依托东南亚丰富的热带水果资源，发展休闲食品加工、果汁饮料生产等，提高产品的市场适应力和竞争力。同时推动农业生产经营的标准化建设，重点建设以粮油、水果、蔬菜、海产品等精深加工为主的优势农业基地，加快对经济区内农产品实行品质认证，合力打造和推广"北部湾牌"系列特色产品，将农业资源优势转化为竞争优势和经济优势，以品质战略提高农业整体市场竞争力。

（2）加速传统工业优化升级

从经济发展阶段来看，北部湾经济区总体上还处在工业化中期阶段，产业结构主体仍然是传统产业，涉及面广、层次多。未来北部湾经济区应把传统产业的优化升级作为工作重点。充分发挥能源和矿产资源优势，在发展能源、化工、建材、冶金等基础产业的同时，加快技术进步，推进资源的精深开发，提高产品精深加工程度。积极引进、利用和消化现代高技术，延长产业链，提高资源转换能力，增强产品技术含量，加速产业结构优化升级。依托北部湾经济区沿海丰富的油气资源和相对丰富的水能、海洋能等资源优势，建设石油化工产业基地，积极有序开发水电，加快发展潮汐能、生物能等新能源，推进石油化工等下游产业的发展，推进产业链的延伸，建设一批重要的矿产资源储备基地。

积极发展装备制造业。装备制造业是国民经济的基础性产业，具有很强的产业关联性和带动性，从北部湾经济区现有的产业基础出发，大力发展数控机床、智能测控装置、重工机械、海洋工程装备、电工电器、轨道交通装备等对东盟国家具有相对比较优势的产业，形成技术特色和科技优势，更好地拓展海外市场。

（3）培育战略性新兴产业

北部湾经济区要在壮大提升传统产业的基础上，以各高新技术产业开发区和经济技术开发区为引擎，加快发展市场前景好、服务产业基础条件的战略性新兴产业。重点发展和培育以新型合金材料、电子信息材料、新型建材等为主的新材料产业；以核能、生物质能、风能、潮汐能等清洁能源为主的新能源产业；以中医药、心脑血管疾病、抗病毒和新型疫苗等为重点的生物医药产业；以海洋生物育种、海洋精细化工、海洋工程技术及装备、高端船舶制造、海水综合利用等海洋产业。打造一批行业特色鲜明、区域特色突出的战略新兴产业基地，培育新的经济增长点。

（4）推动现代服务业跨越发展

立足北部湾经济区产业基础，发挥比较优势，以市场需求为导向，突出重点，引导资源要素合理集聚，优先发展旅游业、物流业、金融业，构建结构优化、开放共赢、优势互补的服务业发展格局。

优先发挥旅游业对开放型经济的先导作用和强关联带动作用。北部湾经济区应充分发挥旅游资源优势，加强旅游岸线的保护，保障其旅游功能。重点发展滨海休闲度假、南国边关跨国、民族历史文化、海上运动休闲、会展商务等优势旅游产品。积极培育北部湾经济区海上跨国旅游线路、中越跨国自驾游路线等跨国旅游路线。突出打造北部湾经济区浪漫滨海、中越神秘边关两大旅游品牌，加快建设南宁市、北海市两大旅游集散地，将北部湾经济区打造成重要国际旅游目的地。

重点发挥物流业重要的支撑性功能。要充分利用中国—东盟自贸区和大湄公河次区域合作等相关平台，依托沿海优势，大力发展港口运输、集装箱运输，深化与东盟国家在运输、仓储、货代等物流相关领域的合作。重点推进港口、机场、铁路、高速公路等基础设施建设，推进物流运输大通道和物流中转枢纽的建设，完善物流信息平台建设，规范物流市场秩序，减小物流运输成本，为北部湾经济区开放型经济的产业发展和贸易水平的提高提供支撑。

扩大金融业提高经济运行效率的作用。积极培育北部湾经济区金融市场主体，适当降低在北部湾经济区设立金融机构的资本金、营运规模等方面的门槛，积极扶持新型金融机构的发展，促进多种形式的小额贷款公司、融资租赁机构等机构发展。依托东兴金融改革试验区，加快推进金融体制、机制的改革创新，深化金融衍生品等金融工具的创新和发展，提升金融业整体竞争力。

突出服务外包产业作为开放型经济的重要突破口。鼓励企业以承接国际外包为重点，重点培育物流外包、金融后台服务、研发设计外包、数据处理和财会核算、信息技术外包等外包产业，加快形成产业升级新支撑、外贸增长新亮点和现代服务业发展新引擎。

3. 丰富利用外资方式

（1）积极吸引国际直接投资

在经济全球化的今天，国际直接投资成为当今世界经济发展最主要的驱动因素之一。加快推进北部湾经济区产业市场化进程，放开市场准入领域，允许更多的外资参与北部湾经济区经济、产业、基础设施的发展建设。引进更多跨国集团及经营方式，扶持中小外商投资进入特许经营店、名牌专卖店、代理店等，鼓励大型跨国公司投资制造业企业等，加大外商直接投资范围。在吸引东盟国家直接投资的同时，逐步向日本、韩国等主要东亚、南亚等周边国家拓展，构建国际直接投资的多层次体系。

（2）拓宽外资利用的领域和范围

在充分利用经济区内资源的前提下，逐步完善资本引进和使用的政策，推进资本引进和使用由过度追求数量向提高资本利用成效和水平转型。在加强对关系国家经济命脉和国家战略安全的一些重要行业或领域控制的基础上，对一般竞争性行业或企业，进一步放松限制，放宽对外资进入的管制，提高外资持股的最高比重限制。积极引导旅游、金融、保险、商业、外贸、通信和中介服务等领域逐步放开对外资的利用程度；鼓励符合国家产业政策的现有企业通过并购、转让经营权、股权转让等方式吸引外商投资；选择一批公路、桥梁、隧道、机场及城市公用设施等基础设施项目，吸引外商以特许权经营、项目融资等方式参与建设和经营；鼓励和支持条件成熟的企业到境外资本市场上以对外发行股票的方式利用外资，鼓励有条件的高新技术和成长型企业到境外市场融资；吸引国际实力雄厚大财团、跨国公司并购国有企业，参与国有企业改革和资产重组以及各类基金参与经济区建设，以产权换资金、以市场换项目、以存量换增量。

**（三）联手交通基础设施建设**

1. 加快建成陆上通道

实现交通一体化对打造升级版自贸区至关重要。跨国交通基础设施网络滞后不仅阻碍了区域内生产要素的流动，也导致区域合作项目缺乏发展动力。为此，北部湾经济区首先要加强与东盟国家在交通领域的合作互动。在南宁—河内高速公路和铁路的基础上，加快与东盟各国的协商，推进友谊关—河内—胡志明市—泰国之间的高速公路建设以及南宁—凭祥—河内—胡志明市—金边—曼谷—吉隆坡—新加坡铁路的全线贯通，加快建成以南宁—新加坡为轴心的辐射型公路、铁路网，实现高速公路和铁路的相互连接，形成贯通中南半岛的经济通道，促进货物、人员和资金的流动。

鼓励中国公路和铁路公司，采用建设—经营—转让的形式向基础设施建设相对落后的国家建立建设合同承包。通过与东盟国家签订契约获得一定期限的特许专营权，许可建设公司可通过向用户收取费用或出售产品清偿贷款，回收投资并赚取利润，特许权期限届满时，该基础设施无偿移交东盟国家。通过创新合作形式，加快推动关键交通通道的早日贯通。

2. 推进组建航空联盟

航空发展是实现中国—东盟交通便利化最快捷、最高效的途径。为加快构筑通向东盟的空中国际大通道，积极鼓励北部湾航空公司与东盟航空公司签订合作协议，联手开发新市场、新航线、新产品和新客源，分享航线和基地，并通过共同协调与安排，提供更多班机选择，简化手续及提供更妥善的地勤服务等。依托航空同盟，逐步推进航空运输一体化进程，在合作基础上，逐步统一出入境、关税、机场收费、航班批准时限、争端解决机制方面标准，从而分阶段、分层次地实现航空运输一体化。通过航空同盟的合作形式，一方面降低北部湾经济区内航空公司国际开发投资的风险；另一方面能够提供更加优质高效的服务，提升北部湾经济区航空公司在国际航运市场上的地位。

3. 建设中国—东盟港口联盟

加快推进北部湾经济区港口和东盟港口之间的协同合作，缔结中国—东盟港口联盟。大力发展北部湾经济区港—东盟近洋国际航线，延伸港口腹地范围，吸引国内外实力航运企业前来挂港，拓展业务领域，增加市场份额。积极开辟到东盟各国港口的集装箱新航线，发展集装箱联运业务，建立有序、协调、统一的集装箱运输市场。同时，进一步拓展与东南亚的直航航线，加密与东盟之间的国际航线，开通"海上丝绸之路"客货运"穿梭巴士"。创造条件开通中东航线，开辟通过东南亚主要港口中转欧美市场的新通道。

### （四）提升北部湾经济区港口服务功能

1. 大力开展多式联运，全面提升港口物流功能

以集装箱业务为核心，继续改善港口集疏运网络，建立多式联运体系，在北部湾经济区内加快实现海陆空多种运输方式的无缝对接，鼓励港口运输企业与物流企业组建商业同盟，减少货物转运手续和时间，节省运杂费用，提高工作效率。

加快开通北部湾经济区至云南、贵州、重庆、湖南等内陆省份的高速铁路，实现客货运线分离，建立高效集约的直达连贯的运输网络。加大与昆明、贵阳、重庆、长沙等关键城市的磋商谈判，培育内陆"无水港"城市，实现港口到"无水港"城市"一站式"运输，极大地提高港口与内陆的通达性。增强对西南腹地、服务腹地转运货源吸引力，促进和带动周边经济繁荣，进一步提升北部湾港口地位。

2. 继续做好大通关工作，提高港口运作效率

改善口岸环境和提高通关速度是增强北部湾经济区港口集装箱运输服务能力的关键。在加快完善相关配套设施建设的基础上，要充分调动北部湾口岸办、港务集团等协调单位对海关、边检、检验检疫局等口岸查验单位的协调管理工作，改革通关制度，简化办事程序，加快通关速度，真正提升港口集装箱运输服务能力。

3. 实行港区联动，增强港口影响力和辐射力

充分利用北部湾经济区港口区位优势，在保税区、出口加工区等与港区之间开辟直通道，将物流仓储的服务环节，移到口岸环节，拓展港区功能，实现口岸增值，推动转口贸易及物流业务发展。通过将保税区在税收、海关监管等方面的政策优势与港区在航运、指泊、装卸等交通便利的区位优势相结合，实现航、港、区一体化运作，集装箱综合处理与货物分拨、分销、配送等业务的联动，既是优势互补，也是优势组合，加快推动北部湾经济区建设成为西南内陆和东盟地区国际中转箱的集散地。

## 三、平台与载体建设

### (一)南宁综合贸易中心

#### 1. 深化贸易平台建设

打造国际性专业市场交易平台。北部湾经济区内建设有大量专业交易市场,但建设质量和知名度均较低,未能充分参与东盟国家间的市场竞争。北部湾经济区应充分利用专业市场具有强大竞争力的批发价格优势,规范和统一专业市场的基础设施建设。设立监管中心对市场商品进行质量认证,颁发"质量认证书",并提供价格咨询、生意洽谈、商业投诉理赔等服务。引导设立品牌商品专区,引导市场内经营模式转变,提高专业市场整体质量和交易档次,打造享誉国内外的品牌专业市场。

建设东盟电子商务贸易平台。电子商务平台利用互联网进行以商品为中心的各种商务活动,使交易延伸到世界各个角落,且交易时间不受限制,属于永不落幕的交易市场。依托南博网、阿里巴巴、美丽湾等大型电子商务交易平台,制定统一的资金结算方式和责任补偿制度等,提供专业快捷的在线咨询服务,并对平台中的企业经营者进行监督管理。加快知名企业或产品的入驻,联合东盟国家对销售产品和企业进行"东盟品牌"或"北部湾品牌"资格认证,增强双方市场交易信心和信用保障,降低交易风险。同时,加强电子商务与专业市场的融合,加速推动电子商务网站在专业市场的窗口建设,提升专业市场交易效率。

#### 2. 强化展览展示功能

北部湾经济区应充分把握"中国—东盟博览会"这个大型国际贸易展会,扩大和健全企业已有的营销网络,培养长期稳定的交易对象。围绕"中国—东盟博览会"中心,打造和培育以特色产品和产业为支撑的专业化品牌展会,如中国—东盟铝材博览会、中国—东盟机电博览会、中国—东盟海洋产业展览会、中国—东盟电子产品博览会等。逐步形成与产业高度相关的国际性专业会展。积极吸引东盟国家乃至国际重大展览展示活动进入北部湾经济区，并将其中若干具有代表性的展览展示活动稳定在经济区，组织定期展览，转变成为北部湾经济区具有标志性的展览展示活动。考虑建立中小企业新产品展示馆，以帮助中小企业开拓合作与销售的渠道。

3. 培育多元国际贸易主体

首先，进一步放松管制，吸引更多国内外商贸企业和跨国公司的营运中心进入南宁。加强对现有政策的梳理，找到进一步放松管制的余地，研究如何用好用足已有特殊政策，以对主要的贸易企业和跨国公司产生更大的吸引力。其次，鼓励现有大型贸易企业探索内外贸一体化试点，开展规模化、网络化、品牌化经营，统一采购、配送、资金、信息、标识等业务管理。推动大型国有商贸企业进行资源重组，组建若干个内外贸一体化的大型贸易集团，形成支撑北部湾经济区综合贸易中心建设的骨干力量。构建以大量中小贸易商为基础的，若干大型贸易企业为主导的，跨国采购商、跨国渠道商、跨国公司制造商等参与的多元化产业组织结构。

**（二）沿边经济开发开放试验区**

北部湾经济区拥有两大国家重点开发开放试验区：广西凭祥重点开发开放试验区和广西东兴重点开发开放试验区。两大试验区正处于开发开放建设起飞阶段，应找准突破口和切入点，分阶段、有步骤、有重点地建成西部地区开放程度高、体制灵活、辐射力强的新型特区和国际区域经济合作新高地、沿边开发开放新一极。

1. 特色主导产业战略

依托自身资源禀赋条件，加快制定产业发展专项规划，重点构筑以出口加工、商贸物流以及旅游产业为主导的产业结构体系。

首先，要充分发挥边贸优势，做大做强边民互市贸易区，深度整合各类专业市场，加速建设规模化、市场化边民互市贸易区。充分利用试验区的区位优势和政策优势，大力发展加工贸易和服务贸易，建设承接国际国内产业转移的出口加工基地，重点支持高附加值产品和特色优势产品扩大出口。积极建立境外能源、原材料基地，加大能源矿产、橡胶等高货值商品进口，扩大机电、电子产品、重型机械等商品出口。

其次，推动跨境旅游合作。边境旅游的发展将是试验区与周边国家加强联系的新途径。充分利用试验区对越南边境相连的有利区位条件和人文文化相近的优势，依据地方特色，统筹开发边境旅游与跨国旅游产品，形成多层次、多元化的旅游产品体系，打造独特的旅游品牌，最终实现边境游、出境游和入境游三线并重的旅游发展格局。

2. 区域一体化战略

沿边地区是北部湾经济区与东盟周边国家双边多边合作的前沿通道和桥梁，在全球经济一体化深入发展的国际环境下，以拓展与东盟国家的区域合作为重点，积极探索新形势下沿边开放的新模式和新体制机制，实现边境地区一体化发展。

依托东兴—芒街跨境经济合作区和凭祥—同登跨境经济合作区的建设，充分发挥两国优势，在合作区推进生产加工、物流、跨境旅游等协调带动的综合业务，形成一批不同规模、各具特色的产业基地和工业园区。以物流、金融、信息、商务等现代服务业为支撑，引进各类要素资源共建跨境产业园区，吸引更多的资金流入，构筑园区特色产业集群，推动试验区从交通走廊向经济走廊转变。

成立跨国区域协调管理机构。由两区政府机构牵头，成立中越经济合作区协调委员会，建立常态化的工作会晤和协调机制。对跨境合作区内的主要交通建设、货币兑换、检验检疫等问题进行可行性的沟通协调。考虑设立专门基金，以增强经济合作区竞争力为目标，投资一些小型但实用的软项目，如信息咨询服务中心、双边劳务培训学校、工程建设中心等，为跨境合作提供有效的支撑，推动跨境经济合作区进入真正的实质性发展阶段。

**（三）钦州自由贸易港区**

1. 明晰一个目标

充分发挥钦州的区位优势和平台政策优势，扩大对外开放水平，将钦州保税港区逐步建设成为与国际接轨的具有"境内关外"基本特征的自由贸易港区。

在明晰了目标的基础上，建议钦州保税港区采取两个"五年计划"的发展步骤：

第一个五年计划，运用已有政策，加快实现和提升国际中转、国际配送、国际采购、国际转口、出口加工五大功能，并积极借鉴国内外经验优势，推进改革创新，建成我国面向东盟地区的最具影响力和吸引力的自由贸易港区。

第二个五年计划，将钦州保税港区面积拓展到钦州全境，整个钦州市全部纳入"一线"范围，"二线"围网设立在城市入口，码头作业区、物流发展区、综合服务区相互配合，协调发展，全面实现国际化运作。

2. 夯实两个基础

（1）夯实功能开发基础

加快打造功能亮点。依托钦州市中马钦州产业园、整车进口口岸、国家级经济技术开发区等平台和载体，打造具有标杆性的贸易交易功能性区域。建设集商贸、景观、运输、旅游等功能于一体的金融贸易服务中心、港口运输信息中心、远航油轮中心等项目，实现钦州市形象全面提升。

（2）夯实政策创新基础

进口实现重要政策的突破。继续争取国家支持，将钦州市纳入人民币退税结算试点城市，争取钦州保税港区国际航运税收政策试点和人民币离岸中心试点落地，推进离岸金融产业发展。

3. 加快两个发展

（1）加快航运物流发展

以打造区域性国际转运港口为目标，进一步简化边防、海关、检疫等手续。建立港口与内陆之间综合运输网络和完善的物流配送体系，重点延伸服务链、开展全程物流项目、拓展代理业务等，提供内陆运输、订舱、报关报检、港内操作等全过程服务。拟建南宁综合保税区至保税港区的直通高速，开通建设中西部主要城市与保税港区间的铁路，扩大钦州港辐射能力，进一步提升港口的国际物流业层次和水平。

（2）加快信息系统发展

一是推动物流信息系统发展。现代物流的飞速发展离不开信息技术的突破，通过信息将物流节点连接成完整的物流链条。应加快钦州港区内信息中心"由内向外"的职能转变，建立面向货主、口岸、商贸、航运等联网的开放式物流信息系统。

二是构建信息共享的电子信息平台。加快构建集电子政务、电子商务和物流功能于一体，实现跨部门、跨行业、跨地区企业与监管部门数据交换和信息共享的系统。同时还能有效地连接保税区、保税仓库。从而实现网上报关、网上付税、电子查验、电子报备等功能，最大限度地简化海关监管手续，真正做到"管得住、通得快"。

4. 拓展两项服务

（1）拓展商贸服务

探索设立北部湾商品展销中心。搭建进口商品展销平台是鼓励进口、促进贸易平衡的一项重要举措。钦州应积极发挥自身优势，建立进口高端消费品和奢侈品展销中心，展示的商品享受有关税收的减免政策以及保税区同等的优惠政策。以常年展示和短期展会相结合的方式经营，搭建高端购物平台，带动港区内高端商业业态的发展。

探索免税模式，寻求政策突破。钦州市应参照海南国际旅游岛的相关政策尤其是离岛旅客免税购物政策，积极申报钦州港区免税店，允许国内居民入区旅游购物，实行一定限额的免税购物，同时适度提高过境旅客的免税购物额度。

（2）拓展税收服务

实行最优惠的税收政策。货物自境内区外进入保税港区视同出口，实行"入区退税"。改变过去优惠仅针对涉外企业的惯例，实行以产业为导向，如对物流企业、高端制造业、服务外包企业考虑十年内不征收所得税等。

### （四）北海出口加工区

加快港区联动，促进北海出口加工区转型升级。"港区联动"是指在毗邻出口加工区的港区划出专门供发展仓储物流产业区域，将出口加工区的特殊政策覆盖到港区，实现区域联动、功能联动、信息联动、营运联动，拓展和提升出口加工区和港口的功能。拟在铁山港建设服务北海出口加工区的专用仓储物流区。国内货物进入"港区"视同出口，给予退税；区内货物出"港区"进入境内视同进口，按规定征收进口关税和进口环节增值税，就近解决制成品出口转内销的问题。上游企业将加工完的料件直接出口到"港区"，并完成核销工作；下游企业将需要的料件以保税方式从"港区"进口，完成深加工过程。这样既省去了烦琐的结转环节，又理顺了上下游企业之间的加工链条。经济区内的加工贸易企业可以在货物运入"港区"之后，马上得到海关签发的出口货物报关单，即可到当地税务部门办理退税申领手续，省去产品生产和集中装运出口的时间，提高运营效率，从而让出口加工区真正具备"境内关外"的性质，具有自由港区和自由贸易区的特征。

# 第二节  打造中南西南开放发展的战略支点

## 一、发展思路

### （一）打造区域性航运中心

北部湾经济区作为中国对外开放、走向东盟、走向世界的重要门户和前沿，港口优势在其中具有不可替代的地位和作用。港口作为货物海陆联运的集散地和国际商品的储存、集散的中心以及贸易、工业发展的集散地，是国际货物运输链和世界经济贸易发展的重要组成部分。

通过整合港口资源、完善集运输网络、建立服务支撑体系、增辟航线等形式和手段，加快推进北部湾经济区建设成为服务西南内陆地区的区域性国际货物转运中心，促进对外贸易和国际物流发展，带动和引领内陆腹地经济发展。

**（二）建设"飞地经济"合作示范基地**

北部湾经济区具备发展"飞地经济"的经验和优越的区位优势，以及政策优势，拥有良好的平台载体。应继续巩固和深化实施"飞地"战略，树立"不求所有、但求所在、合作共赢"的"飞地"理念，充分利用北部湾港口的地理优势，推动实现沿海城市与内陆城市的协调发展，增强沿海与内陆之间的统筹协调，积极推进"飞出地"与"飞入地"的跨区域经济合作，构筑一体化谋划、一体化建设、一体化发展的开发开放新格局。

**（三）引领建设西南内陆"无水港群"**

以建设面向东盟的区域性国际航运中心为目标，立足西南，按照有层次、有计划、有重点、分区域地建设以北部湾经济区港口为出海口的内陆"无水港群"。以"无水港"为节点形成完善的物流网络覆盖内陆，拓展北部湾港口辐射面积。充分发挥北部湾经济区作为面向东盟的门户作用，吸引更多内陆地区的生产要素集聚北部湾经济区，促进北部湾经济区经济发展方式转变的同时，带动内陆地区开放型经济的快速发展，形成沿海和内陆优势互补、分工协作、均衡协调的区域开放格局。


## 二、重点任务


**（一）建设无缝衔接集运输体系**

1. 加快发展公路运输，构建高效便捷公路通道

加快北部湾经济区内部和外部公路通道建设，进一步提升现有公路通道水平，建设专用货运通道，形成客、货分流的专用运输网络体系，

255

进一步提高北部湾经济区通达性，增强公路集疏运效率。

2. 推动建设铁路运输专用通道

加大与国家有关部门的协调力度，规划建设北部湾经济区港口直达关键节点城市的专用铁路，推进现有铁路功能整合和扩能提速，提高铁路运输效能，扩大铁路运输港口货物的比例。以发展集装箱铁海联运为契机，争取建设铁海联运示范项目。推动港口开通至内陆腹地的定点、定线、定车次、定时、定价运输的"五定"班列。

**（二）拓展北部湾经济区"无水港群"城市**

1. 择优布局内陆无水港

北部湾经济区港在西部地区的主要内陆腹地包括云南、贵州、湖南、重庆、四川、陕西、宁夏等7个省份，是建设内陆无水港的重点区域。在此基础上，重点考虑在区域中心城市、物流中心城市、交通枢纽城市、外向型经济活跃地区、边境口岸等内陆腹地科学布局内陆无水港物流节点，填补北部湾经济区内陆无水港空白，实现对内陆腹地的全覆盖。

2. 发展中远程散货物流基地

结合东盟国际及国内市场需求、内陆腹地经济结构等实际，因地制宜地调整优化内陆无水港货物结构。加强对内陆腹地货物结构的研究，在散货货源充足的地方，部分内陆无水港增加散货物流的功能，探索建立煤炭、矿石等大宗货物的中远程散货物流基地，不断完善内陆无水港物流网络体系，将其发展成为功能齐全的物流节点，激发内陆无水港活力。

3. 构建一站式物流服务体系

成立专门服务内陆无水港的北部湾物流发展公司，在货物承接、业务培训、技术服务等方面与内陆无水港城市实现全程一站式服务。并制定服务无水港的优惠措施，如在货物转栈、超期搬移、退关转船、集港作业等方面为内陆无水港提供优质服务，在港口手续、码头场地、作业方面对内陆无水港实行"三优先"，实现北部湾经济区与内陆的互动双赢。

4. 创新无水港通关模式

在"属地申报、口岸验放"的基础上，创新实行无水港便捷通关措施，允许外地企业在无水港报关，海关电子放行后在口岸提货，在降低企业物流成本的同时，有效地提高北部湾港口工作效率。

## 三、平台与载体建设

### （一）保税物流联盟

当前，国内依托保税区、保税物流园区、保税港区，已经形成了一些颇具规模的保税物流集群。但各保税区之间关联性较低，未能产生经济效益和规模效益。北部湾经济区应积极依托中国—东盟自贸区平台，采取"分步走"战略，推进与国内主要保税物流合作，实现物流资源共享、优势互补，共建"双赢"局面。

第一步：局部整合。首先对北部湾经济区内现有保税物流园区、保税物流中心、保税港区进行整合，包括功能整合、政策整合、信息化整合，推动北部湾经济区转变为综合保税区或保税港区。

第二步：区域联合。以政府为主导，积极寻求与广东、上海、重庆等保税物流的合作。组建区域性保税物流发展联席协调机构。协调机构由地方政府的相关部门共同组成，定期召集保税区、市政府相关专业部门、检验、海关等部门，就跨区域间保税区的政策整合和功能进行探讨，实现保税物流区域、营业、功能和信息的四联动。

第三步：全国融合。在实现前两步的基础上，以构建全国保税物流区为目标，明确北部湾经济区在全国保税物流体系中的地位，从全国一盘棋的战略角度考虑经济区发展，建立起统一的区域保税物流市场。

### （二）出口加工区合作共建

北部湾经济区内的北海出口加工区发展存在起步晚、发展慢、招商引资难等问题，远远落后于东部地区。为避免出现出口加工区间的恶性竞争，从区域整体利益出发，探索北部湾经济区与邻近出口加工区合作共建模式。

### 1. 企业转移战略

充分把握东部沿海产业转移机遇，加强与沿海发达地区的沟通协商，将发达地区急需转移的初级加工产业或劳动密集型产业对口转移到北海出口加工区，一方面为东部发达地区产业置换腾出发展空间，另一方面能够解决北海出口加工区招商难、技术落后等问题。

### 2. 产业集群战略

以构建区域性产业集群为目标，建立共同的协调机构，制定统一的经济贸易政策，消除相互之间的贸易壁垒。在充分分析各城市在地理位置、资源条件、政策体系、发展模式等方面的异同点基础上，协调合作双方出口加工区职能和主导产业，根据不同出口加工区承担不同的产业发展环节和职能的原则，最终构建具有供需关系、分工明确的出口加工合作共建区。

### 3. 互设保税仓库

为了满足双方出口加工区在进出口商品存储、转运等方面的需求，在各自出口加工区互设独立、专用保税仓库供外企和外贸公司使用，以解决出口加工区从不同区域进出口需求问题。

### （三）跨区域口岸合作

北部湾经济区作为面向东盟国家经济合作的前沿，边境口岸不仅是中南西南开放发展战略支点重要载体，同时也是构建全国大通关的平台和载体。随着经济全球化发展进程的加快，构筑海关严密、便利的口岸通关是北部湾经济区口岸发展建设的重要课题。

### 1. 制定区域整体规划

北部湾经济区拥有广西区内绝大多数的边境口岸，为满足北部湾经济区整体发展需要，应加快编制北部湾经济区口岸发展规划，提升口岸体系功能。在协调西南、中南等地区经济发展和贸易方向的基础上，联合各省市，结合口岸所在地经济结构特点和产业发展水平，制定区域性口岸整体规划。合理划定各口岸的主要功能、运输形式、辐射区域及发展目标等，做到协调一致、功能互补。

2. 创新区域通关模式

主动打破区域边界，积极推动区域通关改革，借鉴发达地区口岸海关先进经验，实施自然延时和 24 小时预约通关的全天候通关制度。采取网上附税、无纸通关等便捷通关措施。实施"分批出入区，集中报关"和"集中查验、分批放行"等通关模式。开展特殊经济区域间跨关区货物直通业务，以及"空空转运""陆空转运""海陆转运"等新的监管模式。与合作城市全面推行"属地申报、口岸验放"式检验检疫业务合作，以此吸引内陆地区货物从北部湾口岸出口。

**（四）内陆临港产业园**

1. 进一步拓展合作范围

北部湾经济区已与云南、贵州建立合作伙伴关系，建立了北部湾经济区云南临海产业园和北海贵阳港，并相应设立了北部湾昆明、贵阳两大内陆无水港。为进一步扩张北部湾经济区港口经济腹地和港口货源，促进沿海与内陆联动开放，完善区域开放格局，应主动与内陆城市构建合作关系。积极在重庆、四川、陕西、宁夏等省份主要城市设立北部湾内陆无水港，并吸引相关产业向北部湾经济区迁移、来港开辟产业投资区。

2. 集群理念谋划发展

西南等内陆城市向北部湾经济区进行产业迁移不是简单的企业搬迁，而是在迁移过程中实现产业层次的提升，形成新的发展优势和组建区域性产业集群。内陆城市将某些需要大量原料和产品批量大的产业和生产环节等安置在港口附近，不仅节约成本，而且通过项目和产品生产环节的异地网络联系，加速了北部湾经济区与内陆间资源和产品的双向流动。

# 第三节　构建面向东盟的国际大通道

## 一、发展思路

### （一）打通政策屏障

构建面向东盟的国际大通道，就是要促进北部湾经济区与东盟国家、北部湾经济区与内陆腹地等不同区域间的经济一体化，实现资源在更大范围更高领域内的优化配置。要实现经济一体化，关键是消除阻碍生产要素自由流动的体制机制。要从区域合作的高度出发，立足各自比较优势，按照经济分工要求，遵循优势互补、合作共赢理念规划地区经济和产业发展。加快消除经济一体化发展存在的贸易、市场、资本等体制机制障碍，建立有利于推进北部湾经济区与各区域协同发展的长效机制。

### （二）搭建交通通道

北部湾经济区作为面向东盟的门户，加快综合交通体系建设，构建内联外通交通通道，是充分发挥北部湾经济区沿边沿海的区位优势，打开对外开放合作捷径的基础保障。按照"打通通道、构建枢纽、完善网络、提升功能、支撑发展"的思路，优先建设现代化沿海港口群，提高沿海港口通过能力；加快建设大能力铁路通道，形成联通西南、中南较为完善的铁路通道网络；重点完善高等级公路网络，尽快打通省际通道，提升经济区内公路路网密度，形成较为完善的西南地区公路出海通道网络；建设广覆盖、大密度的航空通道，开通并增加连接东盟、日韩等国际航班航线，加密北部湾经济区通向国内主要城市的干线航班，建设成为海陆空有机衔接的出海大通道。

## （三）促进贸易畅通

随着北部湾经济区与东盟之间贸易规模的扩大和贸易联系的增强，进一步减少阻碍要素跨境流动的障碍、减低交易成本、建立高效便捷的贸易体系已成为深化双方经贸合作的关键。为构建一个货畅其流的贸易体系，北部湾经济区应遵循"三化"战略，推动实现贸易畅通。

首先，加快建立信息便利化。通过构建信息和数据共享体系，为双边贸易和投资合作提供强有力的支撑。其次，加强通关便利化。通过简化中国东盟内部贸易程序，建立便捷的自动化通关系统，不断提高海关服务效率。最后，推动政策便利化。推进北部湾经济区与不同国家贸易制度、贸易规则和贸易部门的互联互通，推动各管理部门的对口衔接，打通沿线国家政策对接的轨道，逐步深化政策便利化。

## （四）力促货币流通

随着北部湾经济区和东盟国家间的经济往来日益密切，加快人民币区域化进程、促进人民币成为东南亚地区主导货币的需求日益迫切。在构建面向东盟的国际大通道中，北部湾经济区必须成为"货币流通"的主推手。积极构建货币流通平台，拓宽跨境人民币结算路径；创建东南亚货币基金、东南亚汇率机制等，逐渐提高人民币在东南亚货币单位中的地位。

## （五）强化民心相通

北部湾经济区与东盟国家同属那文化、佛儒文化和华人文化交汇的文化生态圈，文化认同感强。主要从以下两点出发，促进北部湾经济区与东盟之间的文化交融，提高地区认同感。

一是搭建文化交流平台。充分发挥平台效应，加强文化的交流与沟通，积累彼此认知，积聚相互信任，为区域一体化发展创造良好和谐的人文环境。二是建立教育联盟。通过开展教学合作、研究交流等活动，推动彼此了解。

## 二、重点任务

### （一）深化国际高层交往与对话

1. 创立海关高层对话磋商机制

随着中国—东盟自贸区升级版的深入建设，在加快中国—东盟一体化发展的大趋势下，建立中国与东盟各国海关的双边及多边高层对话磋商机制非常必要。每年定期在东兴召开中国—东盟海关关长联席会议，共同商讨、协调重大海关管理问题，统筹规划海关重大改革项目和合作项目，协调改革进度；制定联合打击跨国犯罪、保障贸易供应链安全等协定；推动签订高规格综合性海关协议，并在相关协议约束下，对涉及参与国合作开展的执法项目均需在联席会议上商讨后再决定。通过联席会议，加快中国—东盟间海关的执法协调的制度性安排，统一执法标准和作业程序，加强海关在监管、稽查等业务条线的执法配合，为中国—东盟通关一体化奠定制度基础；建立应急保障机制，遇有通关障碍、信息失灵等突发事件，各国间海关能及时沟通协调，以提高整体快速反应和解决实际问题的能力。

2. 加速建立劳务合作机制

北部湾经济区承接东部劳动密集型产业的转移，为东南亚地区廉价劳动力的进入提供了广阔的市场；同时，东盟国家对技术和人才的需求也为经济区人才"走出去"提供了舞台。加快发展双方劳务合作，能够进一步拓展经济合作的深度和广度，为双方战略协作提供强有力的支撑。搭建中国—东盟劳务合作论坛，推动制定中国—东盟劳动力流动政策法规，健全劳务合作的法律法规、执法机制、权益保障和符合国际规范的市场运作机制等；建立非法移民联合打击小组，加强控制和制止非法移民，保护合法劳务的权益和地位；推动签订双边和多边的劳务合作协议，在切实保障本国劳务工作和生活条件及社会人身安全的同时，进一步扩大双方劳务输出和合作层次，推动劳动力在更大范围和更自由的跨国跨区域内流动。

3. 构建能源对话合作机制

随着东南亚地区油气勘探与开发的深入，东南亚地区将成为新兴的油气生成地区，而北部湾经济区经济和能源需求的高速增长以及与东盟国家间在勘探技术和市场资源上的互补性，为扩大双方能源合作提供了良好的契机。北部湾经济区应在中国—东盟自贸区对话机制框架下，把能源合作作为重要的议题，定期组织召开各国能源部门会议，在拓展官方沟通交流渠道的同时，召开各种论坛、会议等，并开展能源合作方面的互访、对话，建立从专家级、企业级，直到政府级和元首级的分步骤决策机制。通过平等互商的对话平台，制订中国—东盟行动执行计划，就减少相互能源勘探壁垒、优惠关税待遇、相互投资合作以及技术转让等方面进行探讨协商，促进和深化与东盟国家在石油、天然气、煤炭和可再生能源领域的合作。

**（二）构建内联外通大通道**

口岸功能的强弱和运行效率的高低，是决定大通道是否畅通高效的关键因素。因此，必须树立"大通关"观念，加快提高口岸工作效率，以支持扩大外贸出口的迫切需求。

1. 开展口岸管理"三互合作"

第一，完善经济区内电子口岸网络基础环境与硬件设施，全面覆盖经济区内主要海港、空港、陆路口岸与海关特殊监管区，重点建设防城港、钦州港、北海港口岸海运物流服务平台和南宁空港口岸综合服务平台，建成统一的北部湾经济区电子口岸公共信息服务平台。第二，依托电子口岸信息平台，加快与华南、西南、中南地区口岸执法部门的协调合作，推动口岸部门间以及部门与地方间的信息共享共用，建立健全口岸监管执法互助机制，实现跨区域口岸查验部门间"信息互换、监管互认、执法互助"，实现"三南"地区与北部湾经济区货物贸易"一次通关，全面放行"。

## 2. 推广区域通关模式

在北部湾经济区内全面推行"属地申报、口岸验放"和"属地申报、属地放行"通关模式。深化与内陆地区和东盟国家口岸间的合作，允许主要地区企业按照经营单位注册地或货物进出境地自主选择申报口岸，取消货物转关。检验检疫部门对于符合条件的企业和货物实施"出口直放""进口直通"查验模式，从而提供更加便捷的通关服务。

## 3. 加快交通运输整合

制定统一的运输市场准入。任何运输工具只要获得合作方任何一地的运营许可之后，就可在管辖地区范围内运营。实行统一的收费方法。改变各省市各自收费的方法，推行"一门式"收费方式，即车辆在使用地区高速网络时只收取一次费用，以降低运输成本。

### （三）促进贸易投资便利化

## 1. 降低市场准入

在统一的投资合作协议框架下，实施"负面清单"管理模式，对涉及国家安全和社会公共利益的项目和一些相对敏感的行业投资进行特殊限制和具体规定，逐步放开市场准入领域，允许更多的外资参与北部湾经济区内经济、产业、基础设施的发展建设。引进更多跨国集团及经营方式，扶持中小外商投资进入特许经营店、名牌专卖店、代理店等，鼓励大型跨国公司投资制造业企业等，加大外商投资范围。在吸引东盟国家投资的同时，逐步向日本、韩国等主要东亚、南亚等周边国家拓展，构建国际投资的多层次体系。

## 2. 简化外资审批程序

北部湾经济区现有外资审批程序不分行业，一律进行普遍的多元行政审批，不仅导致效率的低下，而且不利于外资的高效利用。北部湾经济区应分具体行业，从鼓励类、允许类等对地区国民经济冲击小的行业开始，分层次、分步骤地逐步简化外资准入的审批程序。对于鼓励类项目，可以直接允许到工商登记机关办理注册登记；对于允许类项目，可考虑由事前审批转为事后审批，可在取得工商执照并设立后向商务部门备案。从而积极引导外资为经济区内经济结构调整及产业升级服务。

**（四）加快推进人民币国际化**

随着中国—东盟自贸区升级建设的推进，北部湾经济区面临着更大发展机遇，但是金融发展存在不适应问题，制约了北部湾经济区与东盟国家间的深入发展。北部湾经济区应充分把握沿边金融综合改革试验区的发展机遇，加大金融改革力度，促进双方货币流通。

1. 继续完善金融组织和市场体系

一是建立多元化的金融组织体系。在立足于北部湾经济区作为中国—东盟自由贸易区的核心地带的基础上，重点鼓励实力强、示范作用明显的全国性、地方性银行机构和国际金融组织、外资金融机构进驻，增加金融市场主体，完善金融组织体系。

二是鼓励中国—东盟国家互设金融分支机构。支持东盟国家资本或试验区内符合条件的民间资本在试验区设立或参股组建村镇银行、贷款公司、小额贷款公司和融资性担保公司等新型金融机构，鼓励试验区地方法人金融机构在东盟国家设立分支机构或合资公司，拓展国际业务。

三是建立银行间人民币与东盟国家货币交易市场，进行人民币对东盟国家货币的汇率报价、交易、清算等，推动人民币在东盟的区域化进程，提高试验区的金融地位，促进中国与东盟经贸合作。

四是建立基于跨境金融合作的区域性场外交易市场，结合现有区域性股权交易市场建设，拓宽区域性股权交易市场的外延，允许符合条件的东盟国家企业到区域性股权交易市场挂牌交易。

2. 推进跨境人民币业务创新

一是拓展东盟区域人民币回流渠道，开展人民币跨境双向贷款试点等跨境融资活动，探索建立跨境人民币投融资中心、拆借中心，吸引境外人民币以贷款方式投资试验区内的产业项目，支持东盟国家财团和法人以人民币投资股权，允许符合条件的境外机构以人民币为计价货币等。

二是创新境内外联动人民币融资，积极探索人民币海外代付、人民币出口信用证、人民币协议付款、预收延付、保函等境内外联动的人民币融资产品，支持经济区内符合条件的机构到东盟国家发行人民币债券，适度开展试验区内个人定向东盟国家的境外直接投资试点。

三是大力拓展跨境贸易人民币结算便利化，建立沿边货币兑换平台，帮助企业规避汇率风险，实现人民币与东盟小币种自由兑换和交易，探寻人民币实现完全自由兑换的路径。

四是鼓励金融机构开展出口退税账户托管贷款等业务，扩大外汇储备委托贷款规模和覆盖范围，稳步放宽境内企业人民币境外债务融资。

3. 加强金融服务创新建设

一要加强与东盟国家支付清算系统合作，加快人民币跨境支付清算系统的建设和推广。二要探索建立试验区与东盟互联互通的征信合作机制，推动试点地区与东盟国家之间统一的征信市场体系建设；探索开展试验区与东盟国家征信标准化合作，共同制定中国与东盟国家征信标准化准则，逐步实现中国与东盟国家征信系统之间的信息共享和信息交换。

**（五）缔结深厚人文纽带**

1. 搭建文化交流平台

文化交流平台主要从三方面着手，首先，充分利用中国—东盟博览会、中国—东盟自由贸易区等现有影响力较大、合作领域覆盖面广的国际平台，进一步延伸文化交流领域，同时探索适用、创新性文化交流机制；其次，优化既有专门化文化交流平台如中国东盟文化交流年、中国东盟文化展等，以扩大交流为目的对其进行职能及体制机制的优化；最后，搭建新的交流合作平台，重点构建中国东盟文化交流中心，提升现有的中国东盟战略研究和东南亚语种基地，加强文化交流。

2. 扩大教育层面文化交流

教育层面文化交流是针对性较强、见效较快的文化交流路径。首先，组织文化交流培训，以各国文化特殊性、文化交流培训基地、文化产业培训基地、文化法律、文化市场等为切入点，抓住文化交流及优势，加大培训力度、拓展文化交流培训内容，从相关工作者角度加强文化交流。其次，进一步优化互派留学生制度，加大对留学生的财政补贴力度及文化交流方面的教育力度，将留学生作为加深双方文化交流"桥梁"作用最优化。最后，加大在民间文化认同方面的宣传及相关教育的普及力度，从全民角度落实文化认同、促进文化交流。

3. 拓展文化产业领域

推动双方在民族民间文化创意、文化会展、数字内容和动漫、艺术演出业、文化旅游业、文化娱乐业、新闻出版业、创意软件业、文化信息业、教育培训业、文化博物业、会展广告业、广播影视业等诸多文化产业领域的交流与合作，不断发展双方文化贸易，提高文化产品的增值度和流通面的同时拓展双方文化交流程度。

## 三、平台与载体建设

### （一）沿边金融改革试验区

#### 1. 大力开展跨境人民币结算业务

建立审批"绿色通道"允许境外机构在境内银行开立人民币结算账户，依法开展跨境人民币业务，扩大人民币跨境结算。逐步扩大境外机构人民币跨境融资、担保、定期存款业务范围和账户使用范围。依托试验区各市商务部门建立进出口企业境外客户清单，办理人民币结算业务。将个人跨境贸易人民币结算业务扩大至整个试验区。

#### 2. 支持金融机构在试验区内或到东盟国家设立机构

积极参与亚洲基础设施投资银行筹建工作，争取亚洲基础设施投资银行注册地设在北部湾经济区。争取中国人民银行、中国银行保险监督管理委员会支持，适当降低金融机构到东盟国家设立机构的条件，简化审批程序。鼓励北部湾经济区地方性银行增设、升级机构，充分发挥金融机构在东盟国家已设立分支机构的作用，延伸和拓展业务辐射范围。

### 3. 大力发展区域性交易市场

做好北部湾经济区区域性股权交易所筹建工作，建成面向东盟国家的综合金融服务平台，为试验区内的中小企业提供挂牌、转让、融资以及债权、金融衍生品交易服务，探索开展国际金融资产交易。大力发展适应沿边经济贸易发展的商品期货市场，推进与上海期货交易所、大连商品交易所、郑州商品交易所等签订战略合作协议。支持各期货交易所在试验区内建立商品期货交割仓库。支持试验区符合条件的企业在遵守相关法律法规的前提下双向投资境内外证券期货市场，支持证券期货机构在试验区内设立专业子公司、分支机构，开展大宗商品和金融衍生品柜台交易，允许境外企业参与商品期货交易。

### 4. 加强与周边国家支付清算系统合作

争取中国人民银行支持，允许试验区内支付机构建立跨境零售支付平台，允许试验区内第三方支付机构和已获全国牌照的非法人支付机构与银行机构合作，为跨境电子商务提供人民币和外汇结算，出台促进北部湾经济区第三方支付产业支持政策。

### （二）中国—东盟信息港

北部湾经济区与东盟国家间有文化同源、地缘相近、产业互补等优势，拟在南宁建设信息服务中心，缩小北部湾经济区与东盟国家的数字鸿沟，建立一条"信息通道"。

### 1. 完善信息化基础设施建设

完善北部湾经济区和东盟的信息光纤、光缆建设，加快国际通信业务出入口、国际直达数据专用通道、东盟国际漫游创新平台建设，推进信息通信基础设施互联互通，构筑中国—东盟"信息高速公路"。

### 2. 金融信息平台

依托"新华08"等国内主要金融信息机构搭建中国东盟金融信息发布平台，在建立中国东盟人民币指数数据采集体系基础上，由中国人民银行授权新华社，通过平台权威发布人民币对东盟货币交易指数和人民币交易信息，打通货币流通信息通道。

### 3. 跨境投融资信息平台

组建由多方企业、政府机构参与的中国投资建设信息协会，由协会收集整理双方不同行业、不同领域的市场投融资信息，并在信息平台上及时公布，从而为双方跨国投资发展提供信息来源，拓展合作领域和机会。

### 4. 人文交流平台

依托中国—东盟信息港，举办"中国—东盟文化产品在线博览会"，加强宣传东盟各国文化，积极推介中华文化，搭建面向东盟的新闻出版、游戏、影视等行业的交流平台与门户，开辟文化交流新渠道，推动文化共生、包容共进，鼓励双方人民通过互联网友好交流、相扶相济，让互联网成为连接心灵的桥梁和纽带。

### （三）中国—东盟跨境电子商务平台

随着经济全球化的发展，海淘、海外代购成为当下热点，不少消费者对国内买不到或价格昂贵的商品都选择用海外代购的方式，从而为北部湾经济区跨境电子商务发展提供了广阔的消费市场。北部湾经济区应充分把握市场发展动态，依托南宁跨境电子商务试点和保税物流区、保税港区等平台，加快推进国际贸易发展。

### 1. 确立发展定位

依托北部湾经济区优越的区位条件，明确南宁市跨境电子商务的发展定位：立足西南，打造面向东盟的跨境贸易集散中心，以快件、邮件等物流方式为支撑，开展进出口贸易、转口贸易、出口转内销三大业务，形成"连接国内、通达国际"的双向网络贸易市场。

### 2. 强化平台建设

电子商务信息平台。跨境电子商务信息化平台是整个跨境贸易电子商务的核心，将第三方交易平台、第三方支付系统、物流企业信息、政府监管信息介入或整合入跨境电子商务平台，实现各主体间的信息无缝衔接和共享，构建集网上通关、结汇、退税与电子支付、金融服务等为一体的、全方位、高水准的跨境贸易电子商务信息平台。

保税物流平台。依托北部湾经济区内保税物流中心和保税港区"入境货物保税、出境货物退税、国际分拨配送、中转、寄存、分送集报"的功能，加快建立全国保税物流联盟，充分发挥进出口货物报关、报检、出口退税等一站式服务的优势，推动国内大型电商销售平台，如淘宝、京东、亚马逊等在北部湾经济区保税区设立跨境电子商务自理仓，将保税功能和现有电子商务领域的需求结合，形成"1+1＞2"的经济效益。

物流服务平台。以北部湾经济区保税存储为基础，以引进国内外知名邮快件物流企业为手段，整合社会物流资源，构建功能完善、响应快速、无缝衔接、成本低廉的参与全球分拨与配送的物流网络平台，为跨境贸易电子商务的高效运行提供强有力的支撑。

**（四）中国—东盟文化合作试验区**

1. 推动设置中国—东盟国际文化村

拟定在南宁市建设中国—东盟国际文化村。以文化村为平台，以文化交流活动为载体，鼓励东盟国家和文化人才在艺术村内举办文艺汇演、艺术画展等。鼓励各国艺术家在文化村设立工作室，进行驻村创作。建立"驻村文化家"交换机制，定期邀请东盟各国作家、画家、书法家、语言家等进行实质交流，提高文化交流深度。在文化村内创办中国—东盟文化教育研究院及商务培训中心等，定期开展各类文化教育和专业培训活动。鼓励并支持官方和民间艺术团体与东盟国家间开展联合创作、合作排演优秀剧目，并在国际间进行巡演。定期在文化村内举办中国—东盟特色节庆活动、中国—东盟文化巡展、东盟文化周等文化互动活动，深化双方文化交流。

2. 建设中国—东盟民族文化博物馆

拟在南宁筹建中国与东盟各国民族文化活态博物馆，通过与东盟达成文化合作协议，拟定在文化村内设立专门场馆，轮流展示北部湾经济区内少数民族和东盟各国民族的文化艺术精品，通过实物、图片、纪录片、文化实景演出、民族服饰展览、手工艺品展览、生活方式展览等多种形式，展现北部湾经济区与东盟少数民族的文化生态。

3. 举办中国—东盟文化产业交易博览会

北部湾经济区内已经培育发展有坭兴陶、壮锦、编织品等特色文化艺术产品，具备举办中国—东盟文化产业交易博览会的实力。应连同已经形成品牌效应的"'两会'一节"和"中国—东盟文化产业论坛"一起纳入中国—东盟文化交流合作框架，打造面向东盟的国家级文化产业交易博览会。

4. 搭建中国—东盟文化网络信息中心

由各国文化成员组成，南宁市牵头搭建开放型中国—东盟文化网络信息中心。该网络平台实行板块化管理模式，各国板块均由东道国进行管理运行，并与各国院校和图书管理机构签订合作协议，开展远程教育和数据信息服务。通过网络平台提供有关各国的文化和国情信息，为各国民间交流、文化沟通提供便捷的信息交换平台，发挥中外文化交流驿站的功能。

5. 构建大学联盟网

以"优势互补，资源共享"为原则，不断拓展与东盟国家大学之间的合作与联盟，并确立共同的目标和任务：一是提升联盟的办学质量，为联盟内部成员间的合作提供便利条件；二是加强其对联盟外部的影响力，提高各联盟成员在国内和国际的知名度和认可度。

组建管理机构，协调联盟运作。设立大学联盟内部董事会制，董事会由联盟大学的校长组成，主席由联盟大学轮流担任，并实行轮换制度。董事会对联盟学校间学分转换、国际研究合作和奖学金等问题进行协商探讨，为各种合作提供便利。

# 第十七章

## 北部湾经济区开放合作保障措施

### 第一节 强化体制机制创新

#### 一、创新开放合作运行机制

优化经济一体化体制机制。以三大定位为导向,逐步落实北部湾经济区内部及与港澳粤地区之间交通设施一体化、产业布局一体化、贸易服务一体化、生态保护一体化、政策环境一体化等体制机制,推动北部湾经济区区域经济一体化体制机制创新;以促成政策通、通道通、贸易通、货币通及民心通构成的"五通"为导向,落实重点任务,不断创新空间载体及发展思路,推动"五通"体制机制创新。

优化合作平台运行体制机制。北部湾经济区现有开放合作平台主要有宏观层面如泛北部湾经济合作论坛、中微观层面如中马产业园及东兴国家重点开放开发区,因此完善区域合作平台机制主要从两个方面着手。首先,拓展宏观层面合作平台相关职能,包括在泛北部湾经济区合作论坛及中国—东盟自由贸易区等平台设立相关常驻机构及相关职能部门，以进一步完善其职能及组织体系等。其次，创新区域开放合作平台，总结现有区域合作平台，进一步推进合作平台机制创新工作，如推进泛北部湾国家共同签署《泛北部湾区域合作框架协议》，使之成为中国—东盟合作框架下的一个次区域合作机制；召开泛北部湾国家首脑会议，举办部长级会议，保持泛北部湾国家高层密切往来；建立港口、旅游、城市等联盟，定期举办港口、旅游论坛和泛北部湾城市市长论坛；在南宁建立东盟国家公务员培训基地和东盟青少年培养基地，设立中国—东盟贸易投资与旅游促进中心，推动东盟国家在南宁设立总领事馆或办事处等。

推进相关政策体制改革助力开放合作。根据党的十八届三中全会精神，从北部湾经济区实际出发，进一步深化行政审批制度改革、金融体制改革、财税体制创新、社会管理创新、土地管理创新、涉外投资管理体制改革等重点领域和关键环节的体制机制改革创新，达到推动北部湾经济区开放合作效能。

实施信息共享机制。信息对称是帕累托最优的条件。因此，信息共享机制是经济区内资源合理配置的前提之一。最大限度地减少因信息封闭造成信息不对称而导致的合作风险，首先需要通过网络、报栏等各种信息渠道公布经济政策、合作项目相关信息及进度，尤其是项目决算预算资金的公布，接受群众舆论、合作方等监督；其次要建立包括招商引资、就业招聘、生态、园区等方面的开放合作信息共享平台，并对其进行及时更新与反馈，以确保信息时效性。

## 二、健全开放合作保障机制

健全合作约束机制。适用的合作约束机制是区域合作机制有效运行的保障。首先，推动关于区域协调发展或者整合的制度出台及落实，明确对区域合作中非规范性行为惩罚的制度安排；其次，推动具备约束力的合作组织机构建立及其效用发挥；最后，成立专门的监督执行小组，监督经济区内各成员合作行为，以此形成成员内部的风险约束。

完善合作激励机制。利益分配问题影响区域成员合作积极性及区域合作成败，是合作区域不可回避的难题。需要通过财政及审批权力对其进行宏观调控，通过制定一定的评定标准，对合作突出的区域给予政策支持和专项资金补贴，对于合作的企业也给予工具性政策的优惠，以提高企业、民间组织的区域合作及政府促成区域合作的积极性。

促成区域非政府协调机制。发挥商会、行业协会以及其他社会组织在促进市场发育、实现产业升级等方面的积极作用，形成一种由北部湾经济区六市跨区域、跨行政层级的政府、非政府组织参与的交叠、嵌套而形成的多中心、自主治理的合作机制，以补充政府层面相关机制潜在不足。

构建对外合作经济风险研判机制。中国与东盟诸国之间合作体制机制尚处于探索阶段，科学的风险形势研判能合理引导经济开放合作走向，针对北部湾经济区现状，风险形势预判应包括产业、园区、开放合作等重大方面的前期、运营及后期三大方面。首先，由教育厅及广西大学东盟研究学院协助，设立相应的课题研究，从科研学术层面为对外合作经济风险提供研判；组织官方及民间智库对其进行风险研究，分别从官方政治角度、企业家投资角度提供相关风险研判成果；设立相关风险研判信息交流平台，以确保相关信息及时有效传播及被接收。其次，完善相关法律，督促相关部门进一步完善中国—东盟自由贸易区合作框架协议，尤其是在风险形势研判中可能出现的危险但并未落实到合作协议中的部分内容；协同相关部门，加大在"对外投资银行法""境外国有资产管理法""对外投资企业所得税法""对外投资公司法""对外投资保险法""对外援助法"等方面审批力度，严格把控该部分内容，以明文法律为蓝本规避可能存在的风险。

重视边境国土安全风险评估机制。边境国土安全涉及国家主权，既神圣不可侵犯也是开放合作的前提，是规避风险不可忽视的方面，应在资金支撑基础上，加强该类风险项目的评估及审批，遵循国家在领土方面的大政方针，开展边境领土及区域政治经济走向等前瞻性研究，建立边境国土安全风险评估机制。

### 三、优化开放合作长效机制

优化行政审批体制。随着开放合作进展深度及广度的推进行政审批内容及形式将会发生相应变化，作为长效机制以推动开放合作相关体制机制焕发持续活力，需要与时俱进进行探索、不断优化。首先，行政审批内容应在产业、园区、港口、生态等方面重点落实，同时逐步重视行政审批中的国土安全及文化交流等问题，引导审批内容合理化走向；其次，借助互联网及政府组织机构力量，不断优化行政审批手段，提高行政审批效率。

重视利益补偿机制。利益补偿机制主要应体现在生态补偿上，以利益补偿机制平衡区域协调发展中的公平关系，主要通过财政手段来实现，同时将该理念贯彻到项目等相关审批中，其中财政手段主要是加大对生态破坏区的补偿力度，设立区域开发生态补偿专项基金及征收生态补偿税等。

## 第二节　加强组织领导

### 一、优化组织机构职能

#### （一）建立一体化服务审批平台

优化审批职能，探索建立一体化服务审批平台。争取国家在北部湾区域行政审批改革先行先试，大幅度优化包括通关流程等审批事项，从事前审批向事中事后监管转变，规范审批行为，优化审批流程，探索建立统一的行政审批服务平台，扩大和深化并联审批、网上审批，提高行政效能。

**（二）探索园区公司化管理组织形式**

北部湾经济区内园区现行组织管理机制效率较低，且严重制约园区长足发展，应引导其在权责范围内探索组织管理，逐步采用公司化运营模式，下放权力以保证招商引资及相关规划政策的及时有效实施，同时辅以全面、有重点的激励机制及考核机制，从组织形式上优化管理体制。

**（三）明确港口主管机构分工及其组织职能**

整合既有资源，明确分工组织形式及其职能。北部湾经济区存在港口配套较少、定位同质现象严重、效益低等问题。究其原因主要是主管机构权责混乱，航务集团与港口之间分工不明确。需进一步整合现有人力资源，明确相关管理机构在港务管理上职责，确保港口高效运行。

## 二、制定开放合作指导目录

**（一）重点落实产业合作指导目录**

产业合作是经济合作的主要内容之一，也是经济对外开放与合作的直接表现。应尽快出台产业合作指导目录，以对外拓展产业合作、对内增强产业协调性为目标，参照国家发改委、商务部正式对外发布《外商投资产业指导目录（2015 年修订）》的形式，结合北部湾经济区产业实际情况进行遴选，研究合适更新时间并对其进行及时更新，实现产业发展指导作用最大化。

**（二）逐步推进园区及生态合作指导目录**

园区及生态合作是北部湾经济区关注焦点之一，对深化开放合作能力及实现区域良性发展均具备重大意义。因此，应由主管部门牵头且提供相关政策及资金支撑，各市相关职能部门通力合作，以大数据为分析手段，以可操作性为指导，逐步完善具备北部湾经济区特色的园区指导目录及合作指导目录。

**（三）宏观把控开放合作指导目录**

开放合作指导目录对北部湾经济区全局发展意义重大，需要从全局角度着眼，主要落实经济区开放合作体制机制及合作平台、经济及生态等方面，从时空序列角度开展分析及对策研究，对北部湾经济区长足发展提供宏观把控及专业性发展指导。

# 第三节　强化配套支撑

## 一、加强资金支持

**（一）争取国家层面支持**

争取国家层面资金支持。积极争取国家层面政策性、开发性金融和财政资金对北部湾基础设施和金融机构及企业重组并购的资金投入，发挥中央政策引导的累积效应，为区域发展注入资金。

争取国家层面政策支持。争取国家政策支持，促使北部湾经济区成为西部资金流向洼地，主要有对内合作、对外开放两方面的政策支持以拓展北部湾经济区资金来源。对内合作以引导资金流向的主要支持应包括产业投资政策、金融业综合经营、土地及税收等方面，对外开放以引导资金流向的主要支持政策应倾斜于北部湾经济区外汇管理体制方面，进一步落实及完善人民币作为与东盟贸易结算货币的操作，以营造资金流向北部湾的合适政策环境。

**（二）优化区域层面支持路径**

加大对主导型建设性投资融资机构支持。综合运用资金补助、风险补偿、奖励等财政措施，加大湾办等政府部门对投资融资机构担保力度，充分发挥北部湾内主要建设性投资机构对区域投资融资的主导作用，促使北部湾经济区开发投资有限责任公司、北部湾（广西）国际港务集团有限公司、北部湾经济区投融资机构、北部湾（广西）经济区土地储备供应中心等主导建设性投资融资机构发展成为资金支撑的主力军。

鼓励创新投资融资体系、拓宽融资渠道。自 2009 年国务院出台《关于进一步促进广西经济社会发展的若干意见》鼓励广西在金融、投融资等改革方面先行先试以来，广西区投融资渠道拓展取得一定成效，但仍需继续加强北部湾经济区地区在金融改革和创新方面先试先行，以达到从招商引资与吸引民间资金两方面来引导资金流向的目的。首先要拓展以北部湾银行为代表的区域性银行在贸易融资、国际业务、投资银行等领域的业务，全面启动民间资本，尽快实现资本的跨地区流动，为北部湾经济区开放开发注入资金；其次，顺应融资渠道多元化、市场化和规范化趋势，为招商引资政策及外资资本投资等扫清障碍。

创造良好金融支持环境。学习借鉴天津等省区市的做法，政府高度重视，并给予基金，设立一系列优惠政策，创造良好环境，规范股权投资企业发展，吸引全国各地股权投资者来广西发展，为区域资金引入增添新的活力。

## 二、深化人才资源支撑

### （一）鼓励推行柔性人才共享机制

以南宁市为辐射核心，发展租赁式共享、外包式共享、项目式共享（高校之间联合合作组成高校与企业之间的技术攻关合作、技术咨询、管理咨询、信息服务等）、兼职式共享（不仅包括科研院所专业人员还应包括企事业单位学历高、专业精的高级专门人才）、候鸟式共享（指"不迁移户口、不转关系、来去自由"跨地区工作的人才共享形式），各区域可根据实际需求情况及人才自身需求，选择适宜的人才共享机制，推进各类人才资源在北部湾经济区的合理流动。

## （二）加大财政投入以完善人才流动保障机制

充分发挥北部湾经济区管委会办公室强大的财政支撑能力，加大在户籍配套保障、工资保障配套、社会福利配套等方面的财政投入及支撑力度，保障人才的合法权益、解决人才流动后顾之忧，为人才在北部湾经济区的合理流动赋以双重保障，为合理有序推进人才区域内流动工作提供制度支持。

## 三、强化政策保障

### （一）重点落实湾办协调职能，确保政策有效实施

北部湾经济区管委会办公室（以下简称湾办）是北部湾经济区落实开放合作政策的主要部门之一，需要重点落实审批职能及财政权力以强化区域开放合作的政策保障。具体表现为：强化北部湾经济区管理机构对外开放合作和对重大资源、重大项目的统筹协调职能；进一步理顺办公室与广西壮族自治区有关部门、经济区各市、北部湾经济区特殊功能管理机构等之间的关系，确保政策及时执行。

### （二）健全湾办内部一体化监督考核机制

设立相关监督部门，监督经济区内各市湾办开放合作职能执行情况，建立定期评估机制，进一步明确落实主体，强化责任管理，切实加强政策落实。

### （三）探索湾办统筹、各职能部门通力协作保障机制

规避湾办协调模式力不从心的弊端，充分发挥湾办由区直管辖优势，探索湾办协调监督、各职能部门权事分明的管理机制，力争从根本上解决束缚湾办实际权利发挥的资金、权限界定等问题，为经济区开放合作及进一步发展提供政策保障。

# 参 考 文 献

※中文参考文献※

·中文图书·

1.《可持续发展指标体系》课题组．中国城市环境可持续发展指标体系研究手册 [M]．北京：中国环境科学出版社，1996．

2. 阿姆斯特朗，赖纳．美国海洋管理 [M]．北京：海洋出版社，1986．

3. 董险峰，丛丽，张嘉伟．环境与生态安全 [M]．北京：中国环境科学出版社，2010．

4. 李中才，卢宏伟，李莉鸿．基于 SSM/HSM 的区域生态安全管理理论、方法及实证研究 [M]．北京：中国农业出版社，2012．

5. 凌复华．突变理论的应用 [M]．上海：上海交通大学出版社，1997：129 - 131．

6. 路易斯·托马斯，等．一种成功、宜人并可行的城市形态：紧凑城市——一种可持续发展的城市形态 [M]．北京：中国建筑工业出版社，2004．

7. 石洪华，丁德文，郑伟．海岸带复合生态系统评价、模拟与调控关键技术及其应用 [M]．北京：海洋出版社，2012．

8. 杨金森，刘容子．海岸带管理指南：基本概念、分析方法、规划模式 [M]．北京：海洋出版社，1999．

9. 游建胜．海洋功能区划论——兼论福建省海洋资源环境及海洋功能区划 [M]．北京：海洋出版社，2004．

10. 章远新, 陈瑞贤, 广西北部湾经济区规划建设管理委员会. 广西北部湾经济区发展规划 [M]. 南宁: 广西人民出版社, 2008.

·中文期刊·

1. D. Gregg Doyle 著, 陈贞译. 美国的密集化和中产阶级化发展——"精明增长"纲领与旧城倡议者的结合 [J]. 国外城市规划, 2002 (03): 2 - 9.

2. 白福臣, 贾宝林. 广东海洋产业发展分析及结构优化对策 [J]. 农业现代化研究, 2009, 30 (04): 419 - 422.

3. 边得会, 曹勇宏, 何春光, 等. 生态健康、生态风险、生态安全概念辨析 [J]. 环境保护科学, 2016, 42 (05): 71 - 75.

4. 车斌. 环北部湾海岸带的生态环境建设 [J]. 海洋开发与管理, 2001 (03): 61 - 64.

5. 陈宝红, 杨圣云, 周秋麟. 试论我国海岸带综合管理中的边界问题 [J]. 海洋开发与管理, 2001 (05): 27 - 32.

6. 陈宝红, 杨圣云, 周秋麟. 以生态系统管理为工具开展海岸带综合管理 [J]. 台湾海峡, 2005 (01): 122 - 130.

7. 陈利顶, 吕一河, 田惠颖, 等. 重大工程建设中生态格局构建基本原则和方法 [J]. 应用生态学报, 2007 (03): 674 - 680.

8. 陈利顶, 周伟奇, 韩立建, 等. 京津冀城市群地区生态格局构建与保障对策 [J]. 生态学报, 2016, 36 (22): 7125 - 7129.

9. 陈述彭. 海岸带及其持续发展 [J]. 遥感信息, 1996 (03): 6 - 12 + 38.

10. 陈孝, 李元超, 谢琳. 基于 GIS 的海域海岸带空间管制分区研究——以三亚市为例 [J]. 海洋开发与管理, 2017, 34 (02): 34 - 38 + 69.

11. 陈禹静. 广西北部湾经济区重点产业发展现状及升级路径研究 [J]. 经济与社会发展, 2014, 12 (03): 17 - 21.

12. 陈圆, 梁群. 对广西海洋生态保护与建设规划的探讨 [J]. 南方国土资源，2014（02）：42 - 44.

13. 陈云峰，孙殿义，陆根法 . 突变级数法在生态适宜度评价中的应用——以镇江新区为例 [J]. 生态学报，2006（08）：2587 - 2593.

14. 程漱兰，陈焱 . 高度重视国家生态安全战略 [J]. 生态经济，1999（05）：9 - 11.

15. 崔琴 . 海岸带综合管理中的利益相关者的经济学分析 [J]. 华章，2009（04）：153 - 157.

16. 崔胜辉，洪华生，黄云凤，等 . 生态安全研究进展 [J]. 生态学报，2005（04）：862 - 868.

17. 邓晓玫，宋书巧 . 广西海岸带研究现状及展望 [J]. 海洋开发与管理，2011，28（07）：32 - 35.

18. 都晓岩，韩立民 . 论海洋产业布局的影响因子与演化规律 [J]. 太平洋学报，2007（07）：81 - 86.

19. 杜军，鄢波 . 基于"三轴图"分析法的我国海洋产业结构演进及优化分析 [J]. 生态经济，2014，30（01）：131 - 36.

20. 杜巧玲，许学工，刘文政 . 黑河中下游绿洲生态安全评价 [J]. 生态学报，2004（09）：1916 - 1923.

21. 段学军，陈雯，朱红云，等 . 长江岸线资源利用功能区划方法研究——以南通市域长江岸线为例 [J]. 长江流域资源与环境，2006（05）：621 - 626.

22. 范学忠，袁琳，戴晓燕，张利权 . 海岸带综合管理及其研究进展 [J]. 生态学报，2010，30（10）：2756 - 2765.

23. 高长波，陈新庚，韦朝海，等 . 区域生态安全：概念及评价理论基础 [J]. 生态环境，2006（01）：169 - 174.

24. 顾世显 ."三条龙"——海洋产业的发展方向 [J]. 海洋开发与管理 .1996（03）：17 - 21.

25. 韩增林，胡伟，李彬，等 . 中国海洋产业研究进展与展望 [J]. 经济地理，2016，36（01）：89 - 96.

26. 郝晋伟，李建伟，刘科伟. 城市总体规划中的空间管制体系建构研究 [J]. 城市规划，2013，37（04）：62 - 67.

27. 洪华生，丁原红，洪丽玉，等. 我国海岸带生态环境问题及其调控对策 [J]. 环境污染治理技术与设备，2003（01）：89 - 94.

28. 侯晓静. 国外海洋产业发展战略对中国的启示——以山东半岛蓝色经济区海洋优势产业培育为例 [J]. 经营管理者，2011（22）：17 - 18.

29. 胡海德，李小玉，杜宇飞. 大连城市生态格局的构建 [J]. 东北师大学报（自然科学版），2013，45（01）：138 - 143.

30. 黄盛. 区域海洋产业结构调整优化研究——以环渤海地区为例 [J]. 经济问题探索，2013（10）：24 - 28.

31. 贾艳红，赵军，南忠仁，等. 基于熵权法的草原生态安全评价——以甘肃牧区为例 [J]. 生态学杂志，2006（08）：1003 - 1008.

32. 蒋信福. 入世对我国生态安全的挑战与战略对策 [J]. 环境保护，2000（10）：23 - 25.

33. 解雪峰，吴涛，肖翠，等. 基于PSR模型的东阳江流域生态安全评价 [J]. 资源科学，2014，36（08）：1702 - 1711.

34. 李凤华. 广西重点海域主要环境问题及其对策探讨 [J]. 环境科学与管理，2012，37（S1）：41 - 43 + 56.

35. 李军. 山东半岛蓝色经济区海陆资源开发战略研究 [J]. 中国人口·资源与环境，2010，20（12）：153 - 158.

36. 李康. 西部大开发中的生态安全问题 [J]. 环境科学研究，2001（01）：1 - 3 + 8.

37. 李明月，赖笑娟. 基于BP神经网络方法的城市土地生态安全评价——以广州市为例 [J]. 经济地理，2011，31（02）：289 - 293.

38. 李宜良，王震. 海洋产业结构优化升级政策研究 [J]. 海洋开发与管理，2009，26（06）：84 - 87.

39. 李英汉. 基于土地生态演替的区域生态格局构建 [J]. 城市发展研究，2012，19（03）：58 - 64.

40. 李咏红，香宝，袁兴中，等. 区域尺度景观生态格局构建——以成渝经济区为例 [J]. 草地学报，2013，21（01）：18-24.

41. 李志猷，李敦祥. 广西海洋经济发展的区际比较 [J]. 农村经济与科技，2010，21（09）：93-94.

42. 李中才，刘林德，孙玉峰，等. 基于 PSR 方法的区域生态安全评价 [J]. 生态学报，2010，30（23）：6495-6503.

43. 李宗尧，杨桂山，董雅文. 经济快速发展地区生态格局的构建——以安徽沿江地区为例 [J]. 自然资源学报，2007（01）：106-113.

44. 刘桂春，韩增林，狄乾斌. 中外海岸带管理研究的几点比较 [J]. 海岸工程，2009，28（02）：38-45.

45. 刘红，王慧，刘康. 我国生态安全评价方法研究述评 [J]. 环境保护，2005（08）：34-37.

46. 刘洪斌. 山东省海洋产业发展目标分解及结构优化 [J]. 中国人口·资源与环境，2009，19（03）：140-145.

47. 刘容子，张海峰. 海洋与中国 21 世纪可持续发展战略（之一）[J]. 海洋开发与管理，1997（01）：16-18.

48. 马万栋，吴传庆，殷守敬，等. 广西 2000～2013 年岸线变化及驱动力分析 [J]. 广西师范大学学报（自然科学版），2015，33（03）：54-60.

49. 毛伟，居占杰. 广东省战略性新兴海洋产业布局研究 [J]. 河北渔业，2013（01）：43-45.

50. 蒙吉军，朱利凯，杨倩，等. 鄂尔多斯市土地利用生态格局构建 [J]. 生态学报，2012，32（21）：6755-6766.

51. 苗丽娟，王玉广，张永华，等. 海洋生态环境承载力评价指标体系研究 [J]. 海洋环境科学，2006（03）：75-77.

52. 莫鼎新. 广西海岸带综合开发利用的战略设想 [J]. 广西科学院学报，1986（02）：1-6.

53. 南颖，吉喆，冯恒栋，等. 基于遥感和地理信息系统的图们江

地区生态安全评价 [J]. 生态学报, 2013, 33 (15): 4790 - 4798.

54. 倪国江, 鲍洪彤. 美、中海岸带开发与综合管理比较研究 [J]. 中国海洋大学学报 (社会科学版), 2009 (02): 13 - 17.

55. 任东明, 刘容子. 东海沿岸开发与保护的跨世纪战略 [J]. 海洋开发与管理, 1999 (03): 61 - 65.

56. 任东明, 张文忠, 王云峰. 论东海海洋产业的发展及其基地建设 [J]. 地域研究与开发, 2000 (01): 54 - 57.

57. 施开放, 刁承泰, 孙秀锋, 等. 基于改进 SPA 法的耕地占补平衡生态安全评价 [J]. 生态学报, 2013, 33 (04): 1317 - 1325.

58. 孙才志, 杨羽頔, 邹玮. 海洋经济调整优化背景下的环渤海海洋产业布局研究 [J]. 中国软科学, 2013 (10): 83 - 95.

59. 孙德亮, 张凤太. 基于 DPSIR - 灰色关联模型的重庆市土地生态安全评价 [J]. 水土保持通报, 2016, 36 (05): 191 - 197.

60. 孙伟, 陈诚. 海岸带的空间功能分区与管制方法——以宁波市为例 [J]. 地理研究, 2013, 32 (10): 1878 - 1889.

61. 王丹, 张耀光, 陈爽. 辽宁省海洋经济产业结构及空间模式演变 [J]. 经济地理, 2010, 30 (03): 443 - 448.

62. 王东宇, 刘泉, 王忠杰, 等. 国际海岸带规划管制研究与山东半岛的实践 [J]. 城市规划, 2005 (12): 33 - 39 + 103.

63. 王东宇. 新时期我国海岸带规划管制与规划引导探析——以山东省海岸带规划为例 [J]. 规划师, 2014, 30 (03): 55 - 62.

64. 王耕, 王利, 吴伟. 区域生态安全概念及评价体系的再认识 [J]. 生态学报, 2007 (04): 1627 - 1637.

65. 王洁, 李锋, 钱谊, 等. 基于生态服务的城乡景观生态格局的构建 [J]. 环境科学与技术, 2012, 35 (11): 199 - 205.

66. 王军, 郝玉, 龙江平. 渤海区域海洋经济与可持续发展研究 [J]. 海岸工程, 2006 (01): 86 - 92.

67. 王鹏, 况福民, 邓育武, 等. 基于主成分分析的衡阳市土地生

态安全评价 [J]. 经济地理, 2015, 35 (01): 168-172.

68. 王权明, 苗丰民, 李淑媛. 国外海洋空间规划概况及我国海洋功能区划的借鉴 [J]. 海洋开发与管理, 2008 (09): 5-8.

69. 王学锋, 崔功豪. 国外大都市地区规划重点内容剖析和借鉴 [J]. 国际城市规划, 2007 (05): 81-85.

70. 王兆杰, 刘金福, 洪伟, 等. 格氏栲自然保护区景观格局分析及破碎化评价 [J]. 福建林学院学报, 2007, 27 (01): 32-36.

71. 汪海. 荷兰、韩国海洋开发对江苏沿海开发的启示 [J]. 现代经济探讨, 2010 (11): 40-43.

72. 韦善豪. 广西沿海地区可持续发展研究 [J]. 水土保持研究, 2002 (03): 167-171.

73. 魏婷, 朱晓东, 李杨帆, 等. 突变级数法在厦门城市生态安全评价中的应用 [J]. 应用生态学报, 2008 (07): 1522-1528.

74. 文胜欢, 师学义, 和文超, 等. 基于 GIS 空间分析法的土地利用功能分区研究 [J]. 资源与产业, 2012, 14 (02): 66-70.

75. 文余源. 广西海岸带资源的合理开发利用 [J]. 玉林师专学报, 1996 (01): 76-80.

76. 吴国庆. 区域农业可持续发展的生态安全及其评价研究 [J]. 自然资源学报, 2001 (03): 227-233.

77. 吴豪, 许刚, 虞孝感. 关于建立长江流域生态安全体系的初步探讨 [J]. 地域研究与开发, 2001 (02): 34-37.

78. 伍家平. 广西海岸带国土资源及其开发战略 [J]. 资源科学, 1998 (02): 46-52.

79. 肖笃宁, 陈文波, 郭福良. 论生态安全的基本概念和研究内容 [J]. 应用生态学报, 2002 (03): 354-358.

80. 肖景峰, 刘白杨, 于德, 江雪. 长沙市城区土地利用变化过程与生态格局研究 [J]. 湖南农业科学, 2016 (01): 47-52.

81. 徐德琳, 邹长新, 徐梦佳, 等. 基于生态保护红线的生态格局构建［J］. 生物多样性，2015，23（06）：740－746.

82. 徐国栋，刘振乾，李爱芬，等. 广州市海岸带生态环境现状及保护［J］. 生态科学，2003（02）：153－157.

83. 徐敬俊，罗青霞. 海洋产业布局理论综述［J］. 中国渔业经济，2010，28（01）：161－168.

84. 徐君亮. 海洋国土开发与地理学研究［J］. 海洋开发与管理，1987（01）：1－4.

85. 薛雄志，吝涛，曹晓海. 海岸带生态安全指标体系研究［J］. 厦门大学学报（自然科学版），2004（S1）：179－183.

86. 晏维龙，袁平红. 海岸带和海岸带经济的厘定及相关概念的辨析［J］. 世界经济与政治论坛，2011（01）：82－93.

87. 杨金森. 建立合理的海洋经济结构［J］. 海洋开发与管理，1984（01）：22－26.

88. 杨赛明，徐跃通，张邦花. 区域土地资源可持续利用的生态安全评价［J］. 中国人口·资源与环境，2010，20（S1）：325－328.

89. 杨姗姗，邹长新，沈渭寿，等. 基于生态红线划分的生态格局构建——以江西省为例［J］. 生态学杂志，2016，35（01）：250－258.

90. 杨书臣. 日本海洋经济的新发展及其启示［J］. 港口经济，2006（04）：59－60.

91. 杨志，赵冬至，林元烧. 基于 PSR 模型的河口生态安全评价指标体系研究［J］. 海洋环境科学，2011，30（01）：139－142.

92. 叶波，李洁琼. 海南省海洋产业结构状态与发展特点研究［J］. 海南大学学报，2011，29（04）：1－6.

93. 衣华鹏，张鹏宴，毕继胜，等. 莱州湾东岸海水入侵对生态环境的影响［J］. 海洋科学，2010，34（01）：29－34.

94. 于海楠，于谨凯，刘曙光. 基于"三轴图"法的中国海洋产业结构演进分析［J］. 云南财经大学学报，2009，25（4）：71－76.

95. 俞孔坚，王思思，李迪华，等. 北京市生态格局及城市增长预

景 [J]. 生态学报, 2009, 29 (03): 1189－1204.

96. 张继权, 伊坤朋, Hiroshi Tani, 等. 基于 DPSIR 的吉林省白山市生态安全评价 [J]. 应用生态学报, 2011, 22 (01): 189－195.

97. 张灵杰. 美国海岸带综合管理及其对我国的借鉴意义 [J]. 世界地理研究, 2001 (02): 42－48.

98. 张少峰, 张春华, 邢素坤. 广西海洋经济发展现状与对策分析 [J]. 海洋开发与管理, 2015, 32 (04): 103－106.

99. 张耀光, 韩增林, 刘锴, 等. 辽宁省主导海洋产业的确定 [J]. 资源科学, 2009, 31 (12): 2192－2200.

100. 张耀光. 中国海洋产业结构特点与今后发展重点探讨 [J]. 海洋技术学报, 1995 (04): 5－11.

101. 赵春容, 赵万民. 模糊综合评价法在城市生态安全评价中的应用 [J]. 环境科学, 2010, 33 (03): 179－183.

102. 赵锐, 赵鹏. 海岸带概念与范围的国际比较及界定研究 [J]. 海洋经济, 2014, 4 (01): 58－64.

103. 郑贵斌. 提升山东半岛蓝色经济区规划建设水平三个重要问题 [J]. 理论学刊, 2010 (01): 32－35.

104. 郑雯, 刘金福, 王智苑, 等. 基于突变级数法的闽南海岸带生态安全评价 [J]. 福建林学院学报, 2011, 31 (02): 146－150.

105. 周文华, 王如松. 城市生态安全评价方法研究——以北京市为例 [J]. 生态学杂志, 2005 (07): 848－852.

106. 朱强, 俞孔坚, 李迪华. 景观规划中的生态廊道宽度 [J]. 生态学报, 2005 (09): 2406－2412.

107. 朱卫红, 苗承玉, 郑小军, 等. 基于 3S 技术的图们江流域湿地生态安全评价与预警研究 [J]. 生态学报, 2014, 34 (06): 1379－1390.

108. 左平, 邹欣庆, 朱大奎. 海岸带综合管理框架体系研究 [J]. 海洋通报, 2000 (05): 55－61.

109. 左伟，王桥，等. 区域生态安全评价指标与标准研究 ［J］. 地理学与国土研究，2002（01）：67－71.

·中文论文集·

1. 曾辉. 大珠三角地区生态格局构建研究 ［A］. 中国地理学会（The Geographical Society of China）. 中国地理学会百年庆典学术论文摘要集 ［C］. 中国地理学会（The Geographical Society of China）：2009：1.

2. 马春华. 基于空间战略的天津市生态格局构建与策略研究 ［A］. 中国城市规划学会. 城市时代，协同规划——2013 中国城市规划年会论文集（09－绿色生态与低碳规划）［C］. 中国城市规划学会：2013：12.

3. 王玉利. 城市区域生态格局构建思路探析——以郑汴新区为例 ［A］. 中国城市科学研究会、天津市滨海新区人民政府. 2014（第九届）城市发展与规划大会论文集——SO$_2$ 生态城市规划与实践的创新发展 ［C］. 中国城市科学研究会、天津市滨海新区人民政府：2014：5.

4. 魏正波. 中国特色的城市海岸带规划体系初探 ［A］. 中国城市规划学会. 生态文明视角下的城乡规划——2008 中国城市规划年会论文集 ［C］. 中国城市规划学会：2008：12.

5. 徐有钢，蒋鸣. 滨海地区空间管制研究——以北戴河生态新区为例 ［A］. 中国城市规划学会. 城市时代，协同规划——2013 中国城市规划年会论文集（14－园区规划）［C］. 中国城市规划学会：2013：9.

6. 赵琨，王天青，张慧婷. 海域海岸带空间管制规划探索——以青岛市海域海岸带规划为例 ［A］. 中国城市规划学会. 城乡治理与规划改革——2014 中国城市规划年会论文集（2007 城市生态规划）［C］. 中国城市规划学会：2014：15.

·中文学位论文·

1. 蔡青. 基于景观生态学的城市空间格局演变规律分析与生态格局构建 ［D］. 长沙：湖南大学，2012.

2. 曹天贵. 烟台海岸带生态环境问题及其治理对策研究 ［D］. 青岛：中国海洋大学，2015.

3. 陈明剑. 功能区划中的空间关系模型及其 GIS 实现：以莱州湾为例 [D]. 青岛：中国海洋大学，2003.

4. 程娜. 可持续发展视阈下中国海洋经济发展研究 [D]. 长春：吉林大学，2013.

5. 狄乾彬. 海洋经济可持续发展的理论、方法与实证研究——以辽宁省为例 [D]. 大连：辽宁师范大学，2007.

6. 范娇娇. 基于陆海统筹的南通市沿海滩涂区域空间管制研究 [D]. 芜湖：安徽师范大学，2015.

7. 何东艳. 北部湾海岸带生态系统健康遥感监测与评价 [D]. 南宁：广西师范学院，2013.

8. 何骏. 海岸带功能适宜性评价研究 [D]. 大连：辽宁师范大学，2008.

9. 李春平. 浙江乐清湾海岸带地区资源开发与产业布局 [D]. 大连：辽宁师范大学，2000.

10. 李军. 海陆资源开发模式研究——以山东半岛蓝色经济区为例 [D]. 青岛：中国海洋大学，2011.

11. 李晓飞. 钦州湾海岸带生态安全评价研究 [D]. 南宁：广西师范学院，2015.

12. 李迅. 海岸带空间规划和管理研究——以滨海城市龙海市为例 [D]. 厦门：厦门大学，2014.

13. 李知默. 海南省海岸带主体功能区划分技术研究 [D]. 北京：中国地质大学（北京），2012.

14. 梁湘波. 海洋功能分区方法及其应用研究 [D]. 天津：天津师范大学，2005.

15. 刘伟杰. 基于 GIS 和生态足迹方法的东北亚地区生态安全评价 [D]. 长春：中国科学院研究生院（东北地理与农业生态研究所），2012.

16. 刘洋. 海洋功能区划布局技术研究与应用 [D]. 青岛：中国海

洋大学，2012.

17. 卢忠宝. 连云港市海洋生态环境保护规划研究［D］. 南京：南京农业大学，2005.

18. 欧定华. 城市近郊区景观生态格局构建研究［D］. 成都：四川农业大学，2016.

19. 庞雅颂. 青岛－潍坊－日照城市群区域生态安全评价研究［D］. 青岛：中国海洋大学，2012.

20. 任慧君. 区域生态格局评价与构建研究［D］. 北京：北京林业大学，2011.

21. 尚杰. 青岛拥湾发展中岸线利用和保护规划研究［D］. 西安：西安建筑科技大学，2010.

22. 孙龙启. 广西近海生态系统健康评价［D］. 厦门：厦门大学，2014.

23. 孙雁. 天津海岸带地区空间布局规划研究［D］. 天津：天津师范大学，2007.

24. 滕明君. 快速城市化地区生态格局构建研究［D］. 武汉：华中农业大学，2011.

25. 王倩. 防城港海岸带景观格局变化研究［D］. 南宁：广西大学，2013.

26. 王姗姗. 广西北部湾经济区综合区划及优化开发研究［D］. 南宁：广西师范学院，2015.

27. 王希强. 基于 GIS 和 RS 的区域生态安全评价研究［D］. 兰州：兰州大学，2010.

28. 夏泽义. 广西北部湾经济区产业空间结构研究［D］. 成都：西南财经大学，2011.

29. 肖洛斌. 南京城市生态格局构建方法研究［D］. 南京：南京信息工程大学，2014.

30. 熊鹰. 湖南省生态安全综合评价研究［D］. 长沙：湖南大学，

2008.

31. 徐从燕. 山东沿海景观生态格局、评价与建设研究 ［D］. 济南：山东师范大学，2005.

32. 杨姗姗. 江西省生态格局构建 ［D］. 南京：南京信息工程大学，2015.

33. 由晨璇. 尊重自然属性的城市滨海空间规划策略研究 ［D］. 大连：大连理工大学，2014.

34. 张国桥. 连云港海岸带土地资源利用研究 ［D］. 北京：中国地质大学，2013.

35. 张婧. 胶州湾海岸带生态安全研究 ［D］. 青岛：中国海洋大学，2009.

36. 张艳利. 广西海洋产业发展战略研究 ［D］. 南宁：广西大学，2012.

37. 郑跃鹏. 基于"3S"技术的广西海岸带变化研究 ［D］. 北京：中国地质大学，2009.

·中文研究报告/报纸·

1. 赵叔松. 中国海岸带和海涂资源综合调查报告 ［R］. 北京：海洋出版社，1991：1－7.

2. 韩立民，张红智. 海陆经济板块的相关性分析及其一体化建议 ［N］. 中国海洋报，2006－03－21（03）.


※英文参考文献※
·英文图书·

1. Biliana Cicin-Sain, Robert W. Knecht. Integrated Coastal and Ocean Management ［M］. Island Press, 1998, 19（3）：469－470.

2. OECD. Towards Sustainable Development：Environmental Indicators ［M］. Paris, OECD. 1998.

3. Jenks M, Burgess R. Compact Cities：Sustainable Urban Forms for

Developing Countries［M］. USA & Canada：Spon Press，2000.

4. FAO Proceedings. Land Quality Indicators and Their Use in Sustainable Agriculture and Rural Development［M］. Proceedings of the Workshop Organized by the Land and Water Development Division FAO Agriculture Department，1997，（2）：5.

・英文期刊/电子杂志・

1. H. Doing Landscape ecology of the Dutch coast［J］. Journal of Coastal Conservation，1995，1（2）：145 – 172.

2. Eleanor M. Bruce，Ian G. Eliot. A Spatial Model for Marine Park Zoning［J］. Coastal Management，2006，34（1）：17 – 38.

3. F. Douvere，F. Maes，A. Vanhulle，et al. The Role of Marine Spatiai Planning in Sea Use Management：The Belgian Case［J］. Marine Policy，2007，31（2）：182 – 191.

4. Thomas F. Homer-Dixon. On the Threshold：Environmental Changes as Causes of Acute Conflict［J］. International Security，1991，16（2）：76 – 116.

5. Kidd S，Mcgowan L. Constructing a Ladder of Transnational Partnership Working in Support of Marine Spatial Planning：Thoughts From the Irish Sea.［J］. Journal of Environmental Management，2013，126（14）：63 – 71.

6. Libiszewski S. What is an Environmental Conflict？［J］. Environment and Conflicts Project（ENCOP），Occasional Paper No. 6. Zurich：Center for Security Studies and Conflict Research，1992.

7. Philippe C.，Jukka J.，Robbert S.. Using Hierarchical Levels for Urban Ecology［J］. Trends in Ecology and Evolution，2006，21（12）：660 – 661.

8. Singh K. R.，Murty H. R.，Gupta S. K.，et al. An Overview of Sustainability Assessment Methodologies［J］. Ecological Indicators，2009，9：189 – 212.

**·英文文集/论文集/报告集/电子书·**

1. Abstract of Science Paper and Posters Presented at the Global Change Open Science Conference "Challenges of a Changing Earth" [R]. Amsterdam, The Netherlands: IGBP, IHDP, 2001.

2. IGBP/LOICZ. Reports & Studies No. 3 [R]. 1993.

3. Rorholm Niels. Economic Impact of marine—oriented activities: A Study of the Southern New England Marine Region [R]. University of Rhode Island, Dept. of Food and Resouce Economics. 1967: 132.

4. Rorholm Niels. Economic Impact of Narraganselt Bay [R]. University of Rhode Island, Agricultural Experiment Station. 1963.


**※网络资料及其他※**

1. 福建省发展和改革委员会，福建省海洋与渔业厅．福建省发展和改革委员会 福建省海洋与渔业厅关于印发福建省海岸带保护与利用规划（2016—2020年）的通知 [Z]．闽发改区域〔2016〕559号，2016.

2. 广西壮族自治区海洋局．广西壮族自治区海洋经济发展"十二五"规划 [Z]．2012.

3. 广西壮族自治区人民政府．广西壮族自治区海洋功能区划 [Z]．桂海发〔2013〕39号，2012.

4. 广西壮族自治区人民政府．广西壮族自治区人民政府关于印发广西海洋产业发展规划的通知 [Z]．桂政发〔2009〕97号，2009.

5. 广西壮族自治区人民政府．广西壮族自治区沿海港口布局规划 [Z]．桂政发〔2007〕41号，2007.

6. 辽宁省人民政府．辽宁省人民政府关于印发辽宁海岸带保护与利用规划的通知 [Z]．辽政发〔2013〕28号，2013.

7. 青岛市发展和改革委员会．《青岛市海域和海岸带保护利用规划》印发实施 [EB/OL]．http://www.qingdao.gov.cn/，2015-11-19.